JN192323

Wonderful *R* 4 石田基広 監修

自然科学研究のための R入門

再現可能なレポート執筆実践

江口哲史 著

共立出版

Wonderful R

監修　石田基広
編集　市川太祐・高橋康介・高柳慎一・福島真太朗・松浦健太郎

本シリーズの刊行にあたって

開発のスタートから四半世紀が経過し，R はデータ分析ツールのデファクトスタンダードとしての地位を確立している．この間，データ分析分野ではビッグデータの活用が進み，並列化・高速化，あるいはテキスト解析の需要が高まりをみせた．あわせてデータ源やそのフォーマットも多様化した．データを API からリアルタイムに取得し，XML や JSON などの形式で読み込むことも珍しくない．またデータ可視化の重要性が広く認識され，JavaScript と連携させたインタラクティブなプロットも広く利用されている．一方，分析手法の面では，小標本にもとづく伝統的な検定理論から，機械学習や深層学習へと関心が推移し，ベイズ流の分析手法・MCMC の応用も急速に進んでいる．さらに最近では，研究の再現性 (Reproducible Research) が分析スタイルとして注目を集めている．

これらの需要に R は早くから対応してきた．例えば C++ との連携が容易に実現でき，処理の高速化が期待できるようになった．データ操作ではパイプという考え方が導入され，複雑なデータ処理手順を自然にコード化できるようになっている．グラフィックスでは，データごとに適切なプロットを一貫性のあるコードで生成するパッケージが人気を博している．ベイズ・MCMC では Stan とのインターフェイス開発が活発に続けられており，伝統的な BUGS に取ってかわる勢いである．そして Markdown 記法のサポートが拡張され，スクリプト内にコードとレポートを簡単に共存させられるようになった．Markdown スクリプトは R/RStudio さえあれば誰でも実行できるため，分析の再現性の保証となりうる．

ただ新規に追加された諸機能を活用するのに，もともとの R のインターフェイスはあまりに貧弱であった．そこに RStudio が登場した．RStudio はコード開発を支援するインターフェイスの整備を精力的に進めており，現在では R の統合開発環境として標準的に利用されるようになっている．

本シリーズでは R/RStudio の諸機能を活用することで，データの取得から前処理，そしてグラフィックス作成の手間が格段に改善されることを具体例にもとづき紹介している．さらにデータサイエンスが当然のスキルとして要求される時代にあって，データの何に注目し，どのような手法をもって分析し，そして結果をどのようにアピールするのか，その方向性を示すことを本シリーズは目指している．

本シリーズを通じて，多くの方々にデータ分析および R/RStudio の魅力を伝えることができれば幸いである．

2016 年 7 月　　　　石田基広

序

自然科学研究の多様化に伴い，研究者や学生が扱わなければいけないデータの種類，量が増えてきている。このような傾向は，測定機器の進歩や研究領域の統合により今後も拡大することが予想されるが，基礎的な集計・可視化，再現性についての知識や多変量データの取り扱いなど，初歩的な解析の知識をもつことで，得られたデータの解析・解釈を発展させることができる。近年，R などのオープンソースのデータ解析環境が整ってきており，これらを活用することで，実験・測定・調査を行った研究者や学生自身が比較的高度なデータの分析を自分の手で実行することができる。

研究分野に関する背景知識を持っている研究者本人がデータを分析・解釈することは，実験結果の解釈・考察をより深めることに有効である。また，データ解析を専門とする共同研究者とディスカッションする際にも，共通となる考えを持っておくことはメリットになるだろう。

自然科学・実験化学では，計画・調査・観測により得られたデータの要約・可視化のあと，目的に応じて検定・回帰の手順で分析が行われる。また，反応・測定条件などの最適化を目指す場合には，実験計画法や，既存手法との比較などが必要となる。本書では，これらの研究における R を使ったデータ解析の手順を複数の研究例を用いて解説し，外部に報告するまでの流れを説明する。

また，データ解析において，再現性の確保は化学・生物実験における再現性同様に重要な課題である。解析時のコードや元データを消去・失念することで得られた結果が再現できなくなってしまうことは研究効率や解析の信頼性を下げることにつながってしまう。本書ではこれらの問題に対応するため，再現性のある解析レポートの例を随所でまとめて付記するほか，全体として解析の再現性確保を意識した構成とする。

1 章では RMarkdown の使い方について示し，解析の再現性を意識することの重要性について述べる。

2, 3 章では基本的な集計・可視化・検定や，統計モデリングを用いた研究におけるデータ解析の流れを示す。2 章では単回帰分析・2 変量の検定など，基本的な解析を用いた分析について示す。3 章では多重比較・重回帰分析や，階層モデリングのようなやや発展的な内容も盛り込んで解説を行うが，基本的な流れを 2 章と揃えることで，初心者にも理解しやすい内容になるよう心がけた。

4 章では，実験化学分野などで用いられる実験計画法の実行例を記述する。内容としては 1 要因・2 要因・直交表の 3 種を想定し，新規測定手法の最適化を例に取り上げて解説する。さらに，確立した測定条件を既存手法と比較するための手法や，測定条件の品質管理に関する手法についても紹介する。

5, 6 章では 4 章までと異なり，オミクスデータ・分子記述子データなどの多変量データを例に，機械学習を使った研究例について示す。ここでは判別分析や回帰分析について，線形回帰・判別分析としてOPLS-DA，lasso，非線形の回帰・判別分析としてランダムフォレストの利用を想定した解説を行う。また，lasso，ランダムフォレストについてはRの機械学習フレームワークであるcaretを用いたパラメータチューニングをあわせて解説する。さらに，データ解析コンペティションで広く利用されるxgboostを紹介する。解析結果の精度確認には，クロスバリデーションや外部データを用いた例を紹介する。最後にモデル内の変数重要度について示す。

なかでも6章では，機械学習を使った回帰分析を例に挙げ，実際に一からレポートを作成する流れを示す。

本書では各章の随所において，RMarkdownで記述した再現可能な研究レポートを例をまとめて付記する。この部分についてはGitHubに公開し，参照可能にするので実際にレポートを書く際の役に立てば幸いである。

謝辞

本書を執筆するにあたって，石田基広先生には執筆の機会を頂いただけでなく，全体の構成からコード・文章の確認に至るまで丁寧にご指導いただきました。また，高橋康介先生，松浦健太郎さんには内容についてレビューをいただき，原稿の改善に多大なご協力をいただきました。共立出版の石井徹也さん，大谷早紀さん，Wonderful R編集委員の皆様には執筆作業から出版に至るまでご協力いただきありがとうございました。結婚間もない時期というのに執筆の時間を取らせてくれた妻の貴子にも感謝いたします。最後に，いろいろな場所で交流させていただいたR・データ解析コミュニティの皆様のおかげで，このような形で本をまとめることができました。心より感謝申し上げます。

目　次

Chapter 1 はじめに

1.1 RMarkdown

1.1.1 RMarkdown の導入

RMarkdown はマークダウン形式に基づき，HTML，Word，PDF などの形式でレポート作成を行うためのフレームワークである。RMarkdown のコントロールには R 言語のパッケージの 1 つである **rmarkdown** パッケージが使われている。RMarkdown を使うことにより，データの読み込み，加工，可視化，解析から結果の表示など豊富な R 言語の機能を **rmarkdown** パッケージでまとめ，1 つのファイルに出力することができる。このパッケージをインストールするには，R を立ち上げ，コンソールに下記コマンドを入力すればよい。

```
1 install.packages("rmarkdown", dependencies = TRUE)
```

また，ドキュメント形式を変換するためのツールである Pandoc をあわせて導入しておく。Pandoc は Pandoc の公式ページ (`https://pandoc.org/`) より入手可能である（図 1.1)。

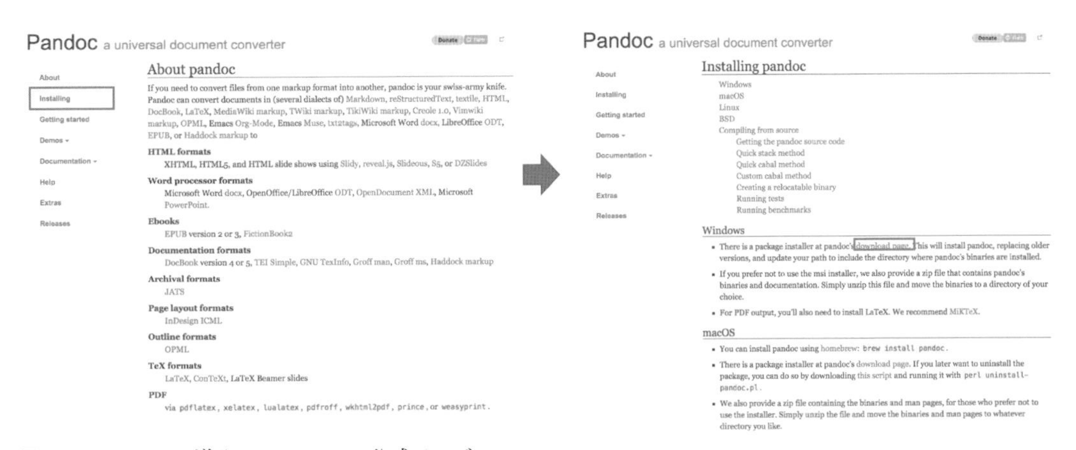

図 1.1　Pandoc の導入 1：Pandoc の公式ページ

図 1.1 右の download page のリンク先には様々な OS に対応した Pandoc イ

ンストーラーが用意されているため，こちらから使用しているOSに適したインストーラーをダウンロード，インストールすればよい（図1.2）。

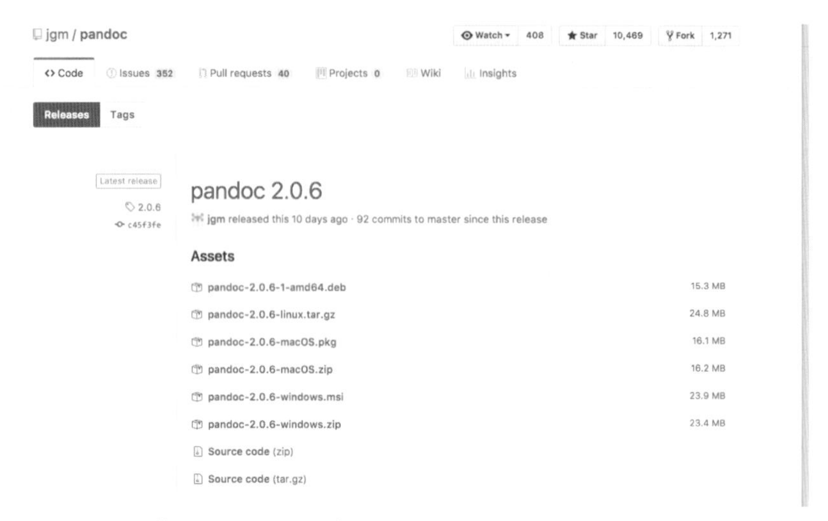

図1.2　Pandocの導入2：Pandocのダウンロードページ

さっそくRMarkdownを使ったレポーティングのチュートリアルを見てみよう。本書では解析にR言語の統合開発環境の1つであるRStudio Desktopを使って作業を進めることを想定して記述する。RStudioは公式ページからダウンロード，インストールすることが可能であり，Windows, macOS, Linuxいずれにも対応している。

1.1.2　RMarkdownファイルの作成

RStudioを起動すると図1.3のような画面が表示される。ここで，書類にプラスのマークがついている左上のアイコンをクリックすると，新規に作成したいファイルの種類を選ぶことができる。ここで，R Markdownを指定することでRMarkdownファイルを作り始めることができる。

リストからR Markdownをクリックすると，図1.4が表示される。

ここでは作成したいファイルの種類，タイトル，作成者，ファイルの出力形式などを選ぶことができる。作成したいファイルの種類については本書ではDocument，あるいはFrom Templateのいずれかを選択することになるが，プレゼンテーション用のファイルや簡単なWebアプリなども作成することができる。Documentから作成できるファイルの種類としてはHTML，PDF，Microsoft Wordが用意されている。このうち，HTMLは初期の設定でそのまま，MS WordもWordがインストールされている状態であればそのまま出力することができる。PDFで出力したい場合には，各OSにあわせてTeX環境を設定する必要がある（Windows: MiKTeX，macOS: MacTeX 2013以上，Linux: TeX Live 2013以上）。ここではまずHTMLでファイルを作成することを想定する。

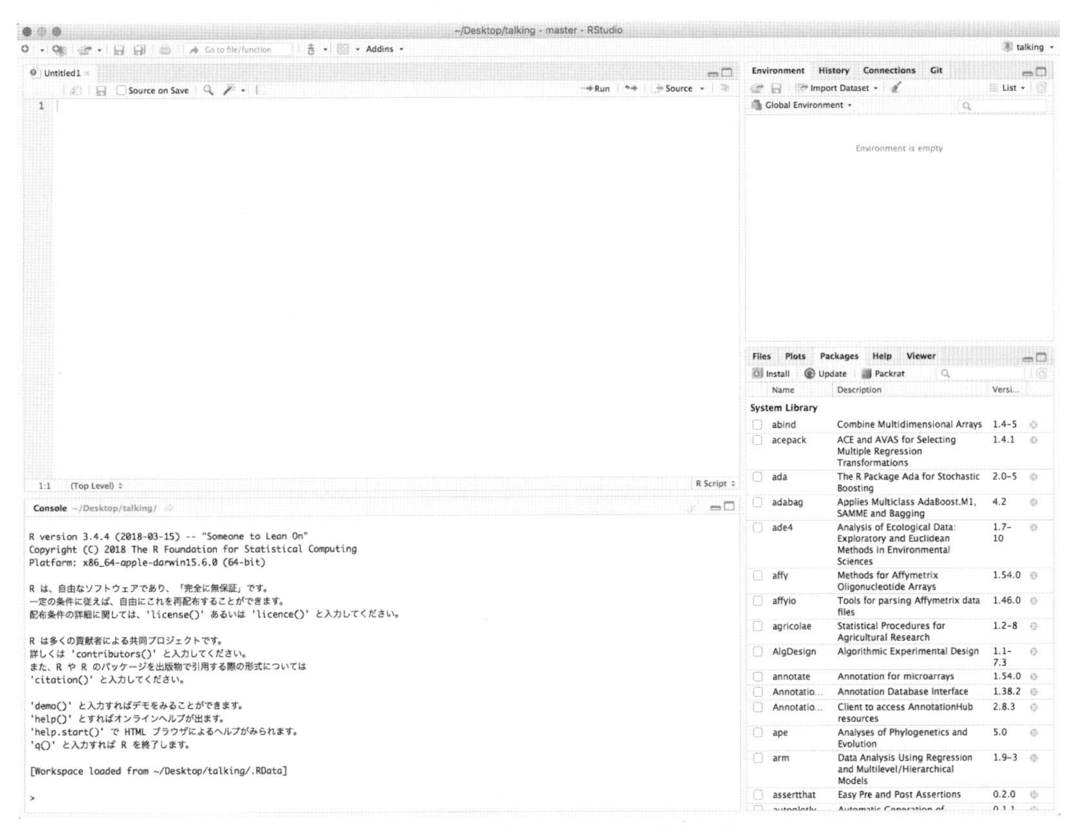

図 1.3 RStudio による RMarkdown ファイルの作成 1：RStudio の起動画面

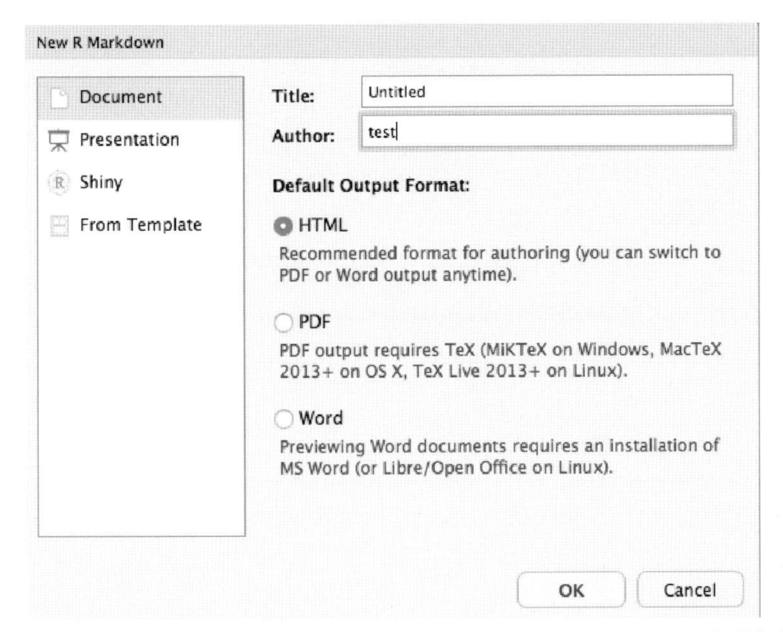

図 1.4 RStudio による RMarkdown ファイルの作成 2：RMarkdown の新規作成

OK をクリックすると，図 1.5 のように RMarkdown のファイルが作成される。

それではここから RMarkdown ファイルの各セクションについて解説していこう。

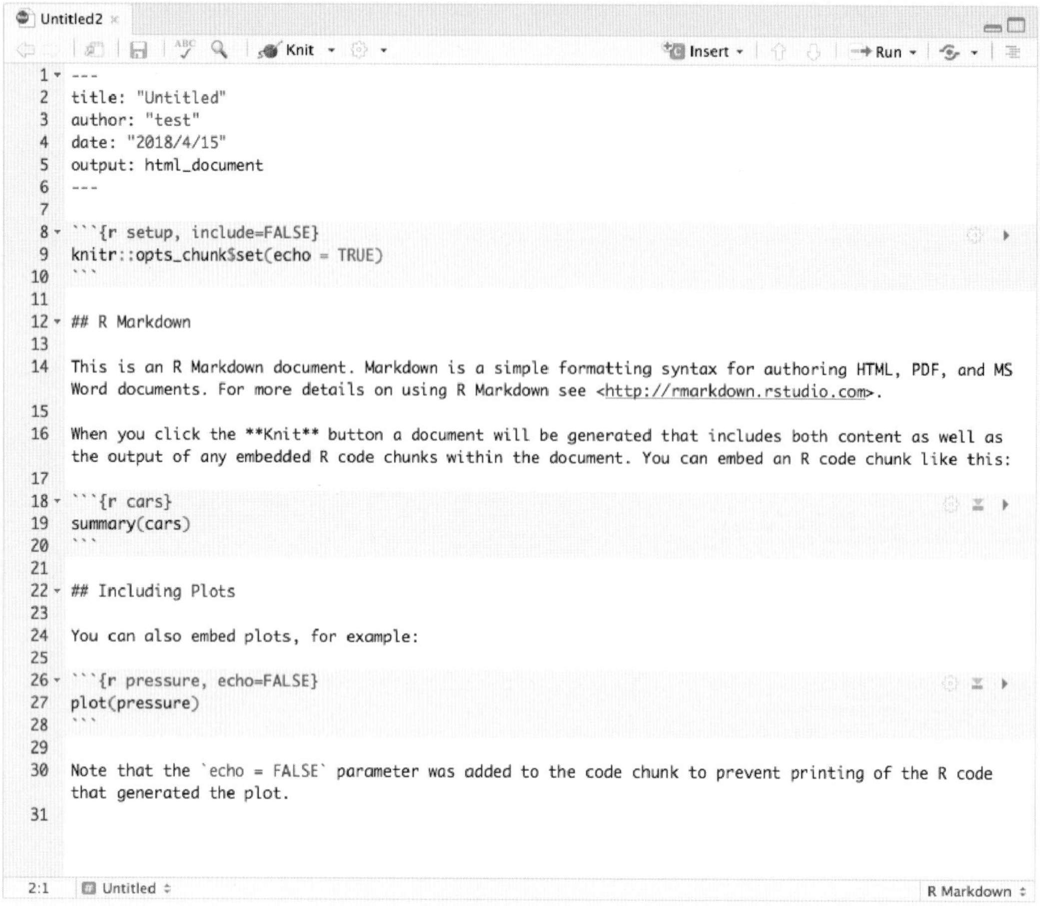

```
Untitled2
Knit  Insert  Run
1  ---
2  title: "Untitled"
3  author: "test"
4  date: "2018/4/15"
5  output: html_document
6  ---
7
8  ```{r setup, include=FALSE}
9  knitr::opts_chunk$set(echo = TRUE)
10 ```
11
12 ## R Markdown
13
14 This is an R Markdown document. Markdown is a simple formatting syntax for authoring HTML, PDF, and MS
   Word documents. For more details on using R Markdown see <http://rmarkdown.rstudio.com>.
15
16 When you click the **Knit** button a document will be generated that includes both content as well as
   the output of any embedded R code chunks within the document. You can embed an R code chunk like this:
17
18 ```{r cars}
19 summary(cars)
20 ```
21
22 ## Including Plots
23
24 You can also embed plots, for example:
25
26 ```{r pressure, echo=FALSE}
27 plot(pressure)
28 ```
29
30 Note that the `echo = FALSE` parameter was added to the code chunk to prevent printing of the R code
   that generated the plot.
31
2:1  Untitled  R Markdown
```

図1.5 新規 RMarkdown ファイル

1.1.3 RMarkdown ファイルの編集

RMarkdown ファイルはこのファイルをベースに編集していくことになる。まずファイルのはじめに記述されている以下の部分について解説する (図1.6)。

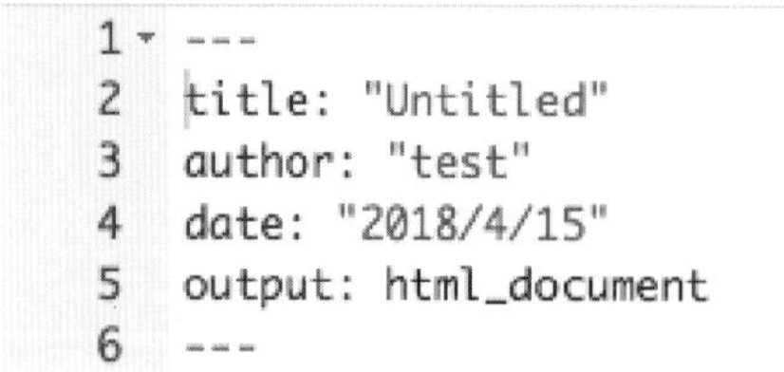

```
1 ---
2 title: "Untitled"
3 author: "test"
4 date: "2018/4/15"
5 output: html_document
6 ---
```

図1.6 YAML セクション

この部分は YAML と呼ばれ，RMarkdown ファイルのメタデータを設定するために使われる。YAML を編集することで，タイトル・サブタイトルの変更，著者情報の編集，出力ファイルの切り替え，目次の作成など様々な内容を設定することができる。これらのテンプレートが保存されている `rticles` パッケージを使用すれば，以下のように学術論文の投稿形式に合わせたファイルを出力することもできる（図1.7）。

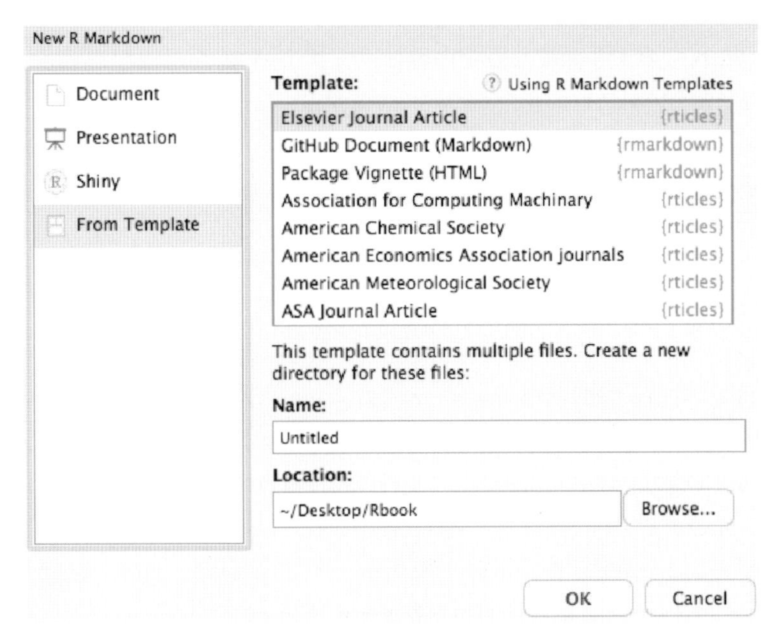

図1.7 RMarkdownテンプレートによるファイルの作成

ここでTempleteのトップに出ているElsevier Journal Article形式を選択した場合には，以下のようなYAMLセクションをもつRMarkdownファイルが出力される（図1.8）。

```
1  ---
2  title: Short Paper
3  author:
4    - name: Alice Anonymous
5      email: alice@example.com
6      affiliation: Some Institute of Technology
7      footnote: Corresponding Author
8    - name: Bob Security
9      email: bob@example.com
10     affiliation: Another University
11 address:
12   - code: Some Institute of Technology
13     address: Department, Street, City, State, Zip
14   - code: Another University
15     address: Department, Street, City, State, Zip
16 abstract: |
17   This is the abstract.
18
19   It consists of two paragraphs.
20
21 bibliography: mybibfile.bib
22 output: rticles::elsevier_article
23 ---
```

図1.8 Elsevier Journal ArticleテンプレートのYAMLセクション

図1.8のElsevier Journal ArticleテンプレートのYAMLからわかるように，著者情報については名前だけではなく連絡先(email)や所属(affiliation)を，共著者もあわせて示すことができる。また，addressに所属の住所を表記した

り，abstractの部分に論文の要約を記述したりすることもできる。bibliographyには論文中で引用したい文献をbib形式で登録でき，文中で登録された論文を引用することもできる。これらのより詳細な設定内容はウェブ上のR Markdown Reference Guide (`https://www.rstudio.com/wp-content/uploads/2015/03/rmarkdown-reference.pdf`)を参照するとよいだろう。

続いてRMarkdownのコードを記述する部分について解説する（図1.9）。

```
8 ```{r setup, include=FALSE}
9 knitr::opts_chunk$set(echo = TRUE)
10 ```
```

図1.9 RMarkdownのコード部分

この部分はチャンク(chunk)と呼ばれる部分であり，```` ```{r setup, ...} ````から```` ``` ````までの間に実行したいRのコードを記述することで，レポート内にRの実行結果を含めることができる。1つのRMarkdownファイルの中には複数のチャンクを含めることができ，先のチャンクで実行した結果は保存され，以降のチャンクで実行結果を再利用することができる。

```` ```{r, ...} ````の部分には各チャンクの出力，動作に関わる設定をオプションとして記述することができる。また，```` ```{r setup, ...} ````の`setup`はチャンクの名前を指定する部分であり，`setup`と記述した場合にはセットアップチャンクと呼ばれる。RMarkdownファイルを編集する際にチャンクをまとめて管理・編集したい場合など，この名前を利用できる。上記の`knitr::opts_chunk$set`はRMarkdownファイルに含まれるチャンクの設定を一括で変更するためのRコードである。このコードではRMarkdownに関係するパッケージの1つである**`knitr`**パッケージの機能が使われている。例えば図1.9のコードを実行すると，以降のチャンクではデフォルトで`echo = TRUE`の設定が読み込まれることになる。筆者がよく使用する代表的なチャンクオプションを以下に記す。

チャンクオプション	デフォルト	オプションの意味
echo	TRUE	チャンク内での計算結果を出力として表示するか (TRUE) 否か (FALSE)
error	TRUE	チャンク内でのエラーを表示するか否か
eval	TRUE	チャンク内での計算結果を評価するか否か
fig.cap		図の注釈：`fig.cap="Figure1"`など
fig.height	7	図の縦幅（インチ）
fig.width	7	図の横幅（インチ）
include	TRUE	チャンク・実行結果を出力するか否か（FALSEでもコードは評価される）
message	TRUE	チャンク内でのパッケージ読み込みなどのメッセージを表示するか否か
warning	TRUE	チャンク内での警告を表示するか否か
````

これらのオプションを利用するには```{r, echo = TRUE, error = FALSE, warning = FALSE}のように記述するとよい。このように記述した場合には，このチャンク内の計算結果は出力されるが，エラーメッセージ，警告メッセージは出力されないことになる。チャンクオプションについてはknitrパッケージの開発者であるYihui Xieのサイトに詳しい解説がある(https://yihui.name/knitr/options/)。より詳細な情報を得たい際には参考になるだろう。

続いてRMarkdownの文章を記述する部分について解説する（図1.10）。

```
12 ## R Markdown
13
14 This is an R Markdown document. Markdown is a simple formatting syntax for
   authoring HTML, PDF, and MS Word documents. For more details on using R Markdown
   see <http://rmarkdown.rstudio.com>.
15
16 When you click the **Knit** button a document will be generated that includes both
   content as well as the output of any embedded R code chunks within the document.
   You can embed an R code chunk like this:
```

図1.10　RMarkdownの文章記述パート

```{r, ...}から```で囲まれていないこの部分には，ドキュメントのテキスト本文を記述する。この部分は解析により得られた結果のまとめや考察を記述する場合などに用いることができるだろう。また，#で始まる行は章立てを表しており，#を1つ増やすたびにより下位の小見出しとして章を区切ることができる。小見出しは最大6段階まで作成することができ，YAMLのTable of contents (TOC)の項目を編集することで，ドキュメントのはじめに#で管理された目次を自動作成することができる。YAMLのoutput:設定にtoc: trueおよびnumber_section: trueを記述しておくことで，図1.11のように，#の数に応じて小見出しおよびセクション番号が付与される。

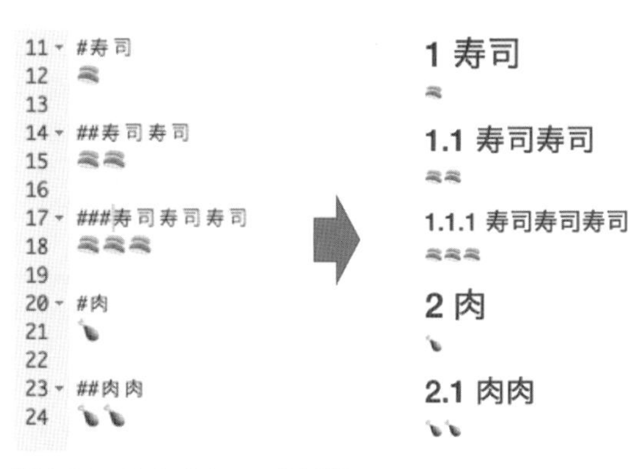

図1.11　RMarkdownの目次

また，Markdownの記法を用いて文章の修飾や表を作成することもできる。例えば先に挙げたチャンクオプションの表については，図1.12のように記述している。

図1.12では表中の各列の横幅を編集中の見やすさを優先して揃えているが，
```

```
112  | chunkオプション | デフォルト | オプションの意味                                                    |
113  |-----------------|------------|---------------------------------------------------------------------|
114  | echo            | TRUE       | chunk内での計算結果を出力として表示するか (TRUE) 否か (FALSE) |
115  | error           | TRUE       | chunk内でのエラーを表示するか否か                                    |
116  | eval            | TRUE       | chunk内での計算結果を評価するか否か                                  |
117  | fig.cap         |            | 図の注釈: `fig.cap="Figure1"`など                                  |
118  | fig.height      | 7          | 図の縦幅                                                            |
119  | fig.width       | 7          | 図の横幅 (インチ)                                                   |
120  | include         | TRUE       | chunk・実行結果を出力するか否か (FALSEでもコードは評価される) |
121  | message         | TRUE       | chunk内でのパッケージ読み込みなどのメッセージを表示するか否か |
122  | warning         | TRUE       | chunk内での警告を表示するか否か                                      |
```

図1.12 RMarkdownにおける表の表記

横幅を一致させなくても列幅は出力の際に自動で揃えられる。また，太字やリンクなどの代表的なオプションは下表の通りである。

出力	記法
イタリック体	`_hoge_`
ボールド体	`**hoge**`
コードと同じフォント	`‘hoge‘`
リンク	[hoge](リンク先URL)
改ページ	`\newpage`
改行	文末でスペース2つ

続いて論文・レポートの引用文献まとめの作成法について紹介する（図1.13）。まず図1.13左上に示したYAMLのbibliographyの項目に，引用したい文献の一覧が保存されているbibファイル（ここではmybibfile.bib）を指定する。mybibfile.bibのファイルを開いた例が図1.13右上である。あとは図1.13中央上の囲み部分のように，本文中の末尾に@文献番号の形式で引用文献を加え，引用文献のセクションに`{#references}`を記述することで，図1.13下のように引用文献一覧を出力することができる。これはRMarkdown上でデータの解析から論文執筆までを一元管理したい意欲的な読者には必須の機能であろう。

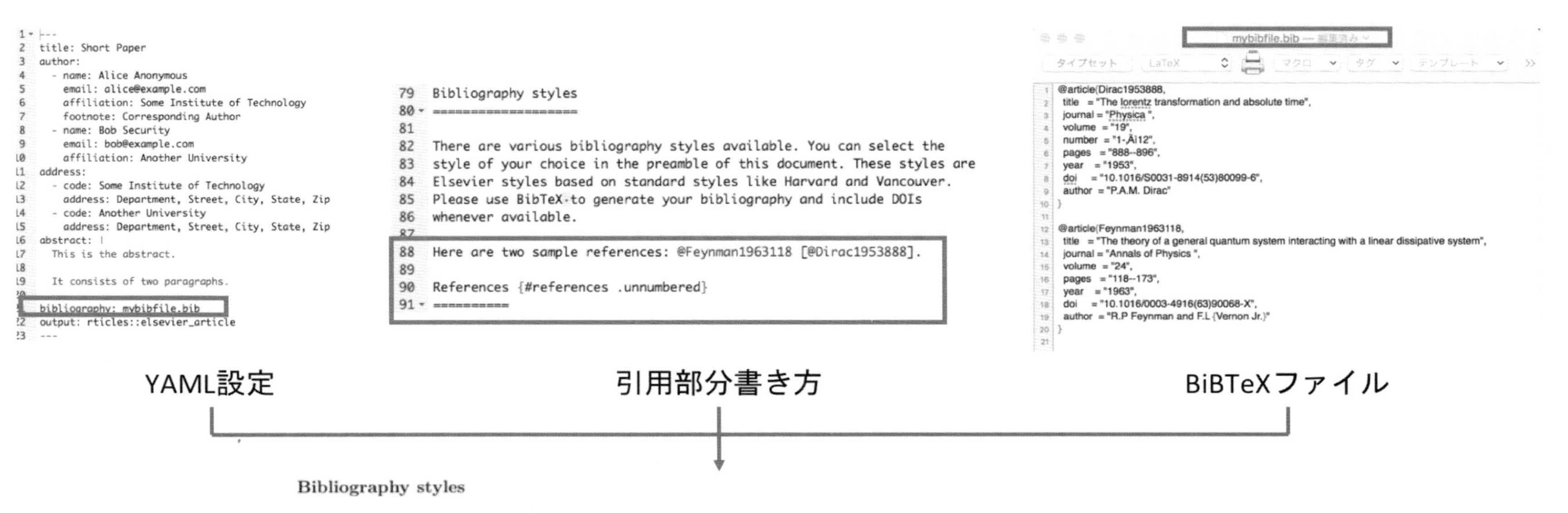
---
title: Short Paper
author:
- name: Alice Anonymous
email: alice@example.com
affiliation: Some Institute of Technology
footnote: Corresponding Author
- name: Bob Security
email: bob@example.com
affiliation: Another University
address:
- code: Some Institute of Technology
address: Department, Street, City, State, Zip
- code: Another University
address: Department, Street, City, State, Zip
abstract: |
This is the abstract.
It consists of two paragraphs.
bibliography: mybibfile.bib
output: rticles::elsevier_article

Bibliography styles
==================
There are various bibliography styles available. You can select the
style of your choice in the preamble of this document. These styles are
Elsevier styles based on standard styles like Harvard and Vancouver.
Please use BibTeX to generate your bibliography and include DOIs
whenever available.
Here are two sample references: @Feynman1963118 [@Dirac1953888].
References {#references .unnumbered}
==========
mybibfile.bib
@article{Dirac1953888,
title = "The lorentz transformation and absolute time",
journal = "Physica ",
volume = "19",
number = "1-Ä12",
pages = "888--896",
year = "1953",
doi = "10.1016/S0031-8914(53)80099-6",
author = "P.A.M. Dirac"
}
@article{Feynman1963118,
title = "The theory of a general quantum system interacting with a linear dissipative system",
journal = "Annals of Physics ",
volume = "24",
pages = "118--173",
year = "1963",
doi = "10.1016/0003-4916(63)90068-X",
author = "R.P Feynman and F.L {Vernon Jr.}"
}
YAML設定
引用部分書き方
BiBTeXファイル
Bibliography styles
There are various bibliography styles available. You can select the style of your choice in the preamble of this document. These styles are Elsevier styles based on standard styles like Harvard and Vancouver. Please use BibTeX to generate your bibliography and include DOIs whenever available.
Here are two sample references: Feynman and Vernon Jr. (1963; Dirac 1953).
References
Dirac, P.A.M. 1953. "The Lorentz Transformation and Absolute Time." Physica 19 (1—12): 888–96. doi:10.1016/S0031-8914(53)80099-6.
Feynman, R.P, and F.L Vernon Jr. 1963. "The Theory of a General Quantum System Interacting with a Linear Dissipative System." Annals of Physics 24: 118–73. doi:10.1016/0003-4916(63)90068-X.
出力される引用文献まとめ

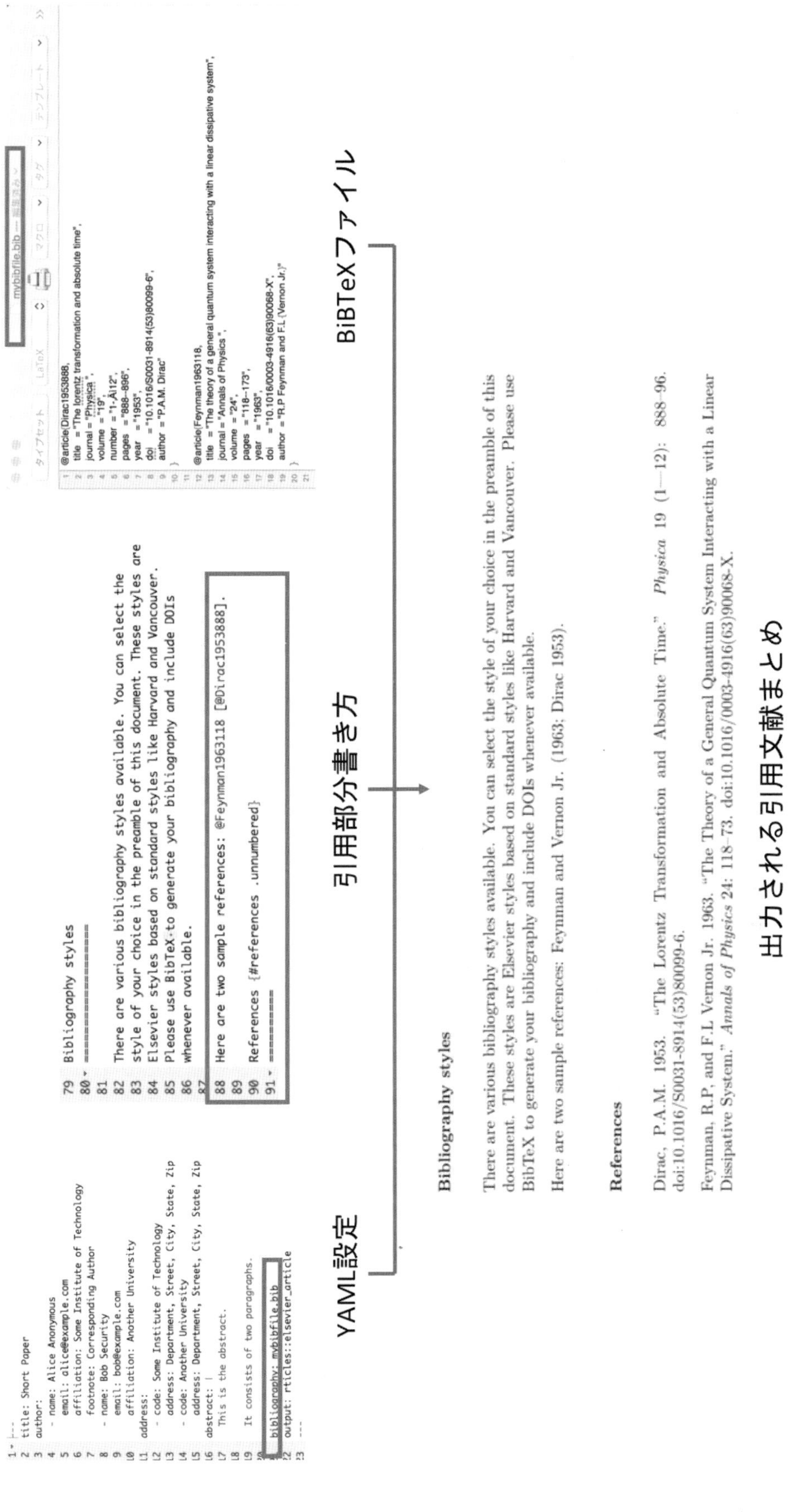

図 1.13　引用文献

また，R そのものについての利用経験があり，様々な自作関数を使って解析を進めているが，RMarkdown を使ったレポーティングは最近はじめたという方も読者の中にはおられるだろう。このような場合には，編集した.R ファイルを RMarkdown ファイルと同じフォルダに保存した上で，`read_chunk(".R ファイル")` としてファイルを読み込めばよい。

下図 1.14 で具体例を挙げる。まず `Untitled.R` ファイルを作成し，`# ---- test1 -----`のような形で関数に名前をつけておく（図 1.14 左）。名前をつけておくのは `read_chunk()` でファイル内の関数を選択して実行できるようにするためである。自作関数を保存した.R ファイルを使用する際にも，この点については編集が必要である。続いて RMarkdown ファイルのチャンク上で，`knitr` パッケージの `read_chunk()` を利用し，作成した `Untitled.R` ファイルを読み込む（図 1.14 中央の 8〜11 行目）。その後，`'''{r test1}`，`'''{r test2}`のように，チャンクの名称を入力する部分に `Untitled.R` ファイルで作成した関数名を記述する（図 1.14 中央の 13〜17 行目）。このファイルを出力すると，図 1.14 右のように，`test1, test2` で指定した関数が実行されていることがわかる。

図 1.14 .R ファイルの読み込み

1.1.4 RMarkdown ファイルの出力

これらの編集作業が終わったあと，下図 1.15 の Knit ボタンをクリックすることで，図 1.16 のように RStudio の RMarkdown タブで HTML ファイル生成のログが走ったあと，図 1.17 のような HTML ファイルが出力される。

図 1.15 Knit ボタン

生成途中にエラーがあった場合には図 1.16 の HTML ファイル生成処理のログにエラーが表示されることになるだろう。また，ファイル生成の際には基本的にチャンクファイルに記述されている R コードがすべて実行されるため，大規模な計算が含まれている場合にはファイルの出力にも長い時間を要することに注意が必要である。

```
output file: Untitled.knit.md

/Applications/RStudio.app/Contents/MacOS/pandoc/pandoc +RTS -K512m -RTS Untitled.utf8.md
--to html4 --from markdown+autolink_bare_uris+ascii_identifiers+tex_math_single_backslas
h --output Untitled.html --smart --email-obfuscation none --self-contained --standalone
--section-divs --template /Library/Frameworks/R.framework/Versions/3.4/Resources/library
/rmarkdown/rmd/h/default.html --no-highlight --variable highlightjs=1 --variable 'theme:
bootstrap' --include-in-header /var/folders/q1/mzsc_14558z7lgh0sxw0x7900000gn/T//RtmpeLr
Tcd/rmarkdown-str1368523d1176.html --mathjax --variable 'mathjax-url:https://mathjax.rst
udio.com/latest/MathJax.js?config=TeX-AMS-MML_HTMLorMML'

Output created: Untitled.html
```

図 1.16　HTML ファイル生成処理のログ

Untitled

test

2018/1/6

R Markdown

This is an R Markdown document. Markdown is a simple formatting syntax for authoring HTML, PDF, and MS Word documents. For more details on using R Markdown see http://rmarkdown.rstudio.com.

When you click the **Knit** button a document will be generated that includes both content as well as the output of any embedded R code chunks within the document. You can embed an R code chunk like this:

```
summary(cars)
```

```
##      speed           dist       
##  Min.   : 4.0   Min.   :  2.00  
##  1st Qu.:12.0   1st Qu.: 26.00  
##  Median :15.0   Median : 36.00  
##  Mean   :15.4   Mean   : 42.98  
##  3rd Qu.:19.0   3rd Qu.: 56.00  
##  Max.   :25.0   Max.   :120.00  
```

Including Plots

You can also embed plots, for example:

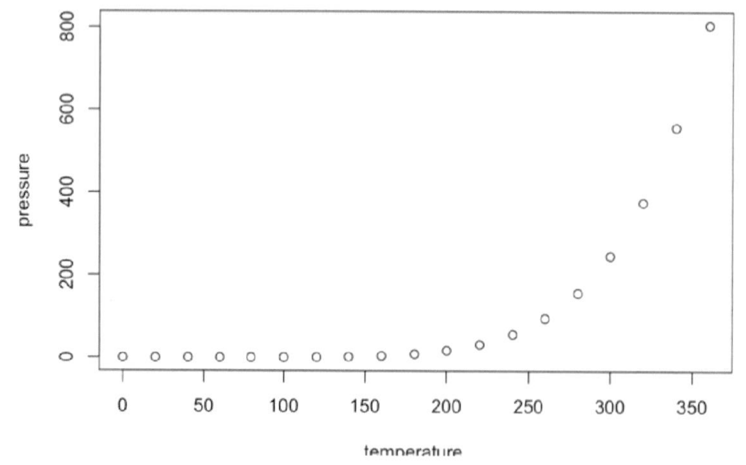

図1.17 生成された HTML ファイル

1.2 sessioninfo によるバージョン情報の確認

共同研究などにより複数人・複数機関で1つのデータを解析などしていると，どこかの環境ではうまくパッケージを使って解析できたのに，別の解析者や解析機関ではうまくいかないことが起こりうる。この原因の1つにはRがインストールされているOSの違いや，R本体やRパッケージのバージョンが違うことがあるだろう。**sessioninfo** パッケージの利用はこのような問題への対応策として有用である。**sessioninfo** パッケージは現在使用しているRやロードされているRパッケージのバージョン，起動しているOSの詳細なバージョンなどの情報を一括して表示してくれる。これにより手元の環境と共同研究者・共同研究先との環境の違いを比較し，エラーの原因を探索することができるだろう。

sessioninfo パッケージのインストールは下記コードの通りである。

```
install.packages("sessioninfo")
```

環境の検証は **sessioninfo** パッケージの session_info() で実行できる。

```
library(sessioninfo)
session_info()
```

```
## ─ Session info ──────────────────────────────────────────
##  setting  value
##  version  R version 3.5.1 (2018-07-02)
##  os       macOS High Sierra 10.13.5
##  system   x86_64, darwin15.6.0
##  ui       X11
##  language (EN)
##  collate  ja_JP.UTF-8
##  tz       Asia/Tokyo
##  date     2018-07-19
##
## ─ Packages ──────────────────────────────────────────────
##  package     * version date       source
##  backports     1.1.2   2017-12-13 CRAN (R 3.5.0)
##  clisymbols    1.2.0   2017-05-21 CRAN (R 3.5.0)
##  digest        0.6.15  2018-01-28 CRAN (R 3.5.0)
##  evaluate      0.10.1  2017-06-24 CRAN (R 3.5.0)
##  htmltools     0.3.6   2017-04-28 CRAN (R 3.5.0)
##  knitr         1.20    2018-02-20 CRAN (R 3.5.0)
##  magrittr      1.5     2014-11-22 CRAN (R 3.5.0)
##  Rcpp          0.12.17 2018-05-18 CRAN (R 3.5.0)
```

```
## rmarkdown     1.10    2018-06-11 CRAN (R 3.5.0)
## rprojroot     1.3-2   2018-01-03 CRAN (R 3.5.0)
## sessioninfo * 1.0.0   2017-06-21 CRAN (R 3.5.0)
## stringi       1.2.3   2018-06-12 CRAN (R 3.5.0)
## stringr       1.3.1   2018-05-10 cran (@1.3.1)
## withr         2.1.2   2018-03-15 CRAN (R 3.5.0)
## yaml          2.1.19  2018-05-01 cran (@2.1.19)
```

これにより現在読み込まれているR・Rパッケージのバージョンや，OS・動作環境についての情報が得られる。これらの情報を保存・共有することで，データ解析の再現性が向上するだろう。

さらに，実験ノートとしてRMarkdownを利用する際に，プログラムを実行した日付や時間を記録したい場合には，`timestamp()`を利用するとよいだろう。

```
1 timestamp()
```

```
## ##------ Thu Jul 19 18:02:24 2018 ------##
```

外部からの画像をRMarkdownに含めたい場合には，`![画像名](画像ディレクトリ)`とすることで，画像を挿入できる。RMarkdownのチャンクを使って画像を制御したい場合には，`knitr::include_graphics("画像ディレクトリ")`とすることでRから画像を読み出すこともできる。jpegやpngなどの画像ファイルを扱う場合には，それぞれ`jpeg`パッケージ，`png`パッケージが必要となることに注意しよう。

リンク付きの文章を作成したい場合には，`[文章](URL)`と記述すればリンクを含めた文章を作成できる。これらの機能を使いこなすことで，再現性を確保したレポートや実験ノートをRMarkdownで作成できるだろう。

1.3 プロジェクトの作成

研究においては並行していくつかのプロジェクトに参加し，それぞれのデータについて解析を進めないといけないという状況がしばしば発生する。このような場合にそれぞれのデータや解析ファイルが混ざってしまうことは誤りの原因になりやすい。このようなときに便利なのがRStudioの機能の1つであるプロジェクトである。プロジェクトは名の通り，進めている解析などのデータ，解析用Rファイル，RMarkdownファイルなどを1箇所にまとめて管理するための機能である。プロジェクトからそれぞれの解析ごとにフォルダを作成し，切り替えながら解析を行えば，解析ファイルが行方不明になって再現性が失われることへの予防になる。また，プロジェクトを作成したフォルダが作業ディレクトリになるため，フォルダ内のデータへアクセスする際のパスの指定も容易になる。では実際にプロジェクトを作成してみよう。まずRStudioの右上にある，Projectのアイコンをクリックしよう（図1.18）。

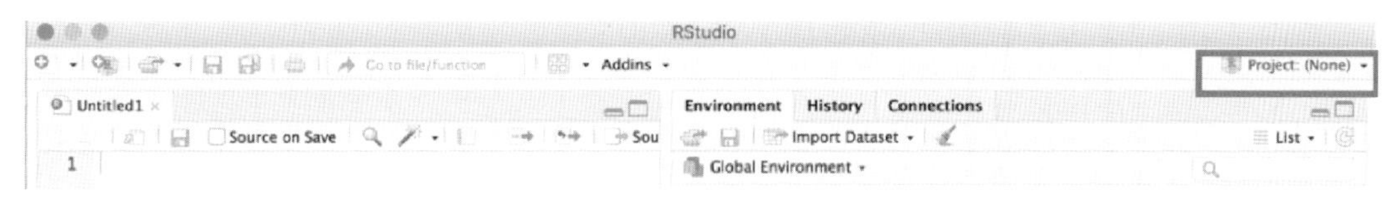

図1.18　Projectのアイコン

Projectをクリックすると図1.19の一番左のリストが立ち上がる。ここでNew projectを選択すると，図1.19左から2番目の画面が立ち上がる。新規に解析をはじめる場合には，枠で囲んだNew Directoryを選択する。図1.19右から2番目の画面では，そのプロジェクトで何を行うかを選択する。通常のデータ解析の場合は，一番上のNew Projectを選べばよい。最後に図1.19右端の画面で，プロジェクト名およびフォルダをどこに作るかについて選択する。選択後，Create Projectをクリックするとフォルダおよびプロジェクトが図1.19下のように作られる。このフォルダに解析対象となるデータや，解析用ファイル，レポート用ファイルなどを作成していくとよいだろう。また，図1.19左から2番目の画面において，もしファイルが保存してある既存フォルダがすでにあるなら，Existing Directoryを選び，Project working directoryを指定してもよい。

プロジェクトを切り替える際には，再度Projectのアイコンをクリックしてプロジェクトを選択するか（図1.18），図1.19下フォルダ内に生成された.Rprojファイルをダブルクリックすればよい。

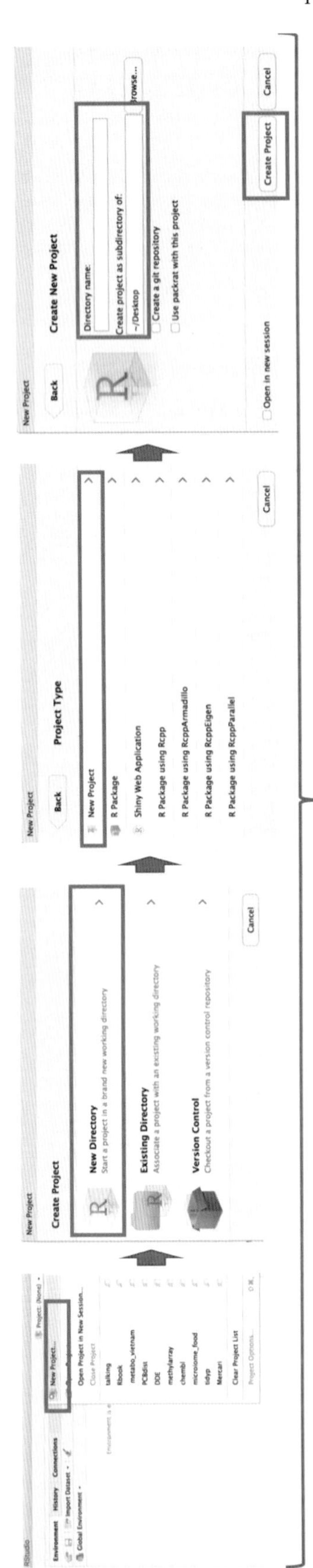

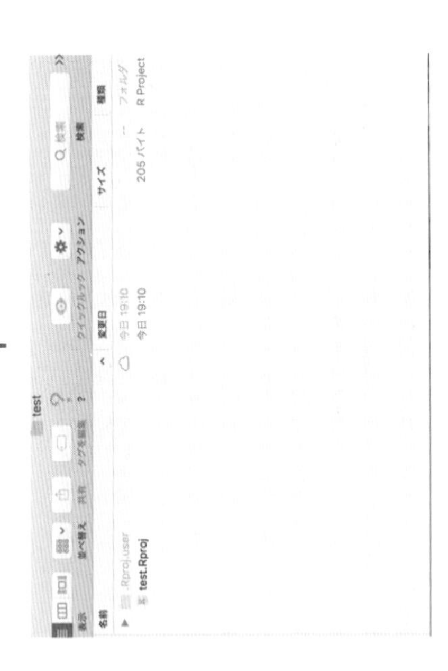

図1.19 プロジェクトの作成

1.4　本章のまとめと参考文献

本章では RMarkdown を使ってレポートや論文原稿を作成する際に助けとなる RStudio, RMarkdown の機能について紹介した。筆者が利用する範囲では本章の内容でも事足りているが，RMarkdown の骨子となる `knitr` パッケージや RMarkdown の便利機能を紹介しきったわけではない。筆者がここまでたどり着く際に参考になった資料を以下に示す。これらには本章では利用していない機能についても紹介されている。奥深い RMarkdown の世界を探索する助けになれば幸いである。

1. Wonderful R 3：再現可能性のすゝめ—RStudio によるデータ解析とレポート作成：高橋 康介；共立出版
2. Useful R 9：ドキュメント・プレゼンテーション生成：高橋 康介；共立出版
3. R Markdown で楽々レポートづくり 1-8：高橋 康介 (`http://gihyo.jp/admin/serial/01/r-markdown`)：上記 2 冊の著者による Web 連載記事
4. ユーザのための RStudio［実践］入門：松村 優哉，湯谷 啓明，紀ノ定 保礼，前田 和寛；技術評論社
5. R Markdown 入門：@kazutan (`https://kazutan.github.io/kazutanR/Rmd_intro.html`)：RMarkdown で作成された入門記事
6. 〜knitr+pandoc ではじめる〜『R Markdown で Reproducible Research』：@teramonagi (`https://www.slideshare.net/teramonagi/tokyo-r36-20140222`)：スライドを使ったわかりやすい解説
7. R Markdown: RStudio (`https://rmarkdown.rstudio.com/`)：RStudio 公式ドキュメント
8. R Markdown Cheat Sheet: RStudio (`http://www.rstudio.com/wp-content/uploads/2016/03/rmarkdown-cheatsheet-2.0.pdf`)：公式の RMarkdown チートシート
9. knitr "Elegant, flexible, and fast dynamic report generation with R": Yihui Xie (`https://yihui.name/knitr/`)：作者による `knitr` パッケージ解説

Chapter 2

基本的な統計モデリング —要因と目的変数の関係解析 (1)

線形回帰モデルとは，ある変数と別の変数の関係を探索する手法である。本章では，比較的単純な事例を通して線形回帰モデルによる解析を報告するまでの流れを概観する。ここでは年齢，性別，Food_A の摂取量 (g) をまとめた擬似的なデータについて，これらの変数のいずれか，あるいはすべてが body mass index (BMI) の値に関係しているとする仮説を検証する（図 2.1）。

具体的にはデータの読み込みから集計・可視化といった探索的解析の手順を確認する。特に可視化については，データの外れ値や入力ミスを確認する手段として活用する。確認されたデータの誤りは削除ないし修正を行う必要があるが，この際に修正作業の履歴を残すことが望ましい。この手間は R/RStudio を使うことで大幅に軽減できる。最後に，解析結果をレポートとしてまとめる方法を解説する（図 2.2）。

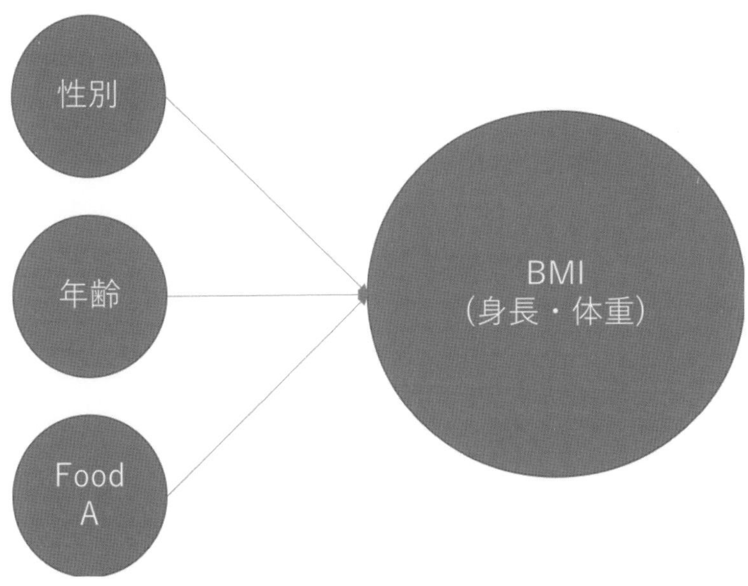

図 2.1　本章で扱う内容の概念図

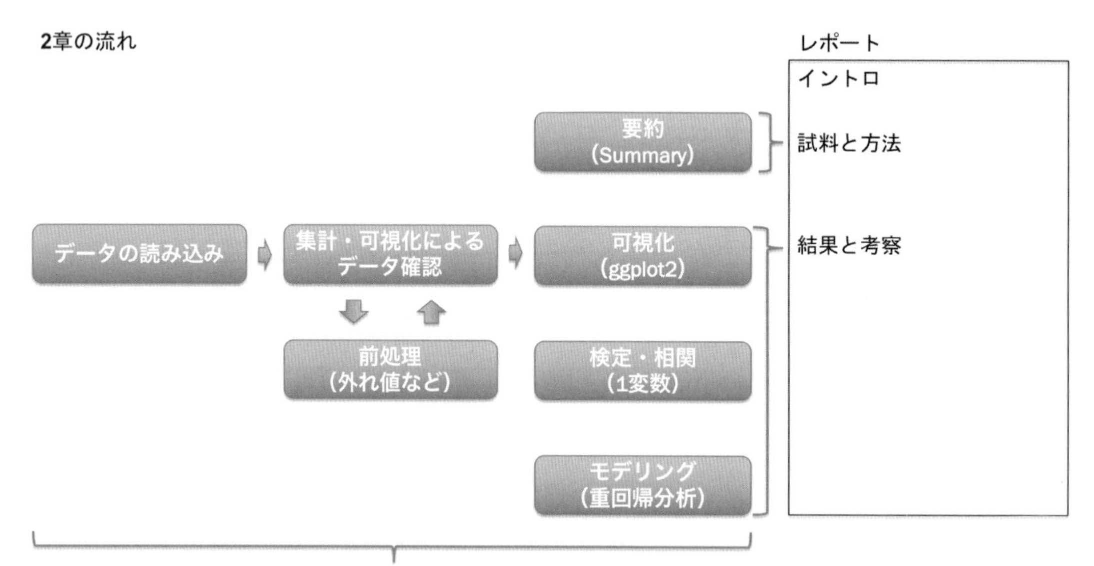

図2.2 本章で取り扱う解析の流れ

2.1 データの読み込み・概観チェック・集計・可視化

2.1.1 データの読み込み

ではさっそく解析に使うデータを読み込んでみよう。データはcsvやExcelの形式で保存されていることが予想される。データはGitHubにアップロードされているものを読み込んで解析を行うが，実際に作業を行う際には読み込み先の作業ディレクトリを作業環境に合わせ適宜変更しても良い。

まずはcsv形式で保存されたデータの読み込みについて解説する。csvの読み込みにはいくつか方法があるが，本書ではRStudioと連携している `readr` パッケージを使ってcsvファイルの読み込みを行う。本パッケージは下記コードでインストールできる。

```
1 # install.packages() でパッケージをインストール
2 install.packages("readr")
```

インストールしたパッケージを使ってcsvファイルを読み込んでみよう。コードの例は次の通りである。

```
1 # データ読み込みのためのパッケージ読み込み
2 library(readr)
3 
4 # 読み込み先の作業ディレクトリは作業環境に合わせ適宜変更する
```

```
pre_work <- read_csv("~/GitHub/ScienceR/chapter2/Data/data_2.csv")
```

まずインストールしたパッケージを `library()` を使って呼び出す。続いて，`pre_work` という名前をつけて `read_csv()` を使ってデータを読み込む。`()` の中にはファイルが保存されているファイルパスを `""` で囲んで記述する。

読み込んだデータは，以下の命令を実行することで確認できる。

```
View(pre_work)
```

あるいは，RStudio では Global Environment の Data 内にある対象のデータ名をクリックすることでも同様にデータを確認できる（図 2.3）。

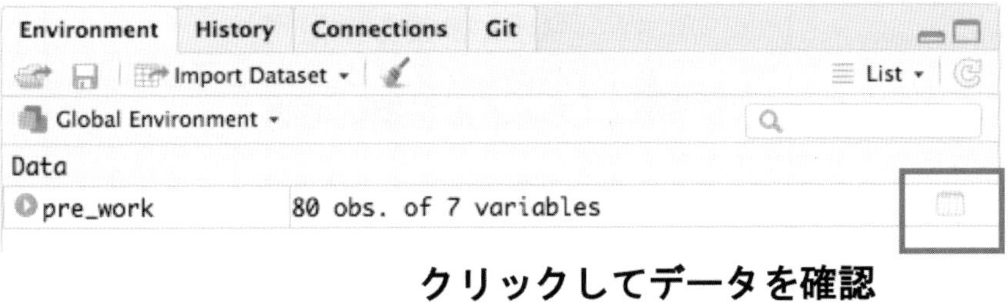

図 2.3 RStudio によるデータ確認

続いて Excel ファイルからの読み込みについて紹介する。先程と同様に，RStudio と連携している `readxl` パッケージを使って Excel ファイルからデータを読み込む。インストールは次の通りである。

```
install.packages("readxl")
```

インストールしたパッケージを使って Excel ファイルを読み込んでみよう。コードの例は次の通りである。

```
library(readxl)

# sheet = "対象シート" で読み込むシートを指定
pre_work_2 <- read_excel("~/GitHub/ScienceR/chapter2/Data/data_2.xlsx", sheet = "Sheet2")
```

ここでは Excel ファイルの Sheet2 にデータが格納されていることを想定している。csv ファイルであればシートの概念がないためオプションで `sheet` を指定する必要はないが，Excel ファイルの場合は読み込むべきシートを指定したい場合もある。この場合，`read_excel()` の中で，ファイルの場所を指定したあとに `sheet = "Sheet2"` と記入すれば，シートを指定してデータを読み込むことができる。なお，`sheet` に何も指定せず，`read_excel("data_2.xlsx")` のように記述した場合にはエクセルの Sheet1，あるいは 1 枚目のシートが読み込まれる仕様になっている。

また，これらのデータ読み込みは以下のように RStudio からマウスを使って行うこともできる（図 2.4）。

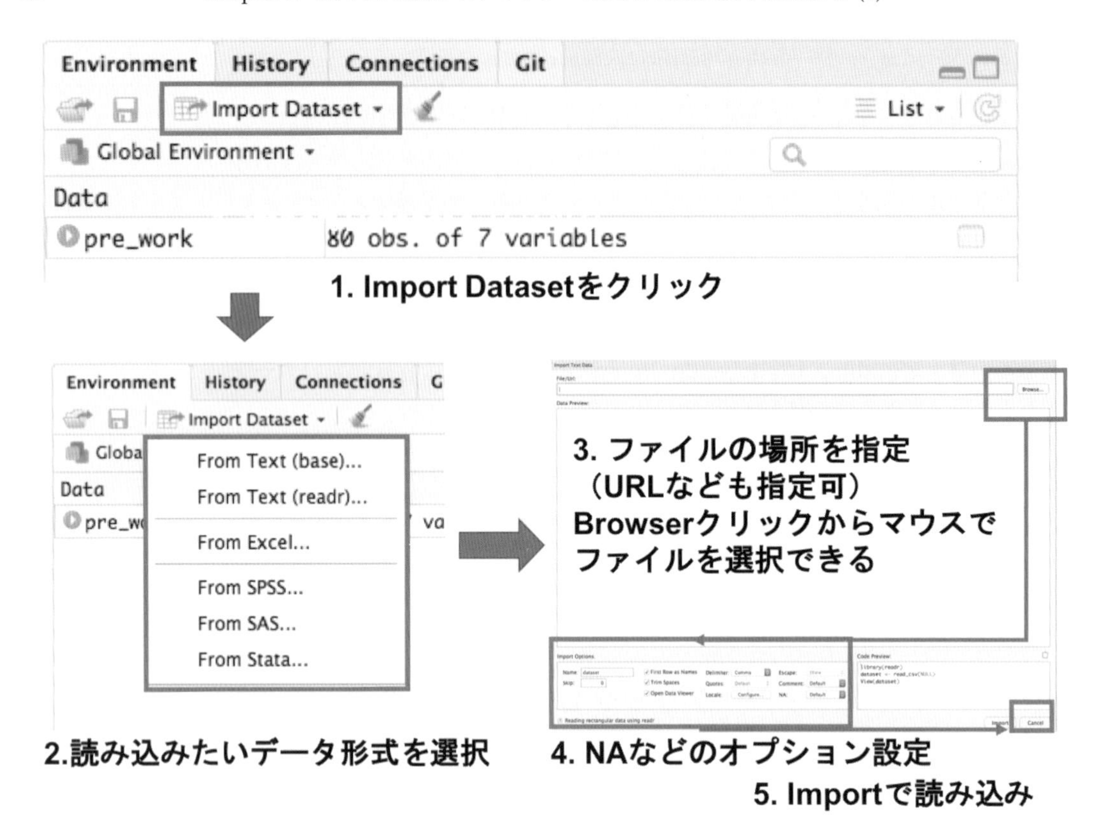

図 2.4　RStudio によるデータの読み込み

図内の太枠は操作が必須な部分である。手順は図の通り，1. Import Dataset をクリック，2. 読み込みたいファイルの形式を選択，3. ファイルの場所を指定，4. オプション設定，5. Import ボタンをクリックである。

オプション部分ではデータの区切りの方法 (Delimiter) や NA（欠損値）の設定，Excel データであれば読み込みシートの設定などを行うことができる。オプションで設定できることはすべて R のコードとして書くことができる。オプションのチェックボタンを切り替えると，オプションの隣りにあるコードプレビュー画面のコードもそれに合わせて変わるので，初心者はこれらの設定の違いとコードを見比べることで，データ読み込みのためのコードを学ぶこともできるだろう。

このように，GUI によるファイル読み込みが可能である点も RStudio の魅力の 1 つである。慣れるとコードを書くほうが早いのだが，初心者も GUI を使って，R の最初のハードルであるデータ読み込みを簡単に行えることは魅力である。ただし，初心者であってもコードプレビューに表示されているコードはコピーして，新規に作成した R スクリプトに保存しておくことをおすすめする。これは，すべての解析が終わったあとで，どのデータをどこから読み込んだのかわからなくなると，データ解析の再現性を保つことができないためである。

2.1.2 データの概観チェック

まず解析に使うデータを読み込もう。

```
library(readr)
pre_work <- read_csv("~/GitHub/ScienceR/chapter2/Data/data_2.csv")
```

この操作により，データが読み込まれて pre_work という名前の tibble 形式のデータフレームに格納されたことになる。ではさっそく読み込んだデータについて触れていこう。前節では View() を使ってデータの中身を確認したが，ここではまずデータの概観を head() を使って確認してみよう。

```
head(pre_work)
```

```
## # A tibble: 6 x 7
##   `Sample ID`   Age Gender Height Weight   BMI Food_A
##         <int> <int> <chr>   <int>  <int> <dbl>  <dbl>
## 1           1    36 Female    162     52  19.8     18
## 2           2    13 Female    160     43  16.8      8
## 3           3    20 Female    153     46  19.7     37
## 4           4    24 Male      167     54  19.4     57
## 5           5    22 Female    153     43  18.4     14
## 6           6    48 Male      168     60  21.3     35
```

格納されていたデータの一部が表示されたことと思う。head() を使った場合，初期設定では全体のデータのうち最初の 6 つまでを表示してくれる。head() により，pre_work データには ID を含め 7 つの変数が含まれており，それらの変数は整数型 (int)，文字列型 (chr)，double 型 (dbl) からなることが示されている。

また，次の通り str() を使用した際にもデータの構造について情報を得ることができる。

```
str(pre_work)
```

```
## Classes 'tbl_df', 'tbl' and 'data.frame':    80 obs. of  7 variables:
##  $ Sample ID: int  1 2 3 4 5 6 7 8 9 10 ...
##  $ Age      : int  36 13 20 24 22 48 46 49 26 50 ...
##  $ Gender   : chr  "Female" "Female" "Female" "Male" ...
##  $ Height   : int  162 160 153 167 153 168 153 157 159 153 ...
##  $ Weight   : int  52 43 46 54 43 60 44 44 48 42 ...
##  $ BMI      : num  19.8 16.8 19.7 19.4 18.4 21.3 18.8 17.9 19 17.9 ...
##  $ Food_A   : num  18 8 37 57 14 35 88 100 37 7.2 ...
##  - attr(*, "spec")=List of 2
##   ..$ cols   :List of 7
```

```
##   .. ..$ Sample ID: list()
##   .. .. ..- attr(*, "class")= chr  "collector_integer" "collector"
##   .. ..$ Age      : list()
##   .. .. ..- attr(*, "class")= chr  "collector_integer" "collector"
##   .. ..$ Gender   : list()
##   .. .. ..- attr(*, "class")= chr  "collector_character" "collector"
##   .. ..$ Height   : list()
##   .. .. ..- attr(*, "class")= chr  "collector_integer" "collector"
##   .. ..$ Weight   : list()
##   .. .. ..- attr(*, "class")= chr  "collector_integer" "collector"
##   .. ..$ BMI      : list()
##   .. .. ..- attr(*, "class")= chr  "collector_double" "collector"
##   .. ..$ Food_A   : list()
##   .. .. ..- attr(*, "class")= chr  "collector_double" "collector"
##   ..$ default: list()
##   .. ..- attr(*, "class")= chr  "collector_guess" "collector"
##   ..- attr(*, "class")= chr "col_spec"
```

head() ではエクセルなどで普段見慣れた形式でデータの頭出しができるため，各変数がどのような値や形式で格納されているかを概観することに向いているだろう。一方 str() で出力されるのは，スプレッドシートの形式ではなくテキストの形であり，普段見慣れない形式だと感じる方もいるかもしれない。しかし，str() では格納されたデータの行・列数や各変数のデータ型についての情報がより詳細に取得できることが特徴になっている。これらの関数は表示したいデータの内容によって使い分けるとよいだろう。

2.1.3 データの集計

前項で述べた方法ではデータフレームの構造をつかむことはできるが，格納されているデータそれぞれの特徴について得られるものは少ない。まずはそれぞれの変数の要約がほしいわけだが，このような場合には以下のように summary() を使うと便利である。

```
1 summary(pre_work)
```

```
##    Sample ID          Age           Gender              Height
##  Min.   : 1.00   Min.   :10.00   Length:80          Min.   : 50.0
##  1st Qu.:20.75   1st Qu.:25.75   Class :character   1st Qu.:152.8
##  Median :40.50   Median :37.00   Mode  :character   Median :158.5
##  Mean   :40.50   Mean   :35.60                      Mean   :156.1
##  3rd Qu.:60.25   3rd Qu.:46.00                      3rd Qu.:165.2
##  Max.   :80.00   Max.   :60.00                      Max.   :177.0
##      Weight           BMI             Food_A
##  Min.   : 30.00   Min.   : 16.00   Min.   :  7.20
##  1st Qu.: 44.75   1st Qu.: 19.00   1st Qu.: 37.75
```

```
## Median : 50.50   Median : 19.80   Median : 59.00
## Mean   : 54.51   Mean   : 32.36   Mean   : 71.27
## 3rd Qu.: 57.25   3rd Qu.: 21.73   3rd Qu.: 93.25
## Max.   :155.00   Max.   :620.00   Max.   :360.00
```

summary() を実行すると，それぞれの変数の最大・最小値，中央値，平均値，25・75 パーセンタイル値が出力される。

また，特定の変数について個別の summary を求めたい場合には，以下のように$を使うことでデータフレーム内の各要素にアクセスすることができる。

```
1 summary(pre_work$Food_A)
```

```
##    Min. 1st Qu.  Median    Mean 3rd Qu.    Max.
##    7.20   37.75   59.00   71.27   93.25  360.00
```

各変数の平均値や標準偏差，分散を個別に集計したい場合には，以下のように$を使って特定の変数を指定し，これに mean(), sd(), var() などの関数を組み合わせればよい。

```
1 mean(pre_work$Food_A) # 平均
```

```
## [1] 71.265
```

```
1 sd(pre_work$Food_A)   # 標準偏差
```

```
## [1] 52.98051
```

```
1 var(pre_work$Food_A)  # 分散
```

```
## [1] 2806.934
```

ここで，最初に挙げた summary(pre_work) をみると，性別 (Gender) の部分に Class :character とある。これは変数 Gender の型が character（文字列）であることを意味している。この変数には Male あるいは Female のいずれかが記録されているのだが，それぞれの個数は表示されていない。このように，文字列 (chr) で読み込まれているデータをそのまま summary() で処理しても，期待するような集計は得られない。これでは各クラスに何人が属しているのかを集計したい場合や，検定などを行う際にも問題が起きてしまうだろう。このような場合には，factor() を使い，以下のようなコードを入力することで，Class を factor 型に変換できる。なお，一般的に男女を factor 型にした場合，男性を 1，女性を 2 にすることが多いので，factor() の引数に levels = c("Male",

"Female") を入れて男女の順番を指定する。

```
pre_work$Gender <- factor(pre_work$Gender, # factor に変更
                          levels = c("Male", "Female"))  # Male を 1, Female を 2 に指定
```

変換がうまくいったかどうかは is.factor() により確認できる。

```
is.factor(pre_work$Gender) # 変更確認
```

```
## [1] TRUE
```

さて，これでデータ型が変わっていることがわかったので，再度 summary() を実行してみよう。

```
summary(pre_work)
```

```
##    Sample ID          Age            Gender       Height
##  Min.   : 1.00   Min.   :10.00   Male  :35   Min.   : 50.0
##  1st Qu.:20.75   1st Qu.:25.75   Female:45   1st Qu.:152.8
##  Median :40.50   Median :37.00               Median :158.5
##  Mean   :40.50   Mean   :35.60               Mean   :156.1
##  3rd Qu.:60.25   3rd Qu.:46.00               3rd Qu.:165.2
##  Max.   :80.00   Max.   :60.00               Max.   :177.0
##      Weight            BMI             Food_A
##  Min.   : 30.00   Min.   : 16.00   Min.   :  7.20
##  1st Qu.: 44.75   1st Qu.: 19.00   1st Qu.: 37.75
##  Median : 50.50   Median : 19.80   Median : 59.00
##  Mean   : 54.51   Mean   : 32.36   Mean   : 71.27
##  3rd Qu.: 57.25   3rd Qu.: 21.73   3rd Qu.: 93.25
##  Max.   :155.00   Max.   :620.00   Max.   :360.00
```

性別の部分が男女それぞれの人数の表示に変わったことがわかる。

続いて層別データの集計について解説する。層別データとは男女や時間など，データに含まれる特徴によってグループ分けされたデータのことである。ここでは男女別の集計を行ってみよう。データフレームから特定のデータを抽出する際には subset() が便利である。対象となる列および抽出したい水準を Gender == 'Female' のように指定することで，その因子のみを簡単に抽出することができる。

```
summary(subset(pre_work, Gender == 'Female')) # 女性のみを抽出
```

```
##    Sample ID        Age            Gender      Height
##  Min.   : 1.0   Min.   :12.00   Male  : 0   Min.   : 50.0
##  1st Qu.:17.0   1st Qu.:24.00   Female:45   1st Qu.:149.0
##  Median :35.0   Median :33.00               Median :154.0
##  Mean   :38.2   Mean   :33.38               Mean   :152.3
```

```
## 3rd Qu.:58.0   3rd Qu.:45.00                3rd Qu.:159.0
## Max.   :79.0   Max.   :53.00                Max.   :172.0
##     Weight            BMI            Food_A
## Min.   : 36.00   Min.   : 16.00   Min.   :  7.20
## 1st Qu.: 43.00   1st Qu.: 18.90   1st Qu.: 28.00
## Median : 47.00   Median : 19.80   Median : 43.00
## Mean   : 50.62   Mean   : 33.51   Mean   : 61.96
## 3rd Qu.: 52.00   3rd Qu.: 21.40   3rd Qu.: 71.00
## Max.   :155.00   Max.   :620.00   Max.   :360.00
```

これにより，女性のデータを集計することができた。

2.1.4 データの可視化

続いて可視化について触れる。データの可視化は各変数の特徴や互いの関係，外れ値やデータに含まれる誤りなどを確認する上で非常に重要な手順の1つであり，検定やモデリングに先立って必ず押さえておきたい作業である。本書では基本的に，`ggplot2` パッケージを使った可視化について説明する。これは，`ggplot2` パッケージが探索的データ解析（英語では exploratory data analysis: EDA と呼ばれる）に向いているためである。まずこのパッケージをインストールする。

```
1 install.packages("ggplot2")
```

インストール後，下記コードでパッケージを呼び出す。

```
1 library(ggplot2)
```

さっそく散布図を描いていこう。散布図は2変数の関係の可視化に便利である。また，外れ値，誤入力の発見にも適しているので，連続変数どうしの関係を可視化したい場合には散布図をおすすめする。散布図は以下のように記述する。

```
1 p <- ggplot(pre_work,      # データフレームを指定
2        aes(Age, Food_A)) +  # 解析対象の列を指定
3        geom_point()         # 散布図なので point で作図することを指定
4
5 plot(p)
```

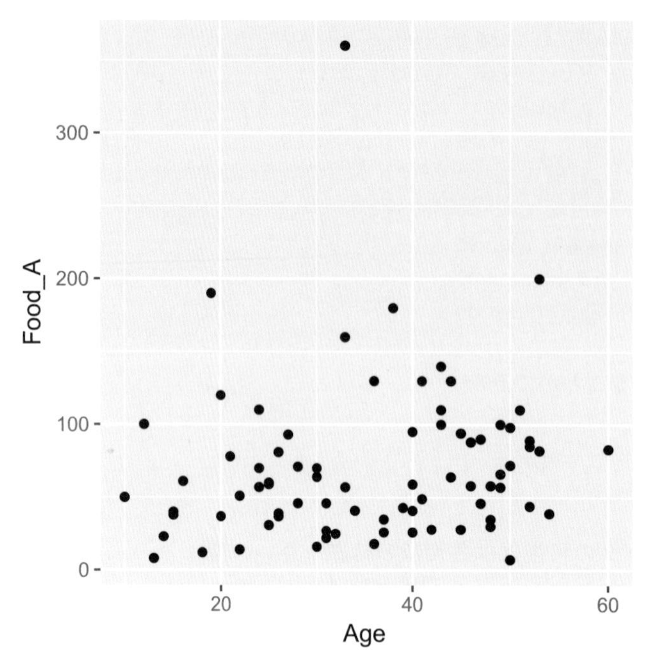

これにより散布図を描くことができた。散布図から，対象者の年齢は 10 歳から 60 歳まで均等に分布しており，Food_A の摂取量は概ね 200g までだが，1人だけ 300g 以上摂取している人がいること，年齢と摂取量の関係はあまり明確ではないことがわかる。

`ggplot2` の利点は，ベースとなるプロットを作成したあとでも自由に要素を変更ないし追加できることだと筆者は考えている。例えば，上記のプロットにおいて，男女のプロットの色を変えたいと考えたとする。この場合には，図が格納されている `p` に足す形でコードを記述する。

```
p + geom_point(aes(color = Gender)) +
    scale_colour_manual(
     values = c(
      Male  = "black",
      Female  = "red"
     )
    )
```

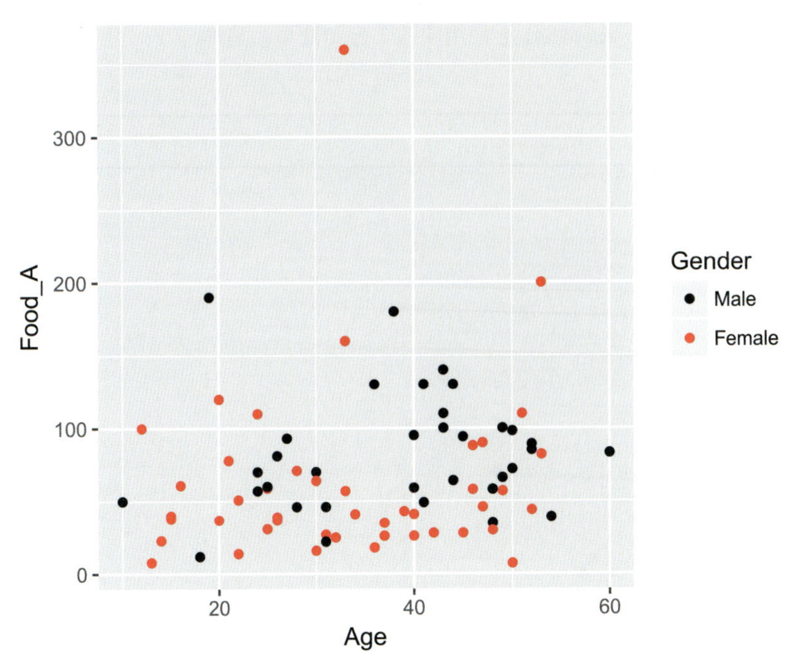

これで，女性のプロットが赤，男性が黒でプロットされることになる。ここでは scale_colour_manual() を使って男女個別に色の指定を行っているが，p + geom_point(aes(color = Gender)) だけで，デフォルト配色の図が出力される。

```
1 p + geom_point(size = 5, aes(shape = Gender))
```

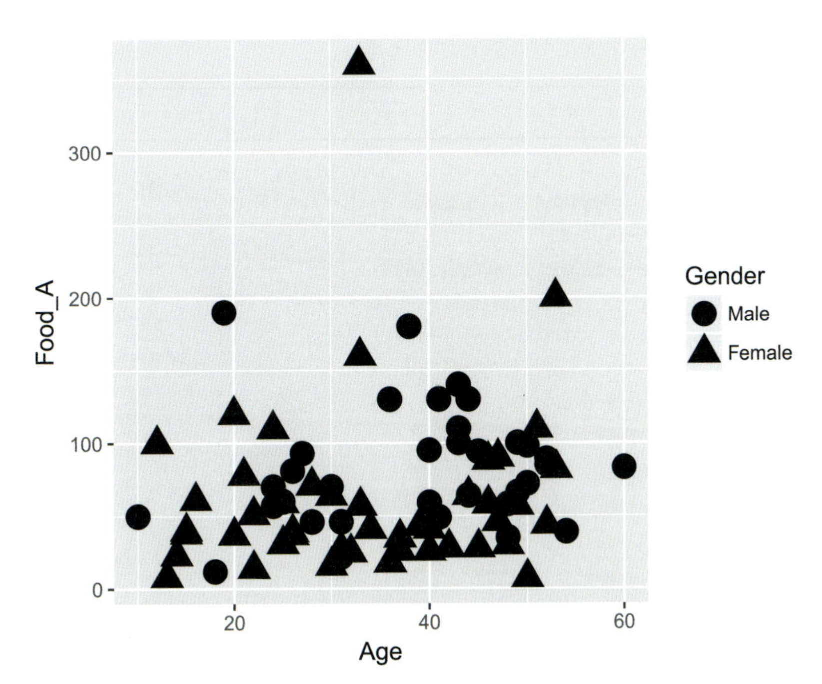

これで，女性のプロットが丸，男性が三角でプロットされることになる。size =ではプロットの大きさを指定している。

さらに，回帰直線についても，`stat_smooth()` を使用することで簡単に追加できる。

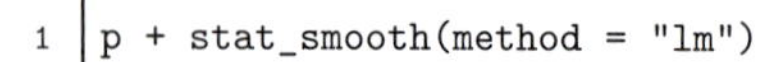

```
1 p + stat_smooth(method = "lm")
```

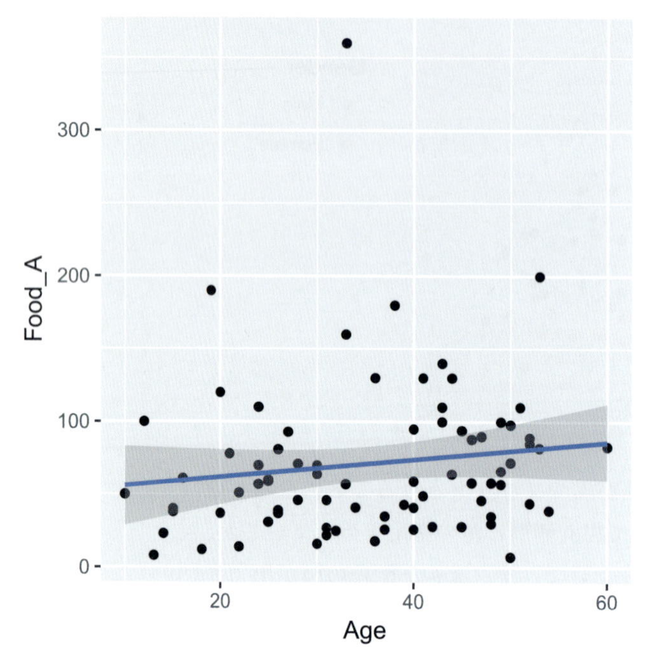

また，複数の変数について散布図を一度に作成する手法もあるが，こちらについては3章で解説する。

ここまで覚えたところで一度 `summary` の表に立ち返ってみよう。

```
1 summary(pre_work)
```

```
##    Sample ID          Age            Gender        Height
##  Min.   : 1.00   Min.   :10.00   Male  :35    Min.   : 50.0
##  1st Qu.:20.75   1st Qu.:25.75   Female:45    1st Qu.:152.8
##  Median :40.50   Median :37.00                Median :158.5
##  Mean   :40.50   Mean   :35.60                Mean   :156.1
##  3rd Qu.:60.25   3rd Qu.:46.00                3rd Qu.:165.2
##  Max.   :80.00   Max.   :60.00                Max.   :177.0
##      Weight            BMI              Food_A
##  Min.   : 30.00   Min.   : 16.00   Min.   :  7.20
##  1st Qu.: 44.75   1st Qu.: 19.00   1st Qu.: 37.75
##  Median : 50.50   Median : 19.80   Median : 59.00
##  Mean   : 54.51   Mean   : 32.36   Mean   : 71.27
##  3rd Qu.: 57.25   3rd Qu.: 21.73   3rd Qu.: 93.25
##  Max.   :155.00   Max.   :620.00   Max.   :360.00
```

お気づきだろうか。身長を見たところ，50cm の人物が記録されている。最年少である 10 歳の平均身長でさえ 140cm 前後であることから，この値はかなり外れた値である可能性が大きい。またこの人物は，体重についても 155kg という値が記録されている。ありえない値ではないが，かなり高い値だというイメージをもたれるだろう。これらの値に基づき算出された BMI も最大値が 620 となっており，常識的には考えがたい値になっている。そこで，身長・体重の散布図を描いてみよう。この例では男女差についても考慮する。以下が作図コードとなる。

```
1 p <- ggplot(pre_work,       # データを指定
2      aes(Height, Weight)) +  # x, y 軸をそれぞれ指定
3      geom_point(aes(color = Gender)) # 性差について色分け
4
5 plot(p)
```

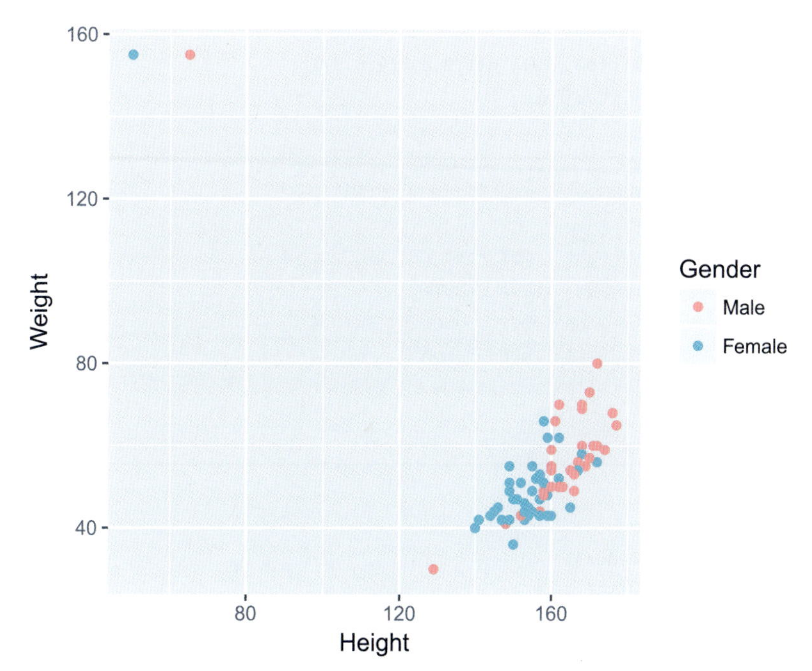

男女でそれぞれ 1 人ずつ，大きく外れた値をとる検体があることがわかる。また，これらの検体はいずれも身長が低く，体重が重い検体であることがわかる。ここで可能性としてあげられるのが値の誤入力の可能性である。これらの検体を抽出してみよう。データを抽出するため，以下のように，身長 80cm 以下の検体を抽出するコードを作成した。

```
1 subset(pre_work, Height < 80)
```

```
## # A tibble: 2 x 7
##   `Sample ID`   Age Gender Height Weight   BMI Food_A
##         <int> <int> <fct>   <int>  <int> <dbl>  <dbl>
## 1          62    44 Male       65    155   367     64
## 2          79    42 Female     50    155   620     28
```

実行結果を確認したところ，これらの検体で身長，体重，BMIの値がいずれも異常値を示していることがわかる。このようなデータについては，該当データを修正するか，あるいは削除することである。まず修正する場合であるが，外れ値が2つ程度であれば。1つはこれらのデータを直接修正することである。データファイルを直接編集してしまって，再度読み込み直すのも手であるが，編集記録を残さないとデータの再現性に問題が生じる可能性がある。そのため，多少面倒ではあるが，R上でこれらのデータを操作する手順を示す。

ここではこれら2検体の身長（4列目）と体重（5列目）を入れ替える。下記コードにより順番を並び替えることでデータの補正を行う。ただし，元のデータが消えてしまうと問題があるので，新しいデータフレームを使って作業を行う。

```
1 data2_work <- pre_work
2 data2_work[c(62, 79), ] <- data2_work[c(62, 79), c(1,2,3,5,4,6,7)]
3   # 現在の並び順を入れ替えて元の位置に代入する
4 data2_work[c(62, 79), ]
```

```
## # A tibble: 2 x 7
##   ‘Sample ID‘   Age Gender Height Weight   BMI Food_A
##         <int> <int> <fct>   <int>  <int> <dbl>  <dbl>
## 1          62    44 Male      155     65   367     64
## 2          79    42 Female    155     50   620     28
```

修正結果を確認しておこう。

```
1 p <- ggplot(data2_work,
2             aes(Height, Weight)) +
3             geom_point(aes(color = Gender))
4
5 plot(p)
```

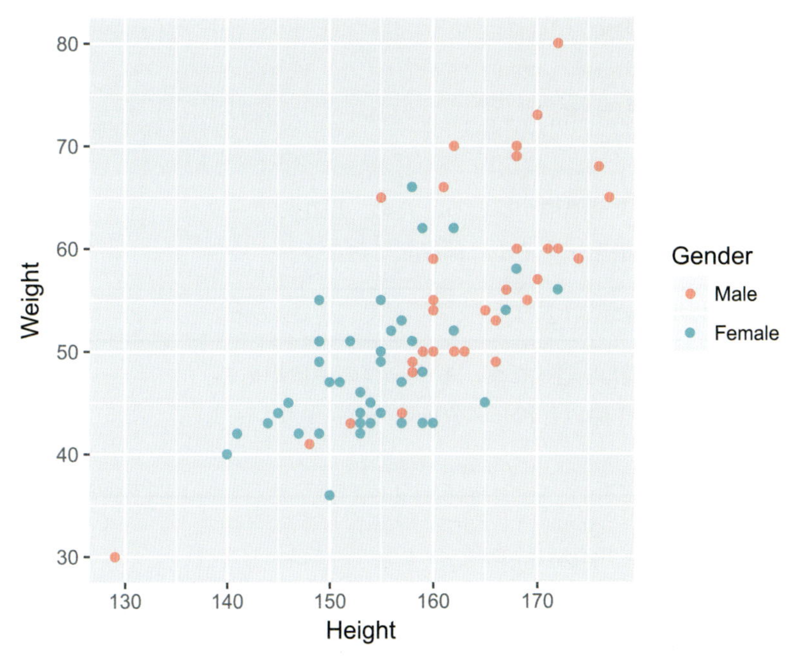

続いて BMI を再計算して代入する。これは修正した体重と身長を計算式に当てはめれば求めることができる。小数点は一桁までとして，round() を使って丸めた値を使用する。

```
# 現在の並び順を入れ替えて元の位置に代入する
data2_work[c(62, 79),]$BMI <-
  round(data2_work[c(62, 79), ]$Weight/(data2_work[c(62, 79), ]$Height/100)^2,
        digits = 1)

data2_work[c(62, 79), ]$BMI
```

```
## [1] 27.1 20.8
```

以下のように改めて summary() で確認してみると，体重や BMI に外れていそうな値は見当たらず，データ全体を修正できたことがわかる。

```
summary(data2_work)
```

```
##    Sample ID          Age           Gender        Height
##  Min.   : 1.00   Min.   :10.00   Male  :35   Min.   :129.0
##  1st Qu.:20.75   1st Qu.:25.75   Female:45   1st Qu.:153.0
##  Median :40.50   Median :37.00               Median :158.5
##  Mean   :40.50   Mean   :35.60               Mean   :158.6
##  3rd Qu.:60.25   3rd Qu.:46.00               3rd Qu.:165.2
##  Max.   :80.00   Max.   :60.00               Max.   :177.0
##      Weight           BMI            Food_A
##  Min.   :30.00   Min.   :16.00   Min.   :  7.20
##  1st Qu.:44.75   1st Qu.:19.00   1st Qu.: 37.75
```

```
## Median :50.00   Median :19.80   Median : 59.00
## Mean   :52.08   Mean   :20.62   Mean   : 71.27
## 3rd Qu.:56.25   3rd Qu.:21.60   3rd Qu.: 93.25
## Max.   :80.00   Max.   :27.10   Max.   :360.00
```

これにより統計処理を行う前のデータ前処理が終わったため，現在のデータフレームに新しい名前をつけて修正結果をファイルに保存しておこう。

```
write_csv(data2_work, "data2_work.csv")
```

以上で外れ値を修正して保存する方法を述べたが，もう一つの手段がある。それは，以下のように外れ値のデータを除いた新しい分析用のデータフレームを作ることである。

```
# 身長80センチ以上の対象を抽出
working_df_remove <- subset(pre_work, Height > 80)

# データフレーム概要確認
str(working_df_remove)
```

```
## Classes 'tbl_df', 'tbl' and 'data.frame':    78 obs. of  7 variables:
##  $ Sample ID: int  1 2 3 4 5 6 7 8 9 10 ...
##  $ Age      : int  36 13 20 24 22 48 46 49 26 50 ...
##  $ Gender   : Factor w/ 2 levels "Male","Female": 2 2 2 1 2 1 2 1 2 2 ...
##  $ Height   : int  162 160 153 167 153 168 153 157 159 153 ...
##  $ Weight   : int  52 43 46 54 43 60 44 44 48 42 ...
##  $ BMI      : num  19.8 16.8 19.7 19.4 18.4 21.3 18.8 17.9 19 17.9 ...
##  $ Food_A   : num  18 8 37 57 14 35 88 100 37 7.2 ...
```

これにより2つのエラー値を除いて解析を進めることが可能になる。

本章では100検体程度の比較的小さいデータセットを例に挙げたこともあり，比較的容易にデータを入れ替えて修正することができた。しかしデータセットが非常に巨大かつ，修正に必要な時間が確保できない場合には，外れ値はおもいきって削除してしまうことも選択肢の1つだろう。また，次章で触れるが，欠損値を取り扱う際にも同様の対応が必要になる。

次に，BMIの値を男女別に箱ひげ図を使って比較することを考える。箱ひげ図を使用する際には，`geom_point()` の代わりに `geom_boxplot()` を使用する。次の通り，`aes` 内の `x` に横軸で表したい変数（今回は性別），`y` に縦軸で表したい変数（今回はBMI）を指定する。

```
p <- ggplot(data2_work,
            aes(
                x = Gender,
                y = BMI
               )
            )
```

```
7 p <- p + geom_boxplot()
8 plot(p)
```

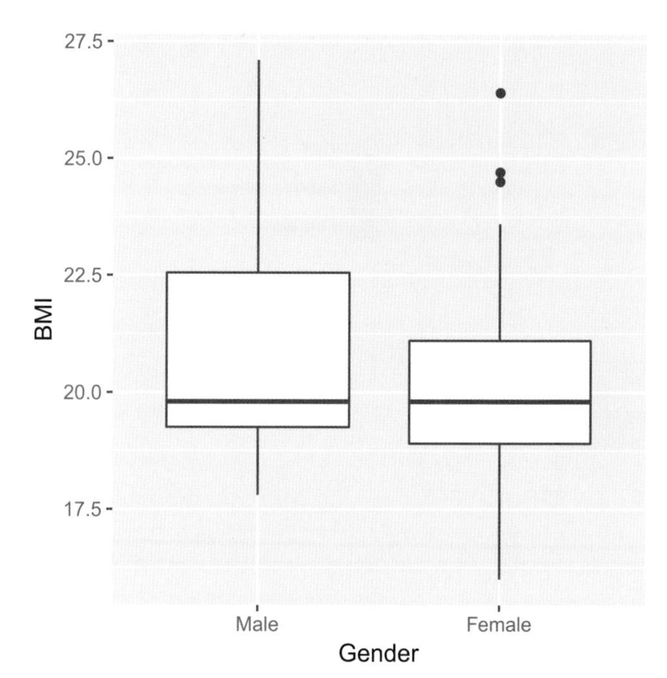

結果，上記の通り箱ひげ図を作ることができた。箱ひげ図は複数の性別や地域差のような，カテゴリカル変数間における数値の比較に適していることから，使用頻度も高いと思われるので，実際のデータ可視化にぜひ活用して欲しい。

最後に，次節と次章で紹介する回帰分析とも関連する，ヒストグラムと密度プロットについて紹介する。ggplot2 では，プロットの形が違っても実行コードそのものはほとんど同じである。ここでは aes 内の x に目的の BMI を指定し，geom_histogram() もしくは geom_density() を使う。aes(fill = Gender) のようにカテゴリ変数を指定することで色分けしてヒストグラムや密度プロットを表示できる。

```
1 p <- ggplot(data2_work, aes(x = BMI))
2
3 p <- p + geom_histogram(aes(fill = Gender), binwidth = 1)
4 plot(p)
```

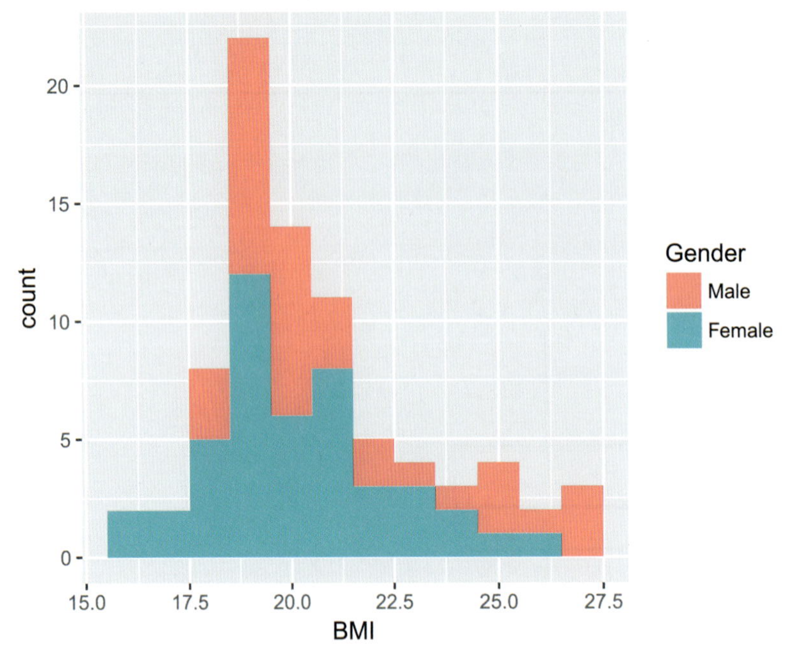


```
1 p <- ggplot(data2_work, aes(x = BMI))
2
3 p <- p + geom_density(aes(color = Gender))
4 plot(p)
```

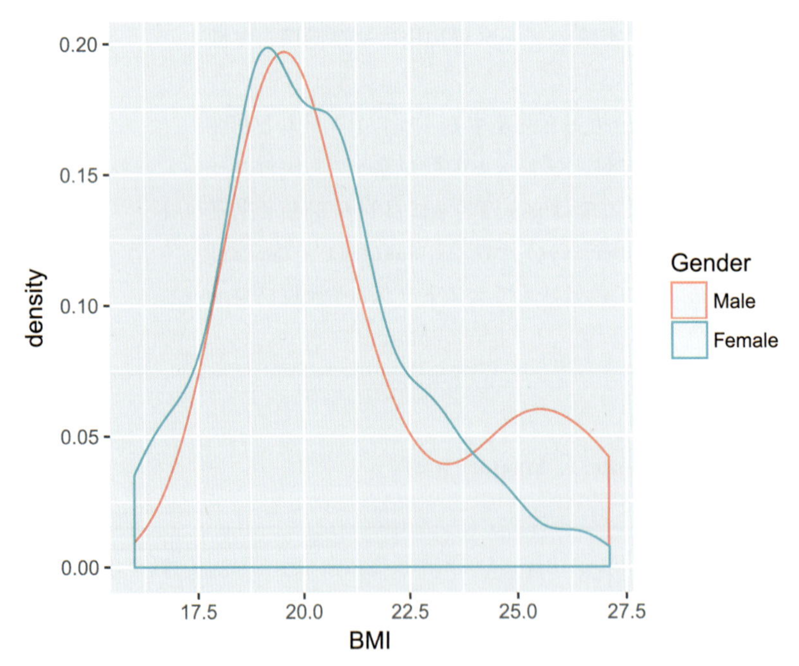

このように，ggplot2 では簡単なコードで様々なグラフを作成できることをお示しできたと思う。ではここまで述べてきたデータの読み込みから前処理，箱ひげ図の作図までを RMarkdown を使ってレポートにする際の実行例を示す。

2.2 【レポート例 2-1】

```
1  ---
2  title: chapter 2 report
3  bibliography: mybibfile.bib
4  output:
5   html_document: # html でレポートを出力
6    toc: true      # 目次を作る（#で章, ##で節, ###項, ####目など）
7    number_section: true # セクション番号を振る
8  ---
9
10 ```{r warning=FALSE, message=FALSE, include=FALSE}
11 knitr::opts_chunk$set(warning=FALSE, message=FALSE)
12 ```
13
14 # はじめに
15 ここでは年齢, 性別, 身長, 体重, Food_A の摂取量 (g) をまとめたデータ`data2.csv`について, これら
16 の変数のいずれか, あるいはすべてが body mass index (BMI) の値に関係しているとする仮説を検証す
17 る。
18
19 # 方法
20 本研究ではアンケート調査により得られた参加者情報 (n = 80) を元に, Food_A の摂取量と BMI の関係
21 について解析を試みた。すべてのデータは R version 3.4.3 により解析した (@Rcitation2017)。
22 アンケート調査内容は, 参加者年齢・性別・身長 (cm)・体重 (kg)・Food_A の摂取量 (A) である。デー
23 タは R version 3.4.3 により解析した (@Rcitation2017)。男女間の比較には**`lawstat`**パッケージ
24 (@JSSv028i03) の, Brunner-Munzel 検定 (@brunner2000nonparametric) を用いた。相関解析には
25 Spearman's correlation を利用し, Food_A の摂取量と年齢および BMI との関係を解析した。また, 重回
26 帰分析により, BMI と Food_A の摂取量, 年齢, 性別との関係を解析した。いずれの解析においても有意
27 水準は p = 0.05 とした。作図には**`ggplot2`**パッケージ (@ggplot2_book) を用いた。
28
29 ```{r, include=FALSE}
30 # 使用するパッケージの呼び出し
31 library(readr); library(ggplot2); library(lawstat); library(sessioninfo)
32
33 pre_work <- read_csv("~/GitHub/ScienceR/chapter2/Data/data_2.csv")
34
35 # 元データを保存
36 data2_work <- pre_work
37
38 # 現在の並び順を入れ替えて元の位置に代入する
39 data2_work[c(62, 79), ] <- data2_work[c(62, 79), c(1,2,3,5,4,6,7)]
40
41 data2_work[c(62, 79), ]
42
```

```
43 data2_work[c(62, 79), ]$BMI <-
44 round(data2_work[c(62, 79),]$Weight /(data2_work[c(62, 79), ]$Height/100)^2,
45            digits = 1)
46 data2_work[c(62, 79), ]$BMI
47 data2_work$Gender <-
48   factor(data2_work$Gender, # factorに変更
49   levels = c("Male", "Female"))  # Maleを1, Femaleを2に指定
50 ```
51
52 ## 参加者属性
53 ```{r, echo=FALSE}
54 summary(data2_work$Gender)
55 ```
56
57 参加者80人の性別を確認したところ，男性35人，女性45人の集団だった。
58
59 ```{r}
60 Male_df <- subset(data2_work, Gender == "Male")
61 Female_df <- subset(data2_work, Gender == "Female")
62 ```
63
64 ```{r}
65 summary(Male_df)
66 ```
67
68 `summary()`により参加者属性をまとめたところ，男性参加者の年齢は`r summary(Male_df)[1, 2]`-
69 `r summary(Male_df)[6, 2]`歳，`r summary(Male_df)[4, 2]`歳だった。身長は`r summary(Male_df)
70 [1, 4]`-`r summary(Male_df)[6, 4]`cm，`r summary(Male_df)[4, 4]`cm，体重は`r summary(Male_df)
71 [1, 5]`-`r summary(Male_df)[6, 5]`kg，`r summary(Male_df)[4, 5]`kgであり，ボディ・マス・イン
72 デックス（BMI）値の範囲は`r summary(Male_df)[1, 6]`-`r summary(Male_df)[6, 6]`，
73 `r summary(Male_df)[4, 6]`であった。Food_Aの摂取量は`r summary(Male_df)[1, 7]`-
74 `r summary(Male_df)[6, 7]`gであり，`r summary(Male_df)[4, 7]`gの集団だった。
75
76 ```{r}
77 summary(Female_df)
78 ```
79
80 女性参加者の年齢は`r summary(Female_df)[1, 2]`-`r summary(Female_df)[6, 2]`歳，
81 `r summary(Female_df)[4, 2]`歳だった。身長は`r summary(Female_df)[1, 4]`-
82 `r summary(Female_df)[6, 4]`cm，平均`r summary(Female_df)[4, 4]`cm，体重は
83 `r summary(Female_df)[1, 5]`-`r summary(Female_df)[6, 5]`kg，`r summary(Female_df)[4, 5]`kg
84 であり，ボディ・マス・インデックス（BMI）値の範囲は`r summary(Female_df)[1, 6]`-
85 `r summary(Female_df)[6, 6]`，`r summary(Female_df)[4, 6]`であった。
86 Food_Aの摂取量は`r summary(Female_df)[1, 7]`-`r summary(Female_df)[6, 7]`gであり，
87 `r summary(Female_df)[4, 7]`gの集団だった。
```

ここでは男女別にデータを分けた上でそれぞれの結果を集計するまでの流れを示している。このコードを記述し，knitを実行すると以下のレポートが出力される。

chapter 2 report

1 はじめに

ここでは年齢、性別、身長、体重、Food_Aの摂取量(g)をまとめたデータ data2.csv について、これらの変数のいずれか、あるいはすべてがbody mass index (BMI) の値に関係しているとする仮説を検証する。

2 方法

本研究ではアンケート調査により得られた参加者情報 (n = 80) を元に、Food_Aの摂取量とBMIの関係について解析を試みた。すべてのデータはR version 3.4.3により解析した (R Core Team (2017))。 アンケート調査内容は、参加者年齢・性別・身長(cm)・体重(kg)・Food_Aの摂取量(A)である。データはR version 3.4.3により解析した (R Core Team (2017))。男女間の比較には lawstat パッケージ (Hui, Gel, and Gastwirth (2008)) の、Brunner-Munzel検定 (Brunner and Munzel (2000)) を用いた。相関解析にはSpearman's correlationを利用し、Food_Aの摂取量と年齢およびBMIとの関係を解析した。また、重回帰分析により、BMIとFood_Aの摂取量、年齢、性別との関係を解析した。いずれの解析においても有意水準はp = 0.05とした。作図には ggplot2 パッケージ (Wickham (2009)) を用いた。

図 2.5　レポート例 2-1 (1)

2.1 参加者属性

```
## Male Female
##   35     45
```

参加者80人の性別を確認したところ、男性35人、女性45人の集団だった。

```
Male_df <- subset(data2_work, Gender == "Male")
Female_df <- subset(data2_work, Gender == "Female")
```

```
summary(Male_df)
```

```
##   Sample ID         Age          Gender      Height
## Min.   : 4.00   Min.   :10.00   Male  :35   Min.   :129.0
## 1st Qu.:28.00   1st Qu.:29.00   Female: 0   1st Qu.:160.0
## Median :44.00   Median :41.00               Median :165.0
## Mean   :43.46   Mean   :38.46               Mean   :163.6
## 3rd Qu.:61.00   3rd Qu.:48.00               3rd Qu.:169.5
## Max.   :80.00   Max.   :60.00               Max.   :177.0
##     Weight           BMI           Food_A
## Min.   :30.00   Min.   :17.80   Min.   : 12.00
## 1st Qu.:50.00   1st Qu.:19.25   1st Qu.: 57.50
## Median :55.00   Median :19.80   Median : 81.00
## Mean   :56.94   Mean   :21.16   Mean   : 83.23
## 3rd Qu.:65.00   3rd Qu.:22.55   3rd Qu.:100.00
## Max.   :80.00   Max.   :27.10   Max.   :190.00
```

summary() により参加者属性をまとめたところ、男性参加者の年齢はMin. :10.00 -Max. :60.00 歳、Mean :38.46 歳だった。身長はMin. :129.0 -Max. :177.0 cm、Mean :163.6 cm、体重はMin. :30.00 -Max. :80.00 kg、Mean :56.94 kgであり、ボディ・マス・インデックス (BMI) 値の範囲はMin. :17.80 -Max. :27.10 、Mean :21.16 であった。Food_Aの摂取量はMin. : 12.00 -Max. :190.00 gであり、Mean : 83.23 gの集団だった。

```
summary(Female_df)
```

```
##   Sample ID        Age          Gender       Height
## Min.   : 1.0   Min.   :12.00   Male  : 0   Min.   :140.0
## 1st Qu.:17.0   1st Qu.:24.00   Female:45   1st Qu.:150.0
## Median :35.0   Median :33.00               Median :155.0
## Mean   :38.2   Mean   :33.38               Mean   :154.7
## 3rd Qu.:58.0   3rd Qu.:45.00               3rd Qu.:159.0
## Max.   :79.0   Max.   :53.00               Max.   :172.0
##     Weight          BMI          Food_A
## Min.   :36.00   Min.   :16.0   Min.   : 7.20
## 1st Qu.:43.00   1st Qu.:18.9   1st Qu.: 28.00
## Median :47.00   Median :19.8   Median : 43.00
## Mean   :48.29   Mean   :20.2   Mean   : 61.96
## 3rd Qu.:51.00   3rd Qu.:21.1   3rd Qu.: 71.00
## Max.   :66.00   Max.   :26.4   Max.   :360.00
```

女性参加者の年齢はMin. :12.00 -Max. :53.00 歳、Mean :33.38 歳だった。身長はMin. :140.0 -Max. :172.0 cm、平均Mean :154.7 cm、体重はMin. :36.00 -Max. :66.00 kg、Mean :48.29 kgであり、ボディ・マス・インデックス (BMI) 値の範囲はMin. :16.0 -Max. :26.4 、Mean :20.2 であった。Food_Aの摂取量はMin. : 7.20 -Max. :360.00 gであり、Mean : 61.96 gの集団だった。

図 2.6　レポート例 2-1 (2)

本文中の以下の部分，すなわちバッククォートに続けて，r，半角スペース，コードの順に記述されている部分

```
年齢は`r summary(Female_df)[4, 2]`歳だった。
```

はインラインコードと呼ばれ，簡単なコードやチャンクで出力された結果を文章中に示す際に便利である。結果をレポートに組み込む際には，チャンク内での実行結果から値を直接もってくることができるので，書き損じが起こりにくい。また，summary() から結果を抜き出す際にも，変数の数や順番が入れ替わっていない限り，元データの前処理の結果が出力に反映されることも利点といえるだろう。

レポート内にはパッケージやデータの読み込み・前処理，図を出力するためのコードが含まれていないことに気がつくだろう。これは，パッケージの読み込みや前処理については include=FALSE でコードと実行結果の出力を，作図部分では echo=FALSE でコードの出力をオフにしていることが理由である。レポートを作成する上で，レポート内にコードを含めるかどうかは提出先にもよるだろうが，include や echo などの設定を覚えておいて損をすることはないだろう。これらのコードで行ったデータの読み込みや BMI 値の修正などは実行済みである。

2.3 検定・相関解析

この節では検定について解説する。まずは前節のクリーニング済みデータを読み込んだところから始めよう。

```
library(readr)
working_df <- read_csv("~/GitHub/ScienceR/chapter2/Data/data2_work.csv")
```

まずは今回の研究目的として，Food_A と BMI の関係について解析することを考えたい。これらの変数はいずれも連続変数であるので，相関係数を求めることから始めてみよう。しかし，まず関係解析の前に 2 変数の散布図およびそれぞれのヒストグラムをプロットしよう。

```
library(ggplot2)

p <- ggplot(working_df,        # データフレームを指定
            aes(BMI, Food_A) # 解析対象の列を指定
            )
p <- p + geom_point()          # 散布図を指定

plot(p) # 上記をプロット
```

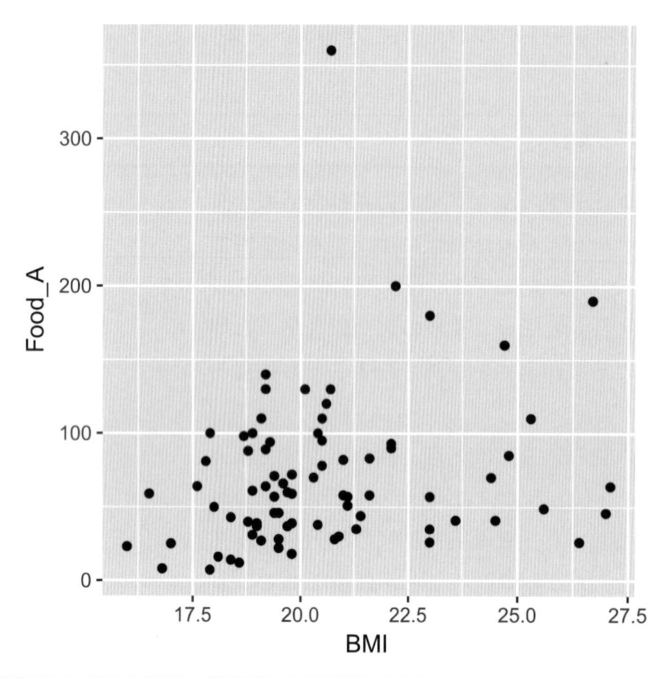


```
1 p <- ggplot(working_df,   # データフレームを指定
2             aes(BMI)      # 解析対象の列を指定
3             )
4 p <- p + geom_histogram() # ヒストグラムを指定
5
6 plot(p) # 上記をプロット
```

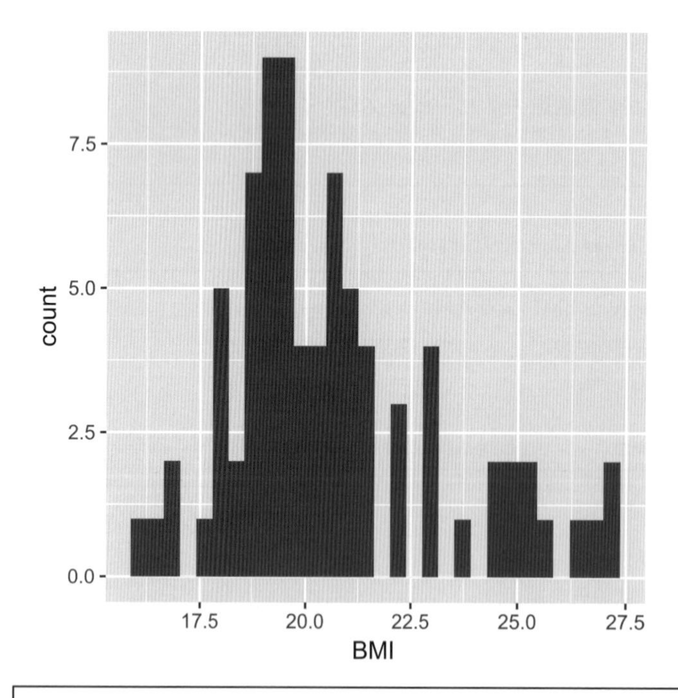


```
1 p <- ggplot(working_df,   # データフレームを指定
2             aes(Food_A)   # 解析対象の列を指定
```

```
3                )
4 p <- p + geom_histogram() # ヒストグラムを指定
5
6 plot(p) # 上記をプロット
```

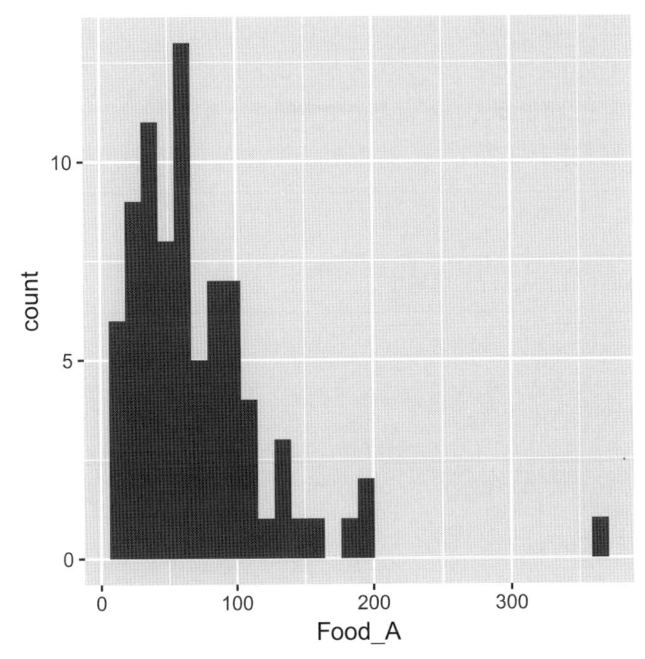

散布図から，Food_A の摂取量と BMI の間には関係がありそうだが，線形関係から外れている検体があることがわかる。また，ヒストグラムを見たところ，Food_A の摂取量，BMI はいずれも少し右に裾を引いた分布であることがわかる。

ヒストグラムから正規性を確認できなかったので，相関関係の解析にはノンパラメトリックな手法である Spearman の相関係数を使用する。コードは次の通りである。

```
1 cor.test(working_df$Food_A, # x を指定
2          working_df$BMI,    # y を指定
3          method = "spearman") # Spearman's correlation を指定
```

```
## Warning in cor.test.default(working_df$Food_A, working_df$BMI, method =
## "spearman"): Cannot compute exact p-value with ties

##
##  Spearman's rank correlation rho
##
## data:  working_df$Food_A and working_df$BMI
## S = 63122, p-value = 0.01977
## alternative hypothesis: true rho is not equal to 0
## sample estimates:
```

```
##       rho
## 0.2601705
```

この結果，p-value = 0.01977，相関係数 0.2601705 となり，弱いながら正の相関関係が認められた。さて，今回は目的変数がいずれも正規分布に従わないために Spearman の相関係数を使用したが，仮に正規分布を仮定した手法である Pearson の相関係数を使ったらどういう結果になったのだろうか。以下のように，`method` を`"spearman"`から`"pearson"`に書き換えるだけなので実験してみよう。

```
1 cor.test(working_df$Food_A, # x を指定
2          working_df$BMI,    # y を指定
3          method = "pearson")  # Pearson' correlation を指定
```

```
##
##  Pearson's product-moment correlation
##
## data:  working_df$Food_A and working_df$BMI
## t = 2.0537, df = 78, p-value = 0.04335
## alternative hypothesis: true correlation is not equal to 0
## 95 percent confidence interval:
##  0.007133791 0.425059515
## sample estimates:
##       cor
## 0.2264957
```

その結果，0.04335 となり，先程よりも p 値が大きくなっていることがわかる。有意水準として 5% を設定している場合，いずれの相関係数についても結論が変わることはなかったが，よりシビアな差を解析する際には注意が必要である。このように異なる結果が得られた場合には p 値の小さい方を選びたくなるが，初めに仮定に基づいて解析方針を定めておくべきであり，様子を見ながら途中で手法を変えてしまうのは手続きとして正しくないので注意しよう。

最後に，男女間で Food_A の摂取量に差があるかについて比較する。まず男女の Food_A の摂取量をそれぞれ抜き出し，解析に使えるように保存する。

```
1 # 男性データ抽出
2 Male_df <- subset(working_df, Gender == "Male")
3
4 # 女性データ抽出
5 Female_df <- subset(working_df, Gender == "Female")
```

正規性を満たさない 2 群の検定によく使用される手法として有名なのは Mann-Whitney の U 検定である。ただし，Mann-Whitney の U 検定は正規性を仮定しないが，2 群の分散については等しいことを条件とする。このことはあまり知られていない。正規性も等分散性も満たされないデータには `lawstat`

パッケージに含まれている Brunner-Munzel 検定が利用できる。まず lawstat パッケージを次の通りインストールする。

```
1 install.packages("lawstat")
```

パッケージを使って実際に検定を行うには次の通り brunner.munzel.test() を使用する。

```
1 library(lawstat)
2 brunner.munzel.test(Male_df$Food_A, Female_df$Food_A)
```

```
##
##  Brunner-Munzel Test
##
## data:  Male_df$Food_A and Female_df$Food_A
## Brunner-Munzel Test Statistic = -3.657, df = 77.849, p-value =
## 0.0004619
## 95 percent confidence interval:
##  0.1680737 0.4020851
## sample estimates:
## P(X<Y)+.5*P(X=Y)
##        0.2850794
```

結果，p-value = 0.0004619 となり 2 群に差があるという結果となった。手法を論文等で引用する際には次の文献を引用するとよい。Brunner, E., & Munzel, U. (2000). The nonparametric Behrens-Fisher problem: asymptotic theory and a small-sample approximation. Biometrical journal, 42(1), 17-25.

最後に正規分布・等分散の場合（Student の t 検定），正規分布・不等分散の場合（Welch の t 検定），非正規分布・等分散の場合（Mann-Whitney の U 検定）のそれぞれを実行してみた結果を比較してみよう。

```
1 # Student's t-test
2 t.test(Male_df$Food_A, Female_df$Food_A, var.equal=TRUE)
```

```
##
##  Two Sample t-test
##
## data:  Male_df$Food_A and Female_df$Food_A
## t = 1.8066, df = 78, p-value = 0.07469
## alternative hypothesis: true difference in means is not equal to 0
## 95 percent confidence interval:
##  -2.169621 44.706764
## sample estimates:
## mean of x mean of y
##  83.22857  61.96000
```

```
# Welch's t test
t.test(Male_df$Food_A, Female_df$Food_A, var.equal=FALSE)
```

```
##
##  Welch Two Sample t-test
##
## data:  Male_df$Food_A and Female_df$Food_A
## t = 1.8955, df = 76.499, p-value = 0.06181
## alternative hypothesis: true difference in means is not equal to 0
## 95 percent confidence interval:
##  -1.077017 43.614160
## sample estimates:
## mean of x mean of y
##  83.22857  61.96000
```

```
# Mann-Whitney U test
wilcox.test(Male_df$Food_A, Female_df$Food_A)
```

```
## Warning in wilcox.test.default(Male_df$Food_A, Female_df$Food_A): cannot
## compute exact p-value with ties
```

```
##
##  Wilcoxon rank sum test with continuity correction
##
## data:  Male_df$Food_A and Female_df$Food_A
## W = 1126, p-value = 0.001042
## alternative hypothesis: true location shift is not equal to 0
```

Student, Welch の t 検定と Mann-Whitney の U 検定の結果を比較した場合，有意水準 0.05 の基準では結果が変わることがわかる。先程の相関解析の際にも述べたが，変数の分布を作図などにより確認することなく解析を進めてしまうと，本来ある関係を見落としたり，逆にないはずの関係を見つけてしまうということが起こりうる。このような問題を回避するためには，地道であっても順を追って作図からはじめることが重要である。

2.4 統計モデリング第一歩

本節では線形回帰分析による統計モデリングについて解説する。回帰分析とは目的変数 Y を，説明変数 X で予測するための手法である。なかでも線形回帰分析は変数どうしの線形の関係（線形結合）からモデルをつくる手法である。本章の目的は，Food_A の摂取量と BMI の関係を明らかにすることだった。まずは前節までで取り上げたデータのうち，女性のみに絞ったデータを使い，Food_A の摂取量と BMI の関係だけの単純なモデルを組み立ててみよう。まずはデータを下記コードで読み込む。

```
# データ読み込みのためのパッケージ読み込み
library(readr)

# 作業ディレクトリは適宜変更
working_df <- read_csv("~/GitHub/ScienceR/chapter2/Data/data2_work.csv")

Female_df <- subset(working_df, Gender == "Female")
```

データの読み込みを確認したら，さっそくモデルを作ってみよう。線形回帰分析の場合には `lm()` を使用し，`~` の前に目的関数，後に説明変数を書き，`data = 解析に使用するデータフレーム`を記述することで解析を実行できる。本ケースのコードは次の通りである。BMI を説明変数 X，Food_A の摂取量を目的変数 Y とした単変量の線形回帰分析を実行し，解析結果を表示している。なお，単変量の回帰分析を単回帰分析という。

```
# 単回帰モデル
lm_female <- lm(BMI ~ Food_A, data = Female_df)

# 結果表記
summary(lm_female)
```

```
##
## Call:
## lm(formula = BMI ~ Food_A, data = Female_df)
##
## Residuals:
##     Min      1Q  Median      3Q     Max
## -3.8817 -1.4092 -0.2945  0.9619  6.4942
##
## Coefficients:
##              Estimate Std. Error t value Pr(>|t|)
## (Intercept) 19.696379   0.475155  41.453   <2e-16 ***
## Food_A       0.008056   0.005543   1.454    0.153
## ---
## Signif. codes:  0 '***' 0.001 '**' 0.01 '*' 0.05 '.' 0.1 ' ' 1
##
## Residual standard error: 2.203 on 43 degrees of freedom
## Multiple R-squared:  0.04683,    Adjusted R-squared:  0.02466
## F-statistic: 2.113 on 1 and 43 DF,  p-value: 0.1533
```

解析結果の見方だが，まず `(Intercept)` は切片を表す。続いて `Estimate` は傾きの大きさ（切片の場合は X = 0 の際の値，傾きの場合は偏回帰係数），

`Std. Error`は傾き，切片の標準誤差，`t value`はEstimateを標準誤差で割った値（t値）であり，Estimateの信頼性を示す。`Pr(>|t|)`がいわゆるp値を表す。この結果から，女性に限った解析ではBMIに対するFood_Aの関係は$p = 0.1533441$ということがわかり，$p < 0.05$の基準の上で関係が認められないという結果となった。また，`Multiple R-squared`はR^2値を表す。本モデルのR^2値は0.046831となる。これは目的変数であるBMIの変動の約4.7 %をFood_Aの消費量で説明できていることになる。一方，`Adjusted R-squared`は自由度調整済みのR^2値であり，説明変数の数とサンプルサイズから算出される自由度でR^2値を補正した値である。これは，説明変数の数が多くなるだけでR^2値が改善してしまうため，その影響を除いた値である。本モデルにおける自由度調整済みのR^2値は0.0246642であり，R^2値に比べて低い値になっている。

続いて重回帰分析の実行法について説明する。重回帰分析というと急にハードルが高くなったように感じるかもしれないが，単回帰分析との違いは説明変数が1つではなく，2つ以上であるという点である。このため，コードの変更点も単純であり，説明変数を＋でつないでいくことで簡単にモデルを記述できる。

```
1 # 重回帰モデル
2 lm_female <- lm(BMI ~ Food_A + Age, data = Female_df)
3 summary(lm_female)
```

```
##
## Call:
## lm(formula = BMI ~ Food_A + Age, data = Female_df)
##
## Residuals:
##     Min      1Q  Median      3Q     Max
## -3.2319 -1.4051 -0.2710  0.8476  6.1042
##
## Coefficients:
##              Estimate Std. Error t value Pr(>|t|)
## (Intercept) 17.999598   0.954448  18.859   <2e-16 ***
## Food_A       0.006951   0.005380   1.292    0.203
## Age          0.052888   0.026086   2.027    0.049 *
## ---
## Signif. codes:  0 '***' 0.001 '**' 0.01 '*' 0.05 '.' 0.1 ' ' 1
##
## Residual standard error: 2.127 on 42 degrees of freedom
## Multiple R-squared:  0.1318, Adjusted R-squared:  0.09046
## F-statistic: 3.188 on 2 and 42 DF,  p-value: 0.05141
```

結果の見方は目的変数の数が増えただけで先程の線形回帰分析と同じである。解析の結果，年齢とBMIの間に有意な正の関係が認められたが，Food_Aの摂取量との有意な関係は認められなかった。また，モデルのR^2値は0.1317996

であり，2つの変数を使うことでBMIの変動の約13.2％を説明できたことになる。先程の単回帰分析に比べて値が上昇しており，目的変数の予測が良くなっていることがわかる。また，自由度調整済みのR^2値は0.0904567と先程よりも向上しており，変数の数を増やした結果，予測性能が向上していることが示唆される。

さて，これらの線形回帰モデルは目的変数の誤差の分布が正規分布であることを仮定して，先程のp値が算出されている。例えば今回のように連続データであっても正規分布に従わず，かつとりうる値が0以上の場合がある。このような場合，対数正規分布やガンマ分布を利用する手段がある。BMI値は身長，体重から算出される値であり，負の値をとることはないので，このケースに当てはまる。このように，目的変数の分布が正規分布ではない場合には，先程の`lm()`の代わりに，一般化線形モデルを利用できる。基本的な記述方法は`lm()`とほぼ同様だが，`glm()`を使う点，`family`以下に分布を指定する点と，`link =`以下にリンク関数を設定する点が`lm()`と異なっている。`family`には目的変数が従うと思われる確率分布を記述する。例えば正規分布の場合はfamilyに`gaussian`，ガンマ分布の場合は`Gamma`を指定すればよい。また，リンク関数を指定することで，入力した関数を使って目的変数を変換することができる。例えば，リンク関数と出力の関係は，リンク関数が`identity`であればモデルは通常の線形回帰分析と同じ$Y = aX + b$の形で表される。この他，`log`を指定すれば目的変数を対数変換した$\log Y = aX + b$，`inverse`であれば$1/y = aX + b$の形でモデルを表すことができる。以下に`family`，`link`の代表的な例を表で示す。

"family"	対応する分布	分布の特徴
"gaussian"	正規分布	連続変数：$-\infty \sim +\infty$
"poisson"	ポアソン分布	離散変数：$0 \sim +\infty$
"binomial"	二項分布	離散変数：$0 \sim +\infty$
"Gamma"	ガンマ分布	連続変数：$> 0 \sim +\infty$

"link"	名称	数式
"identity"	恒等リンク	目的変数の期待値 $\lambda =$ 線形予測子 x
"log"	対数リンク	$\log(\lambda) = x$
"logit"	ロジットリンク	$\log(\lambda/1-\lambda) = x$ （binomialと組み合わせるとロジスティック回帰）
"inverse"	逆数リンク	$1/\lambda = x$

さっそく単純なBMIとFood_Aの間の関係を一般化線形モデルを使って解析してみよう。

```
# 一般化線形モデル：対数正規分布，単変量
glm_df1 <- glm(BMI ~ Food_A, data = working_df, family = gaussian(link = log))
summary(glm_df1)
```

```
##
## Call:
## glm(formula = BMI ~ Food_A, family = gaussian(link = log), data = working_df)
##
## Deviance Residuals:
##     Min       1Q   Median       3Q      Max
## -4.1336  -1.5955  -0.5975   1.0512   6.6398
##
## Coefficients:
##              Estimate Std. Error t value Pr(>|t|)
## (Intercept) 2.9911952  0.0222743 134.289   <2e-16 ***
## Food_A      0.0004867  0.0002394   2.033   0.0455 *
## ---
## Signif. codes:  0 '***' 0.001 '**' 0.01 '*' 0.05 '.' 0.1 ' ' 1
##
## (Dispersion parameter for gaussian family taken to be 6.161774)
##
##     Null deviance: 505.48  on 79  degrees of freedom
## Residual deviance: 480.62  on 78  degrees of freedom
## AIC: 376.47
##
## Number of Fisher Scoring iterations: 4
```

```
# 一般化線形モデル：ガンマ分布，単変量
glm_df2 <- glm(BMI ~ Food_A, data = working_df, family = Gamma(link = identity))
summary(glm_df2)
```

```
##
## Call:
## glm(formula = BMI ~ Food_A, family = Gamma(link = identity),
##     data = working_df)
##
## Deviance Residuals:
##      Min        1Q    Median        3Q       Max
## -0.21766  -0.07985  -0.02844   0.05063   0.29816
##
## Coefficients:
##              Estimate Std. Error t value Pr(>|t|)
## (Intercept) 19.785043   0.473929  41.747   <2e-16 ***
## Food_A       0.011708   0.005621   2.083   0.0405 *
## ---
## Signif. codes:  0 '***' 0.001 '**' 0.01 '*' 0.05 '.' 0.1 ' ' 1
```

```
##
## (Dispersion parameter for Gamma family taken to be 0.01447915)
##
##     Null deviance: 1.1288  on 79  degrees of freedom
## Residual deviance: 1.0655  on 78  degrees of freedom
## AIC: 370.78
##
## Number of Fisher Scoring iterations: 4
```

結果の表記は概ね通常の線形回帰分析のときと同じだが，`Multiple R-squared` の表示はなくなり，`AIC` が表示されている点が異なっている。AIC は赤池情報量規準という，モデルの予測の良さを表す指標であり，

$$\mathrm{AIC} = -2\{(\text{最大対数尤度}) - (\text{最尤推定したパラメータの数})\}$$

で示される。モデルの当てはまりの良さを示す指標は複数あるが，本書ではAIC を指標として用いる。この値が最小のモデルがもっとも良いモデルとして選択されるため，上記の2つを比べた場合には対数正規分布よりガンマ分布のモデルのほうが当てはまりが良いことになる。

AIC の式の意味を簡単に説明する。第1項の対数尤度が大きいことはモデルがデータによく当てはまっていることを示す。一方，重回帰分析においては説明変数（パラメータ）を増やすほど対数尤度は大きくなるが，増やしすぎるとモデルを新たに得たデータに外挿する際の当てはまりが悪くなってしまう（Overfitting という）ことが知られている。このため，第2項ではパラメータ数を増やすことに罰則をつけていると考えればよい。以下のように説明変数を1つ増やすことを考えてみよう。

```
1  # 一般化線形モデル：多変量
2  glm_df3 <- glm(BMI ~ Food_A + Gender, data = working_df, family = Gamma(link = identity))
3  summary(glm_df3)
```

```
##
## Call:
## glm(formula = BMI ~ Food_A + Gender, family = Gamma(link = identity),
##     data = working_df)
##
## Deviance Residuals:
##      Min        1Q    Median        3Q       Max
## -0.20652  -0.07927  -0.03769   0.04715   0.29965
##
## Coefficients:
##              Estimate Std. Error t value Pr(>|t|)
## (Intercept) 19.589167   0.489297  40.035   <2e-16 ***
## Food_A       0.009846   0.005641   1.745   0.0849 .
## GenderMale   0.750118   0.572301   1.311   0.1939
## ---
```

```
## Signif. codes:  0 '***' 0.001 '**' 0.01 '*' 0.05 '.' 0.1 ' ' 1
##
## (Dispersion parameter for Gamma family taken to be 0.01424516)
##
##     Null deviance: 1.1288  on 79  degrees of freedom
## Residual deviance: 1.0410  on 77  degrees of freedom
## AIC: 370.92
##
## Number of Fisher Scoring iterations: 4
```

説明変数に性別を入れて解析した結果，AIC の値が先程の 370.7836279 に比べ，370.921515 と，その増加は僅かだった。この結果は，説明変数を 1 つ増やしても予測の良さの指標はほとんど変化していないことを示している。このような場合には，よりシンプルなモデルである Food_A の摂取量だけを説明変数としたモデルのほうが望ましい。ただ，AIC はあくまで指標の 1 つであり，観測されたデータから得られる推定値なので，近い値を示すモデルについては実質科学的な観点から比較・検討することを推奨する。

2.5 【レポート例 2-2】

では以下にレポート例 2-1 の続きとなる，結果の解析に関連するレポートの例を記述する。レポート例 2-1 と 2-2 をつなげ，解析や引用文献に関連する内容を追加したレポートの例は GitHub からアクセスできるので，そちらをあわせて参照して頂けると幸いである。

```
1  # 結果
2  ## 男女差比較
3  まず Brunner-Munzel 検定により Food_A 摂取量・年齢・BMI について男女差を比較した
4  (@brunner2000nonparametric)。
5  ```{r, fig.height=4, fig.width=4}
6  p <- ggplot(data2_work, aes(x = Gender, y = BMI)) +
7       geom_boxplot()
8  plot(p)
9  ```
10
11 ```{r}
12 brunner.munzel.test(Male_df$Food_A, Female_df$Food_A)
13 ```
14
15 ```{r, fig.height=4, fig.width=4}
16 p <- ggplot(data2_work,  aes(x = Gender, y = Age)) +
17      geom_boxplot()
18 plot(p)
```

```
19  ```
20
21  ```{r}
22  brunner.munzel.test(Male_df$Age, Female_df$Age)
23  ```
24
25  ```{r, fig.height=4, fig.width=4}
26  p <- ggplot(data2_work, aes(x = Gender, y = BMI)) +
27        geom_boxplot()
28  plot(p)
29  ```
30
31  ```{r}
32  brunner.munzel.test(Male_df$BMI, Female_df$BMI)
33  ```
34
35  解析の結果，Food_A 摂取量にのみ有意な差が認められた (p-value = `r brunner.munzel.test(Male_df
36  $Food_A, Female_df$Food_A)$p.value`, 95% confidence interval: `r brunner.munzel.test(Male_df
37  $Food_A, Female_df$Food_A)$conf.int[1]`-`r brunner.munzel.test(Male_df$Food_A, Female_df
38  $Food_A)$conf.int[2]`)。
39
40  ## 相関解析
41  Spearman's correlation により Food_A 摂取量と年齢との関係を解析した。
42  ```{r, echo=FALSE}
43  library("ggplot2")
44  p1 <- ggplot(data2_work,  # データフレームを指定
45       aes(Age, Food_A)) +  # 解析対象の列を指定
46       geom_point(aes(color = Gender))  # 散布図なので point で作図することを指定
47
48  plot(p1)
49  ```
50
51  ```{r}
52  cor.test(data2_work$Age,     # x を指定
53           data2_work$Food_A, # y を指定
54           method="spearman") # Spearman's correlation を指定
55  ```
56  相関解析の結果，年齢と Food_A 消費量の間には有意な正の相関関係が認められた
57  (p = `r cor.test(data2_work$Age, data2_work$Food_A, method="spearman")$p.value`)。
58
59  ```{r}
60  cor.test(Male_df$Age,        # x を指定
61           Male_df$Food_A,     # y を指定
62           method="spearman") # Spearman's correlation を指定
63  ```
64
65  ```{r}
66  cor.test(Female_df$Age,      # x を指定
67           Female_df$Food_A,   # y を指定
```

```
68          method="spearman") # Spearman's correlation を指定
69  ‘‘‘
70  一方男女別に解析したところ，いずれも有意な関係は認められなかった
71  (男性: p = ‘r cor.test(Male_df$Age, Male_df$Food_A, method="spearman")$p.value‘,
72  女性: ‘r cor.test(Female_df$Age, Female_df$Food_A, method="spearman")$p.value‘)。
73
74
75  続いて Food_A 摂取量と BMI との関係を解析した。
76  ‘‘‘{r, echo=FALSE}
77  library("ggplot2")
78  p2 <- ggplot(data2_work,  # データフレームを指定
79       aes(BMI, Food_A)) +  # 解析対象の列を指定
80       geom_point(aes(color = Gender))  # 散布図なので point で作図することを指定
81
82  plot(p2)
83  ‘‘‘
84
85  ‘‘‘{r}
86  cor.test(data2_work$BMI,    # x を指定
87           data2_work$Food_A, # y を指定
88           method="spearman") # Spearman's correlation を指定
89  ‘‘‘
90
91  ‘‘‘{r}
92  cor.test(Male_df$BMI,       # x を指定
93           Male_df$Food_A,    # y を指定
94           method="spearman") # Spearman's correlation を指定
95  ‘‘‘
96
97  ‘‘‘{r}
98  cor.test(Female_df$BMI,     # x を指定
99           Female_df$Food_A,  # y を指定
100          method="spearman") # Spearman's correlation を指定
101 ‘‘‘
102 BMI と Food_A 消費量の間には有意な正の相関解析が認められた
103 (p = ‘r cor.test(data2_work$BMI, data2_work$Food_A, method="spearman")$p.value‘) が，男女別に
104 解析した場合には男性では有意ではなく，女性で有意という結果であり結果は一貫していなかった
105 (男性: p = ‘r cor.test(Male_df$BMI, Male_df$Food_A, method="spearman")$p.value‘,
106 女性: ‘r cor.test(Female_df$BMI, Female_df$Food_A, method="spearman")$p.value‘)。
107
108
109 ‘‘‘{r}
110 # 重回帰モデル
111 lm_res <- lm(BMI ~ Food_A + Age + Gender, data = data2_work)
112 summary(lm_res)
113 ‘‘‘
114
115 最後に重回帰分析により，BMI と Food_A 摂取量，年齢，性別との関係を解析した。ここではいずれの変
116 数との間にも有意な関係は認められなかった。しかしながら，男女別に分けて相関解析した場合には有
```

```
117 意であった成分もあるため，次章で紹介する階層ベイズモデルのようなアプローチも必要になるかもし
118 れない。
119
120 ```{r}
121 session_info()
122 ```
123
124 # References {#references .unnumbered}
```

ここでは集計に引き続き，作図・検定・モデリングを行うまでの流れを示している。このコードを記述し，knit を実行すると以下の図が出力される。

3 結果

3.1 男女差比較

まずBrunner-Munzel検定によりFood_A摂取量・年齢・BMIについて男女差を比較した (Brunner and Munzel (2000))。

```
p <- ggplot(data2_work, aes(x = Gender, y = BMI)) +
    geom_boxplot()
plot(p)
```

```
brunner.munzel.test(Male_df$Food_A, Female_df$Food_A)
```

```
##
##  Brunner-Munzel Test
##
## data:  Male_df$Food_A and Female_df$Food_A
## Brunner-Munzel Test Statistic = -3.657, df = 77.849, p-value =
## 0.0004619
## 95 percent confidence interval:
##  0.1680737 0.4020851
## sample estimates:
## P(X<Y)+.5*P(X=Y)
##        0.2850794
```

```
p <- ggplot(data2_work,  aes(x = Gender, y = Age)) +
    geom_boxplot()
plot(p)
```

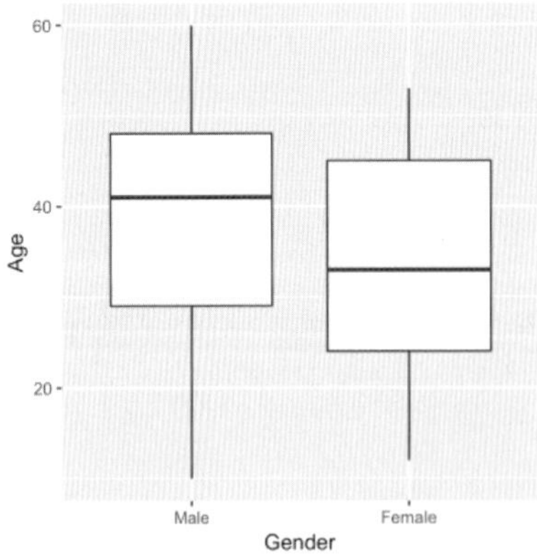

図 2.7　レポート例 2-2 (1)

```
brunner.munzel.test(Male_df$Age, Female_df$Age)
```

```
##
##  Brunner-Munzel Test
##
## data:  Male_df$Age and Female_df$Age
## Brunner-Munzel Test Statistic = -1.7792, df = 75.523, p-value =
## 0.07923
## 95 percent confidence interval:
##  0.2591134 0.5135850
## sample estimates:
## P(X<Y)+.5*P(X=Y)
##        0.3863492
```

```
p <- ggplot(data2_work, aes(x = Gender, y = BMI)) +
     geom_boxplot()
plot(p)
```

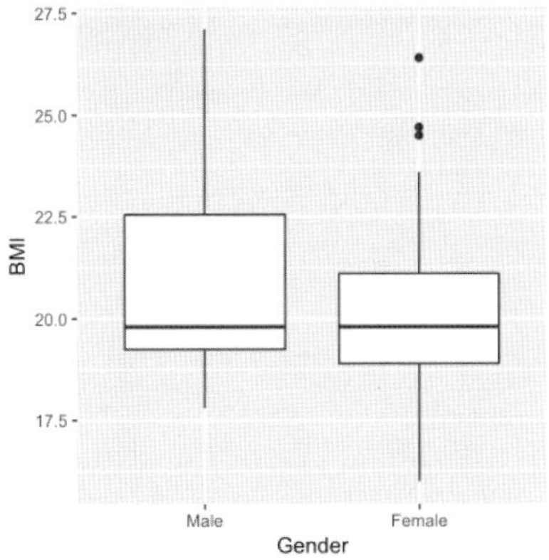

```
brunner.munzel.test(Male_df$BMI, Female_df$BMI)
```

```
##
##  Brunner-Munzel Test
##
## data:  Male_df$BMI and Female_df$BMI
## Brunner-Munzel Test Statistic = -1.2687, df = 73.865, p-value =
## 0.2085
## 95 percent confidence interval:
##  0.2878291 0.5470915
## sample estimates:
## P(X<Y)+.5*P(X=Y)
##        0.4174603
```

解析の結果 、Food_A摂取量にのみ有意な差が認められた (p-value = 4.619141810^{-4}, 95% confidence interval: 0.1680737-0.4020851)。

図 2.8　レポート例 2-2 (2)

3.2 相関解析

Spearman's correlationによりFood_A摂取量と年齢との関係を解析した。

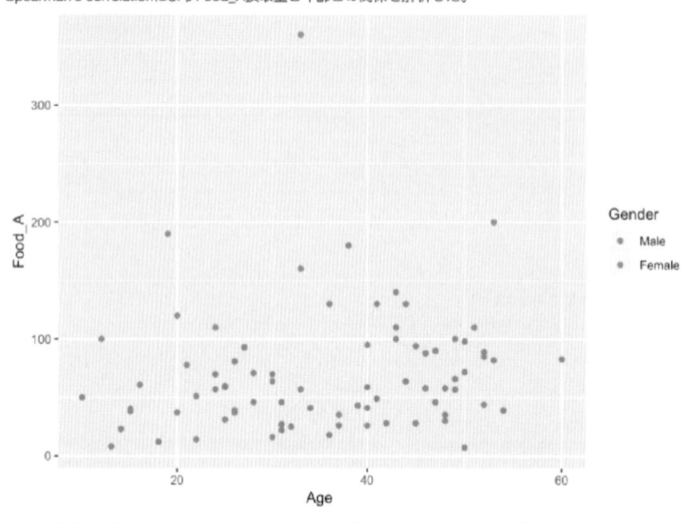


```
cor.test(data2_work$Age,      # xを指定
        data2_work$Food_A, # yを指定
        method="spearman") # Spearman's correlationを指定
```

```
##
##  Spearman's rank correlation rho
##
## data:  data2_work$Age and data2_work$Food_A
## S = 66391, p-value = 0.04795
## alternative hypothesis: true rho is not equal to 0
## sample estimates:
##       rho
## 0.2218547
```

相関解析の結果、年齢とFood_A消費量の間には有意な正の相関関係が認められた (p = 0.047949)。

```
cor.test(Male_df$Age,        # xを指定
        Male_df$Food_A,    # yを指定
        method="spearman") # Spearman's correlationを指定
```

```
##
##  Spearman's rank correlation rho
##
## data:  Male_df$Age and Male_df$Food_A
## S = 6043.9, p-value = 0.3786
## alternative hypothesis: true rho is not equal to 0
## sample estimates:
##       rho
## 0.1535116
```

```
cor.test(Female_df$Age,      # xを指定
        Female_df$Food_A,  # yを指定
        method="spearman") # Spearman's correlationを指定
```

```
##
##  Spearman's rank correlation rho
##
## data:  Female_df$Age and Female_df$Food_A
## S = 13315, p-value = 0.4213
## alternative hypothesis: true rho is not equal to 0
## sample estimates:
##       rho
## 0.1228822
```

一方男女別に解析したところ、いずれも有意な関係は認められなかった (男性: p = 0.3786215, 女性: 0.4212948)。

図 2.9 レポート例 2-2 (3)

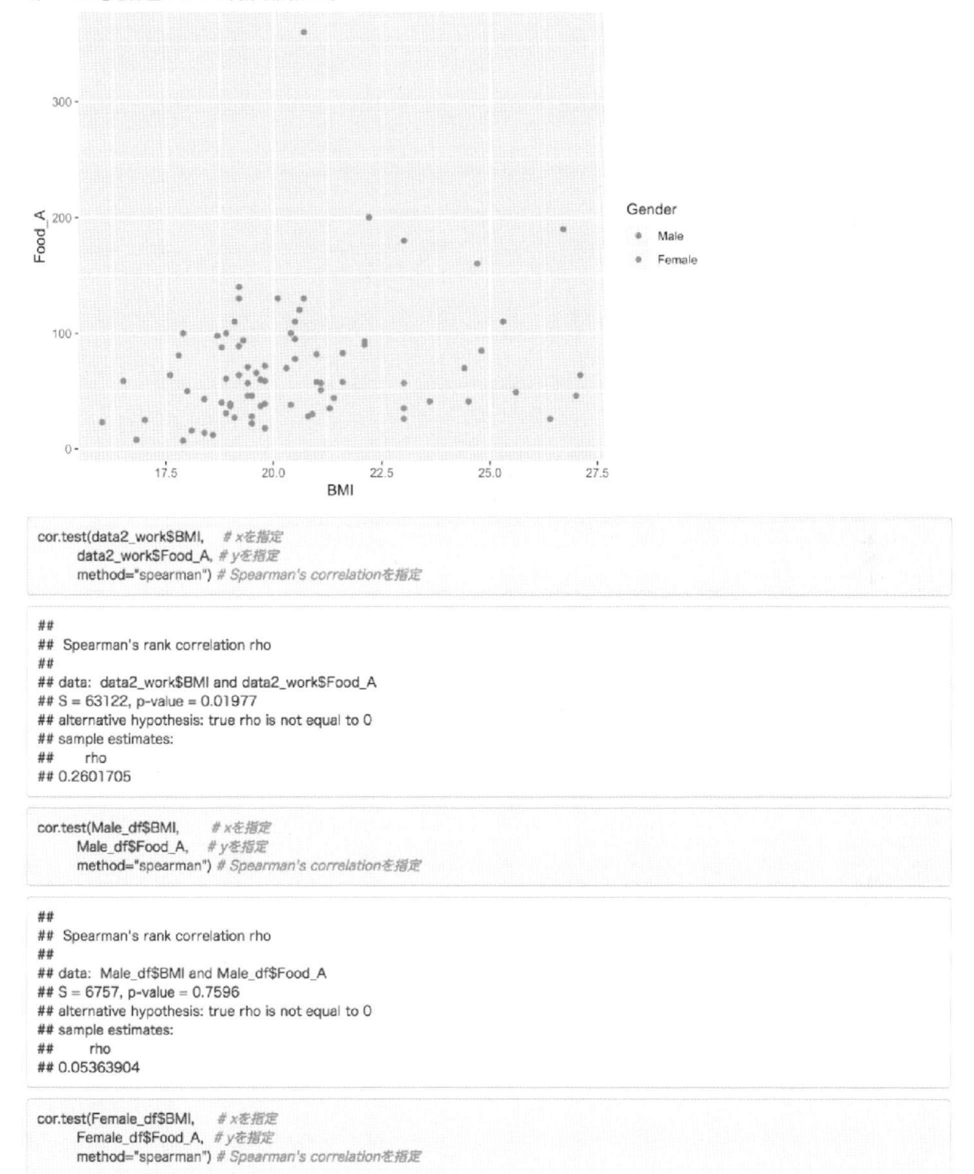

続いてFood_A摂取量とBMIとの関係を解析した。


```
cor.test(data2_work$BMI,      # xを指定
        data2_work$Food_A, # yを指定
        method="spearman") # Spearman's correlationを指定
```

```
##
##  Spearman's rank correlation rho
##
## data:  data2_work$BMI and data2_work$Food_A
## S = 63122, p-value = 0.01977
## alternative hypothesis: true rho is not equal to 0
## sample estimates:
##       rho
## 0.2601705
```

```
cor.test(Male_df$BMI,       # xを指定
        Male_df$Food_A,    # yを指定
        method="spearman") # Spearman's correlationを指定
```

```
##
##  Spearman's rank correlation rho
##
## data:  Male_df$BMI and Male_df$Food_A
## S = 6757, p-value = 0.7596
## alternative hypothesis: true rho is not equal to 0
## sample estimates:
##        rho
## 0.05363904
```

```
cor.test(Female_df$BMI,      # xを指定
        Female_df$Food_A, # yを指定
        method="spearman") # Spearman's correlationを指定
```

```
##
##  Spearman's rank correlation rho
##
## data:  Female_df$BMI and Female_df$Food_A
## S = 10475, p-value = 0.03826
## alternative hypothesis: true rho is not equal to 0
## sample estimates:
##       rho
## 0.3099539
```

BMIとFood_A消費量の間には有意な正の相関解析が認められた (p = 0.019769) が、男女別に解析した場合には男性では有意ではなく、女性で有意という結果であり結果は一貫していなかった (男性: p = 0.7595829, 女性: 0.0382599)。

図 2.10　レポート例 2-2 (4)

3.3 モデリング

```
#重回帰モデル
lm_res <- lm(BMI ~ Food_A + Age + Gender, data = data2_work)
summary(lm_res)
```

```
##
## Call:
## lm(formula = BMI ~ Food_A + Age + Gender, data = data2_work)
##
## Residuals:
##     Min      1Q  Median      3Q     Max
## -3.7293 -1.6474 -0.7380  0.9828  6.3862
##
## Coefficients:
##               Estimate Std. Error t value Pr(>|t|)
## (Intercept)  19.270894   1.036972  18.584   <2e-16 ***
## Food_A        0.008638   0.005348   1.615    0.110
## Age           0.030502   0.023052   1.323    0.190
## GenderFemale -0.628647   0.574387  -1.094    0.277
## ---
## Signif. codes:  0 '***' 0.001 '**' 0.01 '*' 0.05 '.' 0.1 ' ' 1
##
## Residual standard error: 2.454 on 76 degrees of freedom
## Multiple R-squared:  0.09422,    Adjusted R-squared:  0.05847
## F-statistic: 2.635 on 3 and 76 DF,  p-value: 0.05578
```

最後に重回帰分析により、BMIとFood_A摂取量、年齢、性別との関係を解析した。ここではいずれの変数との間にも有意な関係は認められなかった。しかしながら、男女別に分けて相関解析した場合には有意であった成分もあるため、次章で紹介する階層ベイズモデルのようなアプローチも必要になるかもしれない。

図 2.11　レポート例 2-2 (5)

4 実行環境

```
session_info()
```

```
## — Session info ————————————————————————————————
## setting  value
## version  R version 3.5.1 (2018-07-02)
## os       macOS High Sierra 10.13.6
## system   x86_64, darwin15.6.0
## ui       X11
## language (EN)
## collate  ja_JP.UTF-8
## tz       Asia/Tokyo
## date     2018-09-03
##
## — Packages ————————————————————————————————
——
## package     * version date       source
## assertthat    0.2.0   2017-04-11 CRAN (R 3.5.0)
## backports     1.1.2   2017-12-13 CRAN (R 3.5.0)
## bindr         0.1.1   2018-03-13 CRAN (R 3.5.0)
## bindrcpp      0.2.2   2018-03-29 CRAN (R 3.5.0)
## boot          1.3-20  2017-08-06 CRAN (R 3.5.1)
## cli           1.0.0   2017-11-05 CRAN (R 3.5.0)
## clisymbols    1.2.0   2017-05-21 CRAN (R 3.5.0)
## colorspace    1.3-2   2016-12-14 CRAN (R 3.5.0)
## crayon        1.3.4   2017-09-16 CRAN (R 3.5.0)
## digest        0.6.15  2018-01-28 CRAN (R 3.5.0)
## dplyr         0.7.6   2018-06-29 CRAN (R 3.5.1)
## evaluate      0.11    2018-07-17 CRAN (R 3.5.0)
## fansi         0.2.3   2018-05-06 CRAN (R 3.5.0)
## ggplot2     * 3.0.0   2018-07-03 CRAN (R 3.5.0)
## glue          1.3.0   2018-07-17 CRAN (R 3.5.0)
## gtable        0.2.0   2016-02-26 CRAN (R 3.5.0)
## hms           0.4.2   2018-03-10 CRAN (R 3.5.0)
## htmltools     0.3.6   2017-04-28 CRAN (R 3.5.0)
## Kendall     * 2.2     2011-05-18 CRAN (R 3.5.0)
## knitr         1.20    2018-02-20 CRAN (R 3.5.0)
## labeling      0.3     2014-08-23 CRAN (R 3.5.0)
## lawstat     * 3.2     2017-11-23 CRAN (R 3.5.0)
## lazyeval      0.2.1   2017-10-29 CRAN (R 3.5.0)
## magrittr      1.5     2014-11-22 CRAN (R 3.5.0)
## munsell       0.5.0   2018-06-12 CRAN (R 3.5.0)
## mvtnorm     * 1.0-8   2018-05-31 CRAN (R 3.5.0)
## pillar        1.3.0   2018-07-14 CRAN (R 3.5.0)
## pkgconfig     2.0.1   2017-03-21 CRAN (R 3.5.0)
## plyr          1.8.4   2016-06-08 CRAN (R 3.5.0)
## purrr         0.2.5   2018-05-29 CRAN (R 3.5.0)
## R6            2.2.2   2017-06-17 CRAN (R 3.5.0)
## Rcpp          0.12.18 2018-07-23 cran (@0.12.18)
## readr       * 1.1.1   2017-05-16 CRAN (R 3.5.0)
## rlang         0.2.1   2018-05-30 CRAN (R 3.5.0)
## rmarkdown     1.10    2018-06-11 CRAN (R 3.5.0)
## rprojroot     1.3-2   2018-01-03 CRAN (R 3.5.0)
## scales        0.5.0   2017-08-24 CRAN (R 3.5.0)
## sessioninfo * 1.0.0   2017-06-21 CRAN (R 3.5.0)
## stringi       1.2.4   2018-07-20 CRAN (R 3.5.0)
## stringr       1.3.1   2018-05-10 cran (@1.3.1)
## tibble        1.4.2   2018-01-22 CRAN (R 3.5.0)
## tidyselect    0.2.4   2018-02-26 CRAN (R 3.5.0)
## utf8          1.1.4   2018-05-24 CRAN (R 3.5.0)
## VGAM        * 1.0-5   2018-02-07 CRAN (R 3.5.0)
## withr         2.1.2   2018-03-15 CRAN (R 3.5.0)
## yaml          2.2.0   2018-07-25 CRAN (R 3.5.0)
```

References

Brunner, Edgar, and Ullrich Munzel. 2000. "The Nonparametric Behrens-Fisher Problem: Asymptotic Theory and a Small-Sample Approximation." *Biometrical Journal* 42 (1): 17–25.

Hui, Wallace, Yulia Gel, and Joseph Gastwirth. 2008. "Lawstat: An R Package for Law, Public Policy and Biostatistics." *Journal of Statistical Software, Articles* 28 (3): 1–26. https://doi.org/10.18637/jss.v028.i03.

R Core Team. 2017. *R: A Language and Environment for Statistical Computing*. Vienna, Austria: R Foundation for Statistical Computing. https://www.R-project.org/.

Wickham, Hadley. 2009. *Ggplot2: Elegant Graphics for Data Analysis*. Springer-Verlag New York. http://ggplot2.org.

図 2.12 レポート例 2-2 (6)

作図やモデリングの結果が示されていることがわかるだろう。図の大きさについては fig.height=4，fig.width=5 のように出力される図の大きさをコントロールすることもできる。また，session_info() により実行環境や各パッケージのバージョン情報などが出力されており，結果を再現する際に有用な情報が得られていることがわかる。さらに，レポート例 2-1 で記述していた引用文献も，References の項目に出力されていることがわかるだろう。

レポート内ではインラインコードを利用し，p 値などを出力している。これにより，再解析によりデータが変わった場合にも本文を修正する必要がなくなる。R からの出力より小数点以下が細かくなっているが，桁数を合わせたい場合には，

```
1 `r sprintf('%.4f', cor.test(data2_work$BMI, data2_work$Food_A, method="spearman")$p.value)`
```

のように sprintf() を利用するとよいだろう。%.4f の数値を変えることで，表示桁数をコントロールできる。

2.6 本章のまとめと参考文献

本章では R にデータを読み込み，データの基礎統計量の確認や，基本的な可視化・検定・統計モデリングを R で行う流れについて解説してきた。ここまでのことを押さえておくだけでも得られたデータをまとめ，レポートとして報告するに足りることも多いだろう。本章で話題に挙げたことがらについてより詳細な情報を得たい場合には下記文献が参考になるだろう。

1. Wonderful R 1：R で楽しむ統計：奥村 晴彦；共立出版
2. ほくそ笑む "マイナーだけど最強の統計的検定 Brunner-Munzel 検定"(http://d.hatena.ne.jp/hoxo_m/20150217/p1)：hoxo_m
3. R ではじめるデータサイエンス：Hadley Wickham；オライリージャパン
4. R グラフィックスクックブック —ggplot2 によるグラフ作成のレシピ集：Winston Chang；オライリージャパン
5. R によるやさしい統計学：山田 剛史・杉澤 武俊・村井 潤一郎；オーム社
6. R で学ぶ統計学入門：嶋田 正和・阿部 真人；東京化学同人
7. データ解析のための統計モデリング入門——一般化線形モデル・階層ベイズモデル・MCMC：久保 拓弥；岩波書店

Chapter 3

発展的な統計モデリング —要因と目的変数の関係解析 (2)

前章では比較的単純なデータの解析を例に取り上げたが，本章ではもう少し変数が多く，複雑なデータを対象に目的変数と変数間の関係を解析する例を示す。この場合，2 章のような 2 変数どうしの単純な可視化手法を用いるだけでなく，複数の変数を同時に可視化し，それぞれの関係を図示する必要がある。また，グループ間で切片や傾きに違いがある場合には，階層モデルのような高度なモデリング手法が必要になる場合がある（図 3.1）。本章では地域などのグループの差から生じる要因が結果に影響する仮想データセットを使い，階層モデルを含む少し高度なモデリング手法についても言及する（図 3.2）。

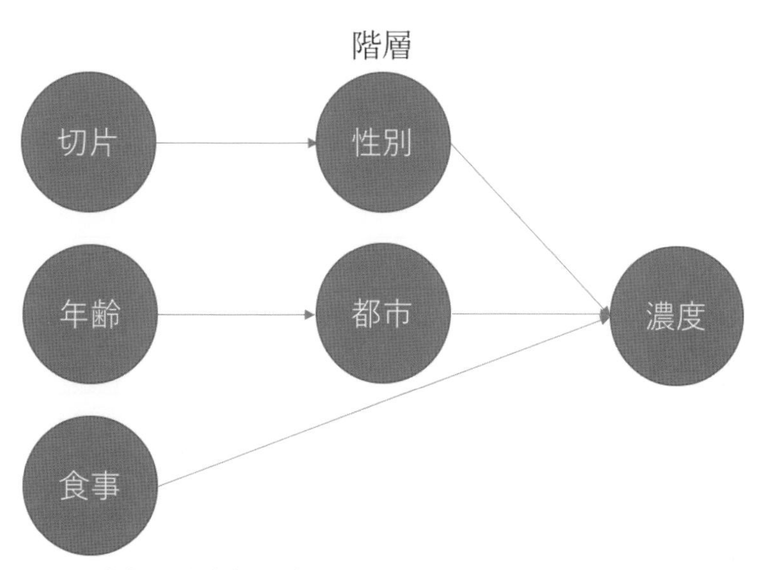

図 3.1　本章で扱う内容の概念図

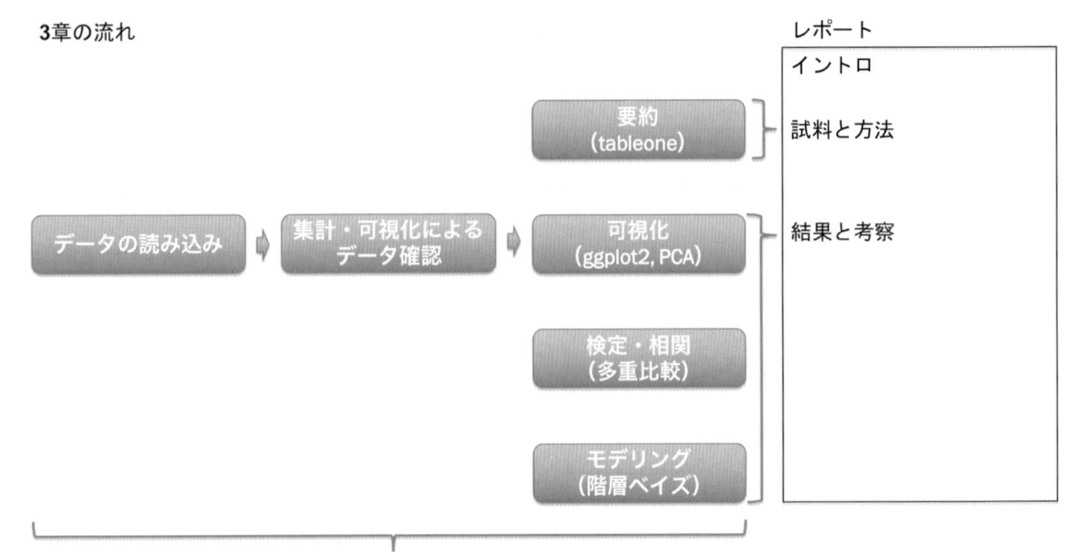

図 3.2 本章で取り扱う解析の流れ

3.1 データの読み込み・集計・可視化

3.1.1 データの読み込み

前章で解説した通りに，本章で使用するデータを csv ファイルから読み込んでみよう。コードの例は以下の通りである。

```
library(readr)
workdata <- read_csv("~/GitHub/ScienceR/chapter3/Data/data_3.csv")
```

読み込んだデータの確認は下記のいずれでも行うことができる。

```
head(workdata) # データの頭から 6 つめまで表示
str(workdata)  # 変数名，データ型の一覧に有用
View(workdata) # RStudio の新しいタブで表計算シートの形式で表示
```

3.1.2 データの集計

続いて，文字列で読み込まれたデータを factor 型に変換し，summary() を使って全体の傾向を確認しておこう。

```
workdata$City <- factor(workdata$City)
workdata$Gender <- factor(workdata$Gender)
summary(workdata)
```

```
##       Conc            City        Gender          Age              BMI
##  Min.   : 63.3   City1:37   Female:59   Min.   :20.00   Min.   :19.30
##  1st Qu.:104.4   City2:28   Male  :41   1st Qu.:28.00   1st Qu.:21.20
##  Median :139.4   City3:35               Median :40.50   Median :22.20
##  Mean   :142.6                          Mean   :39.61   Mean   :22.25
##  3rd Qu.:163.8                          3rd Qu.:49.25   3rd Qu.:23.30
##  Max.   :276.0                          Max.   :60.00   Max.   :26.20
##       Food             Drink
##  Min.   : 77.30   Min.   : 4.56
##  1st Qu.: 90.85   1st Qu.: 8.37
##  Median : 98.60   Median :10.13
##  Mean   : 99.03   Mean   :10.33
##  3rd Qu.:106.03   3rd Qu.:12.29
##  Max.   :122.70   Max.   :18.09
```

また，ここで都市や性別など，factor型の水準あるいはカテゴリごとに集計したい場合にはby()を使うと便利である。コードは以下の通りである。なお，前節では$を使ってデータ内の要素にアクセスしたが，複数の要素にまとめてアクセスしたい場合には添字[]を使えばよい。カッコ内をカンマで区切り，第1引数に抜き出したい行，第2引数に抜き出したい列番号を指定する。

```
1  # 簡略化のため 1, 3, 4 列のみを要約
2  by(workdata[, c(1, 3, 4)], workdata$City, summary)
```

```
## workdata$City: City1
##       Conc            Gender          Age
##  Min.   : 73.4   Female:22   Min.   :20.00
##  1st Qu.: 96.2   Male  :15   1st Qu.:31.00
##  Median :136.6               Median :41.00
##  Mean   :130.6               Mean   :40.32
##  3rd Qu.:159.1               3rd Qu.:49.00
##  Max.   :173.2               Max.   :60.00
## --------------------------------------------------------
## workdata$City: City2
##       Conc            Gender          Age
##  Min.   :107.8   Female:15   Min.   :22.00
##  1st Qu.:146.9   Male  :13   1st Qu.:28.75
##  Median :177.3               Median :41.00
##  Mean   :188.5               Mean   :41.07
##  3rd Qu.:232.8               3rd Qu.:53.25
##  Max.   :276.0               Max.   :60.00
## --------------------------------------------------------
## workdata$City: City3
##       Conc            Gender          Age
##  Min.   : 63.3   Female:22   Min.   :20.00
##  1st Qu.: 89.2   Male  :13   1st Qu.:25.00
##  Median :122.0               Median :38.00
```

```
## Mean   :118.5          Mean   :37.69
## 3rd Qu.:142.3          3rd Qu.:47.50
## Max.   :192.0          Max.   :60.00
```

このようにグループ分けして要約することで，都市ごとの特徴を求めることができる。例えば，都市2は他の都市と比べて男女比が1:1に近く，血中化学物質濃度 (Conc) の値が高めに出ていることがわかるだろう。

また，これらのデータをまとめ，table形式で出力するための tableone というパッケージがある。パッケージはこれまで同様，以下のようにインストールできる。

```
1 install.packages("tableone")
```

では実際に実行してみよう。パッケージを使うに先立ち，まず表示したい変数を選び，その中のカテゴリ変数を先に指定しておく必要がある。

```
1 library(tableone) # パッケージ読み込み
2 val_list <- colnames(workdata) # すべての変数を使うので列名をそのまま代入
3 cat_list <- c("City", "Gender") # カテゴリ変数を指定
```

最初に全体の集計をしてみよう。以下のように，vars には上記で指定したすべての変数の，factorVars にはカテゴリ変数のリストを代入し，CreateTableOne() を実行すればよい。ここでは出力を省略する。

```
1 table1 <- CreateTableOne(vars = val_list,  # 変数のリストを指定
2                          data = workdata,  # データ全体を指定
3                          factorVars = cat_list) # カテゴリ変数のリストを指定
4 table1
```

また，下記の通り strata にカテゴリ変数を指定することで，カテゴリ別に表を出力できる。さらに CreateTableOne() では，連続変数に対しては2群ならt検定，多群なら ANOVA，カテゴリ変数についてはカイ二乗検定のように，変数の種類ごとに適切な検定を実施した結果が出力される。

```
1 cat_list <- c("Gender") # カテゴリ変数を指定
2 table1_2 <- CreateTableOne(vars = val_list,  # 変数のリストを指定
3                          data = workdata,  # データ全体を指定
4                          strata = "City",  # 群分けしたい変数の指定
5                          factorVars = cat_list) # カテゴリ変数のリストを指定
6 table1_2
```

```
##                    Stratified by City
##                    City1           City2           City3           p
##   n                    37              28              35
##   Conc (mean (sd)) 130.61 (32.48)  188.46 (52.36)  118.51 (34.68)  <0.001
##   City (%)                                                         <0.001
##      City1             37 (100.0)       0 (  0.0)       0 (  0.0)
```

```
##     City2                  0 (  0.0)      28 (100.0)       0 (  0.0)
##     City3                  0 (  0.0)       0 (  0.0)      35 (100.0)
##   Gender = Male (%)       15 ( 40.5)      13 ( 46.4)      13 ( 37.1)    0.756
##   Age (mean (sd))      40.32 (11.74)   41.07 (12.90)   37.69 (12.34)    0.504
##   BMI (mean (sd))      22.23 (1.45)    22.41 (1.39)    22.15 (1.75)     0.792
##   Food (mean (sd))     97.65 (10.91)  100.18 (11.36)   99.58 (9.88)     0.597
##   Drink (mean (sd))    10.05 (2.93)    10.22 (3.53)    10.72 (2.79)     0.638
##                       Stratified by City
##                        test
##   n
##   Conc (mean (sd))
##   City (%)
##     City1
##     City2
##     City3
##   Gender = Male (%)
##   Age (mean (sd))
##   BMI (mean (sd))
##   Food (mean (sd))
##   Drink (mean (sd))
```

さらに，正規分布に従わないことが予想される変数についても，nonnormal 引数に，該当する変数を指定することで，適切な検定に切り替えて実行できる。また，quote = TRUE とし，引用記号をつけてやることで，投稿論文でしばしば利用されるフォーマットであるエクセルへの出力が容易になる。具体的には以下のように実行する。

```
1 print(table1_2, nonnormal = c("Food"), quote = TRUE)
```

出力は省略したが，CreateTableOne() で実施されるノンパラメトリック検定は2群比較であればMann-WhitneyのU検定，多群であればKruskal-Wallis検定となる。また，パラメトリックな検定のときには集計値が平均値・分散だったが，ノンパラメトリック検定を使う場合には中央値・分位点に変更される。本パッケージを利用することで，様々な集計をわかりやすくまとめ，レポートや論文などでも利用できる形で出力できるようになった。

3.1.3　データの可視化

では続いてこれらのデータを可視化していこう。前章では変数ごとに可視化を試みたが，変数が一定以上の数になってくるとまとめて可視化したほうが便利である。ここでは GGally パッケージを使い，複数の変数をまとめて可視化してみよう。

パッケージのインストールは以下の通りである。

```
install.packages("GGally")
```

まず最もシンプルなコードを以下に示す。

```
library(ggplot2)
library(GGally)
ggpairs(data = workdata)
```

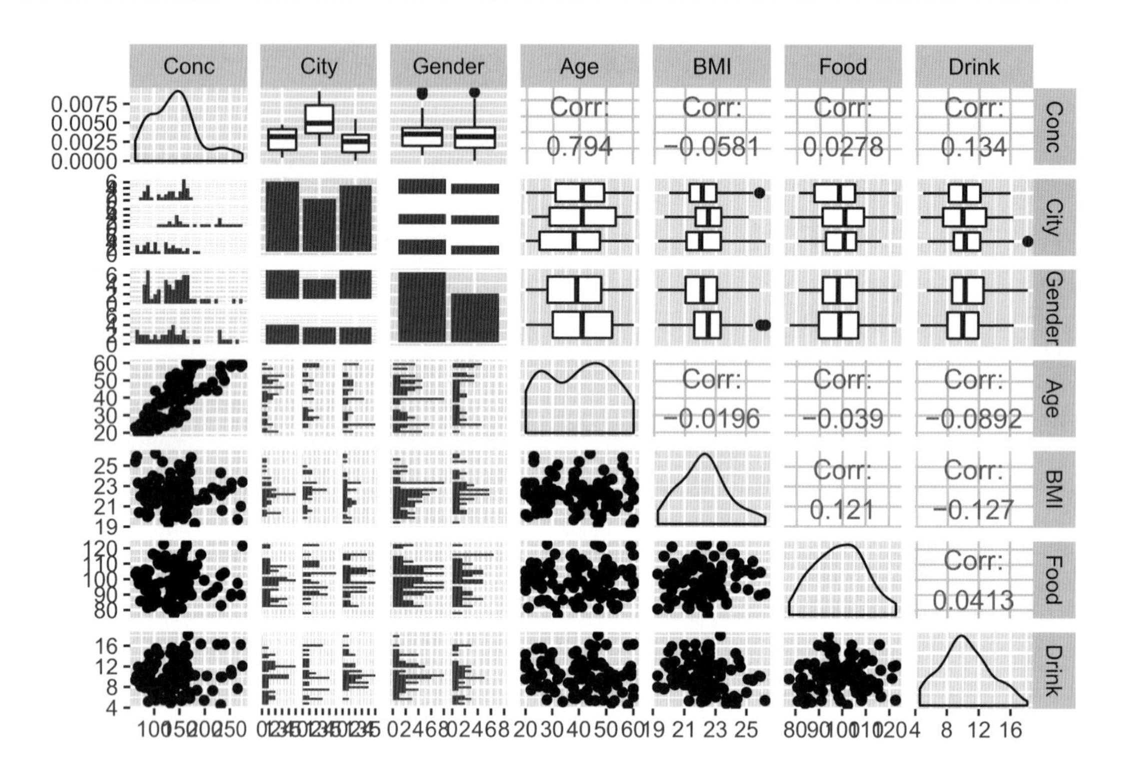

このような単純なコードでも，変数のペアごとに適切なプロットを作成してくれる。しかも連続変数どうしの場合には散布図とその相関係数を，カテゴリ変数と連続変数の場合には各要素ごとに箱ひげ図を表してくれるなど，非常に情報量の多い図を得ることができる。

また，読み込みたい変数の数を調節したり，各プロットや箱ひげ図を色分けしたりすることもできる。色分けしたい場合は，色分けしたいデータを mapping にオプションとして aes(color = 変数名) で指定すればよい。このようにすれば，各水準ごとに相関係数を表示してくれるなど，解析を進める上で有用な情報をさらに得ることができるだろう。以下にその例を示す。for 以下では各カテゴリの色を指定している。scale_fill_manual は領域の塗りつぶし，scale_color_manual ではプロットなどの色を指定している。

```
p <- ggpairs(data = workdata[, -3],
        mapping = aes(color = City), # 都市で色分け
        upper=list(continuous=wrap("cor", size=3))) # 相関の文字サイズ変更

```

```
for(i in 1:p$nrow) {
  for(j in 1:p$ncol){
    p[i,j] <- p[i,j] +
        scale_fill_manual(values=c("red", "black", "white")) +
        scale_color_manual(values=c("red", "black", "white"))
  }
}

p
```

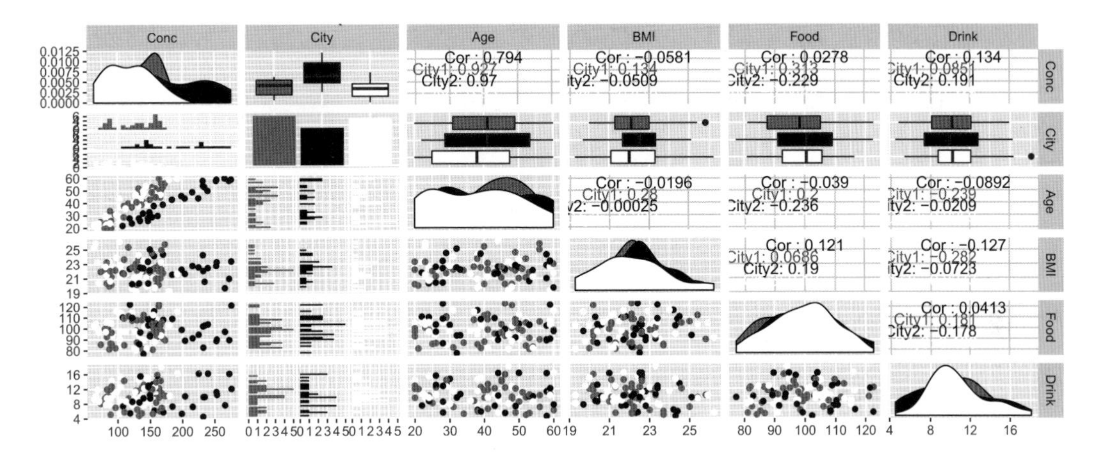

mapping = aes(color = City) により都市ごとに図を層別化し，各因子ごとの関係を可視化したところ，年齢と血中化学物質濃度との関係をより詳細に見て取ることができる。さらに，年齢と血中化学物質濃度との関係が都市ごとに色分けされていることがわかる。なので，ここでは地域ごとに傾きが異なるのではないかという仮説を立てることができるだろう。一方，濃度以外の要素については都市の違いからくる差は明確ではないことが，都市ごとに色分けされたドットが散布図上でグループ化されず，混在していることから推察できる。

続いて性別でも同様に層別してプロットしてみよう。mapping の部分を以下のように，aes(color = Gender) と書き換えてやればよい。カテゴリが 2 つになったため，for 以下におけるカテゴリの色指定は 2 種になっている。

```
p2 <- ggpairs(data = workdata[, -2],
        mapping = aes(color = Gender), # 性別で色分け
        upper=list(continuous=wrap("cor", size=3))) # 相関の文字サイズ変更

for(i in 1:p2$nrow) {
  for(j in 1:p2$ncol){
    p2[i,j] <- p2[i,j] +
        scale_fill_manual(values=c("red", "black")) +
        scale_color_manual(values=c("red", "black"))
  }
}
```

```
12
13 p2
```

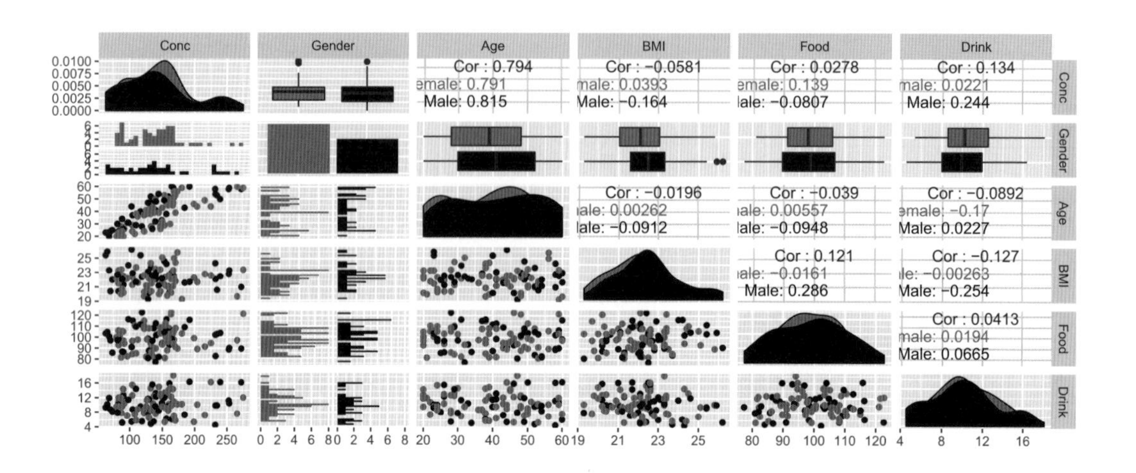

男女で層別すると，年齢と血中化学物質濃度の散布図における男性のプロットが，女性の上にずれている傾向が見て取れる。一方，その他の変数について層別しても明確な傾向は見えなかった。

続いて主成分分析 (principal component analysis: PCA) について紹介する。主成分分析は目的変数をもたない教師なし学習とよばれる多変量解析の１つであり，変数が非常に多い場合に，データそのもののばらつき（分散）が大きい順にデータを縮約する手法である。最も分散が大きい成分は第１主成分，次に大きい成分は第２主成分，... と命名され，最大でデータに含まれる変数の数まで成分を作ることができる。すべての成分を使用した場合，データに含まれる情報量は変わらないが，分散が大きい順番に主成分を作成するため，上位の主成分を確認するだけで大まかなデータの傾向をつかむことができる。また，各主成分は直行するように計算されるため，それぞれの成分が独立であることも特徴の１つである。このため，多変量データの可視化や要約にしばしば用いられる。

まず可視化に使用するパッケージである **FactoMineR** および，その支援パッケージである **factoextra** を導入しておこう。

```
1 install.packages("FactoMineR")
2 install.packages("factoextra")
```

さっそく **FactoMineR** パッケージを使って主成分分析を実行してみよう。コードは以下の通りである。主成分分析の実行と同時にプロットを作成するための graph 引数を FALSE に指定している。これは，結果の図は支援パッケージである **factoextra** を通じて作図するためである。

```
1 library(FactoMineR)
2 pca_res <- PCA(workdata[, -c(2, 3)],
```

```
3              graph = FALSE)
```

まず各成分の寄与率について確認してみよう。支援パッケージである**factoextra**を呼び出し，以下のように記述する。

```
1  library(factoextra)
2  fviz_screeplot(pca_res, # 上記で作成・保存したPCAの結果
3                 addlabels = TRUE, # ラベルを表示するかどうか
4                 ylim = c(0, 50))  # 縦軸の下限・上限の指定
```

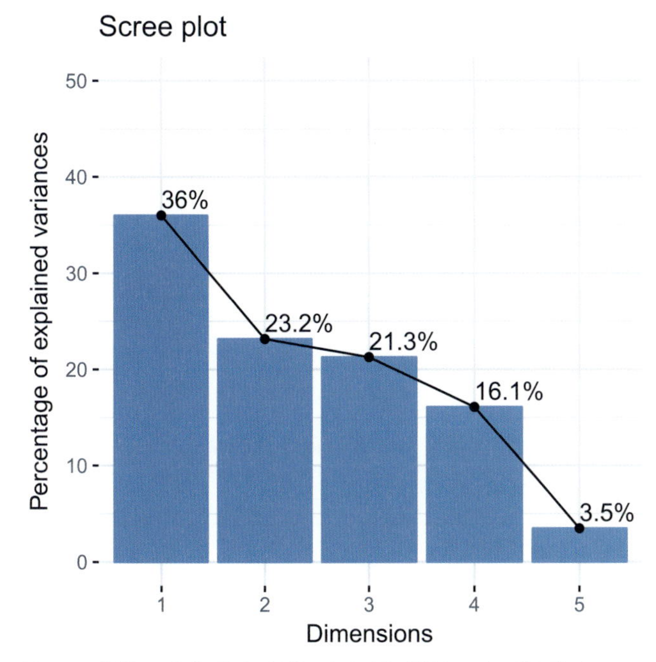

続いて変数の寄与率を変数の因子負荷量から可視化するローディングプロットを使って図示してみよう。

```
1  fviz_pca_var(pca_res, # 上記で作成・保存したPCAの結果
2               axes = c(1, 2), # 表示したい成分の指定
3               col.var = "contrib", # 寄与率を色で表記
4               repel = TRUE # ラベル表記の重なりをなるべく避ける
5               )
```

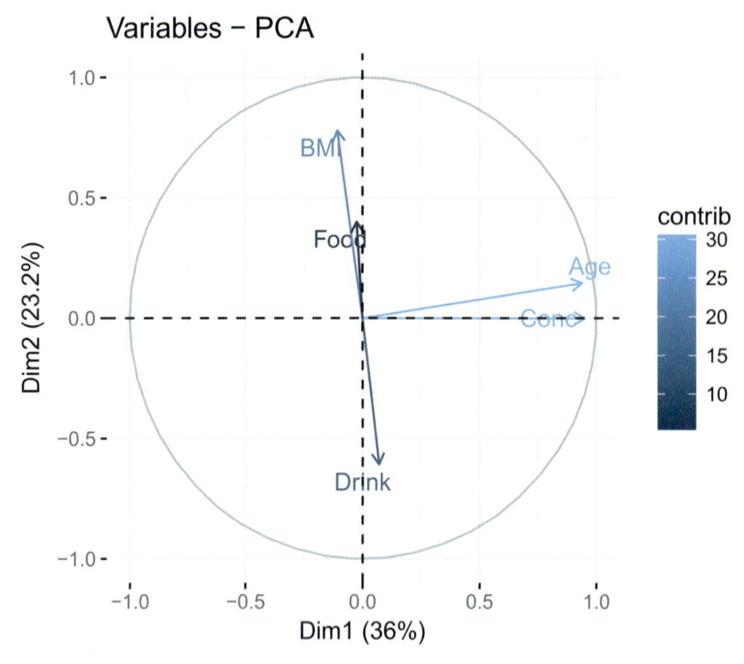

この結果から，年齢と血中化学物質濃度は第1主成分 (Dim1) において同じ方向を向いており，残りの因子はこれらに直交して第2主成分 (Dim2) に寄与していることがわかる。

また，主成分1, 2の組み合わせではなく，例えば主成分2と3の組み合わせで図示したい場合にはコードの axes を以下のように設定する。

```
1  fviz_pca_var(pca_res, # 上記で作成・保存した PCA の結果
2               axes = c(2, 3), # 表示したい成分の指定
3               col.var = "contrib", # 寄与率を色で表記
4               repel = TRUE # ラベル表記の重なりをなるべく避ける
5               )
```

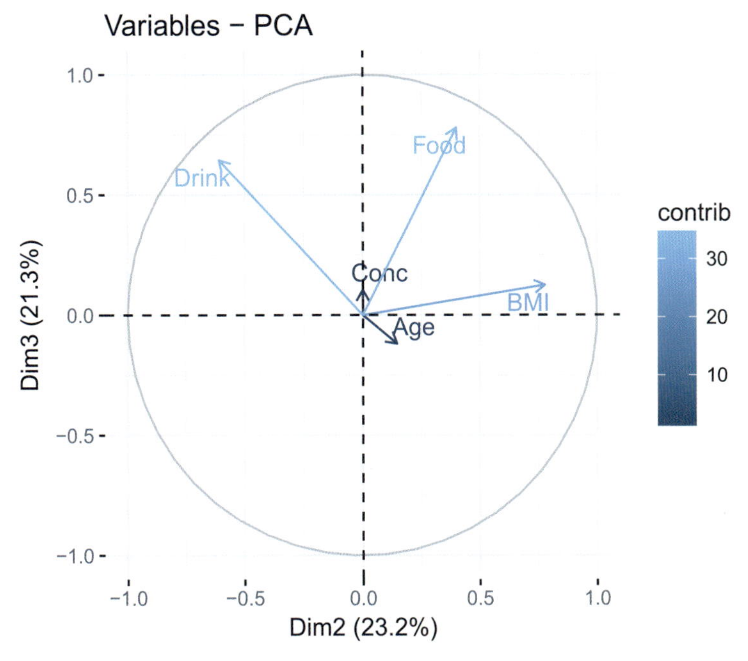

この図からは目的変数である血中化学物質濃度は主成分 2, 3 (`Dim3`) ともに寄与が低いこと，食物摂取量や飲水量は第 3 主成分への寄与が強いが，BMI は第 2 主成分への寄与が強いことを見て取ることができる。

また，`fviz_contrib()` を使った下記コードで各成分におけるそれぞれの因子寄与率も図示できる。

```
fviz_contrib(pca_res, # 上記で作成・保存した PCA の結果
             choice = "var", # 変数を指定
             axes = 1) # 寄与率を見たい成分の指定
```

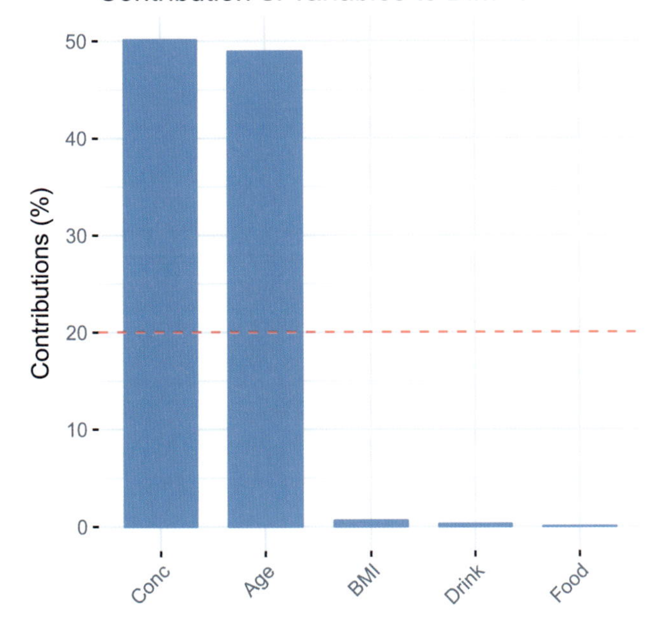

図の破線は寄与率の平均値を示す。これにより，第1主成分には濃度と年齢が強く寄与しており，他の成分の寄与率は低いことをより明確に示すことができる。ここまでは変数に関する図示について触れたが，続いて対象者の情報を図示する。変数について示す図はローディングプロットと呼ばれているが，分析対象の主成分得点をプロットする図をスコアプロットと呼ばれる。コードは以下の通りである。

```
1  fviz_pca_ind(pca_res,
2               col.ind = "cos2",
3               repel = TRUE # ラベル表記の重なりをなるべく避ける
4               )
```

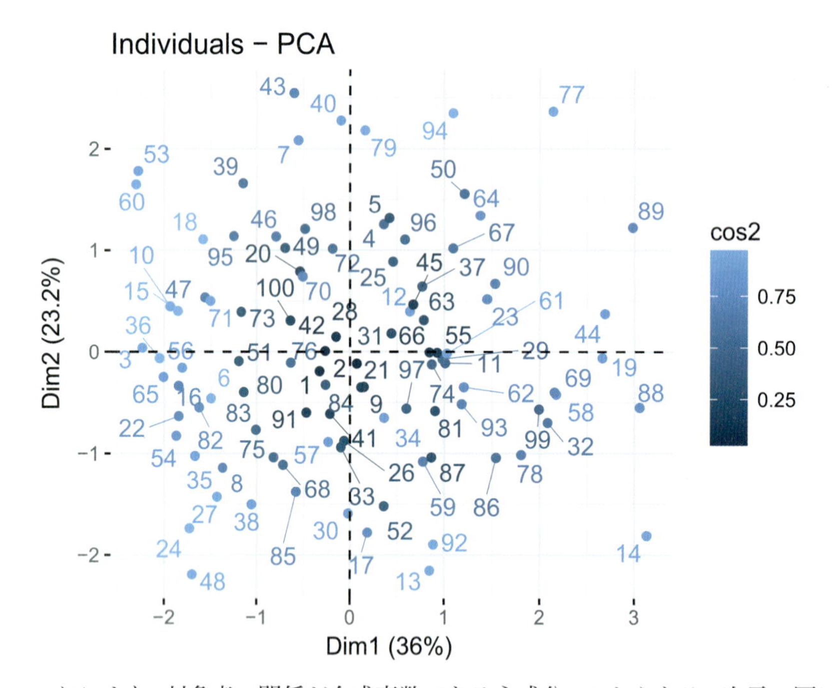

これにより，対象者の関係が合成変数である主成分1, 2からなる2次元の図に圧縮され，それぞれの関係を見て取りやすくなる。また，先程の`fviz_contrib()`の`choice`を`"ind"`に変えることで，それぞれの検体の寄与率を表示することもできる。

```
1  fviz_contrib(pca_res,
2               choice = "ind",
3               axes = 1,
4               top = 10)
```

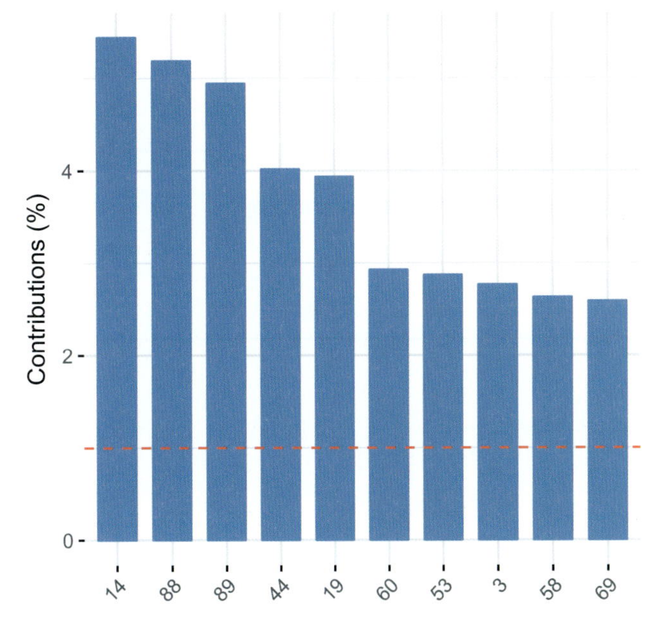

また，群間を色分けして表記したい場合には，`fviz_pca_ind()` 内の `habillage` に，色分けしたいグループを指定する。コードは次の通りである。

```
fviz_pca_ind(pca_res,
             habillage = workdata$City, # 色分けしたいグループの指定
             repel = TRUE, # ラベル表記の重なりをなるべく避ける
             addEllipses = TRUE # 円の表示をするかどうか
             )
```

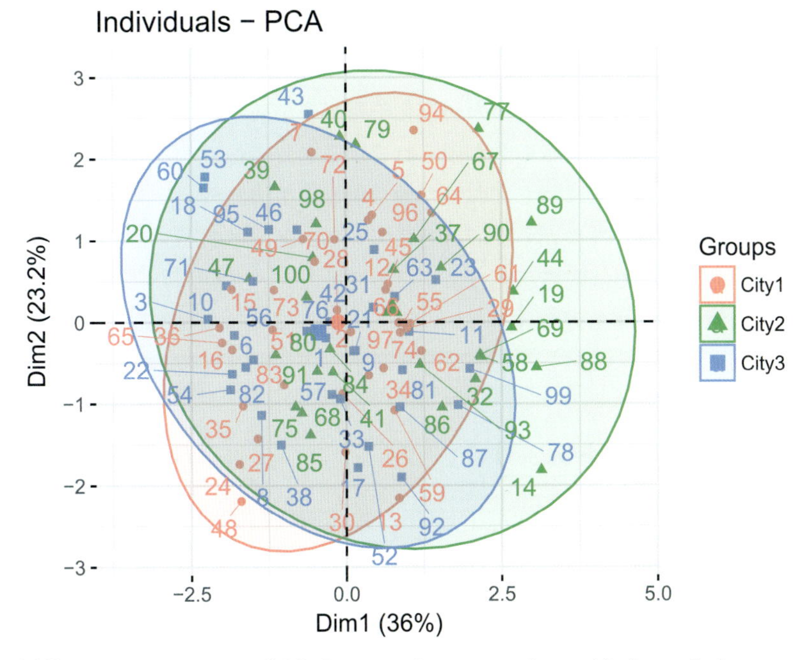

最後に biplot について紹介する。これはローディングプロットとスコアプ

ロットを重ねて描くものである。biplot においては，検体番号が表示されているとローディングプロットで表示される成分が見えにくくなってしまう。そのため，ここでは geom = "point"をコードに追記しスコアプロットの検体番号を点に変更する例を示す。

```
1 fviz_pca_biplot(pca_res,
2                 habillage = workdata$City, # 色分けしたいグループの指定
3                 geom="point",  # 点の表示
4                 pointsize = 3, # 点の大きさ指定
5                 repel = TRUE)
```

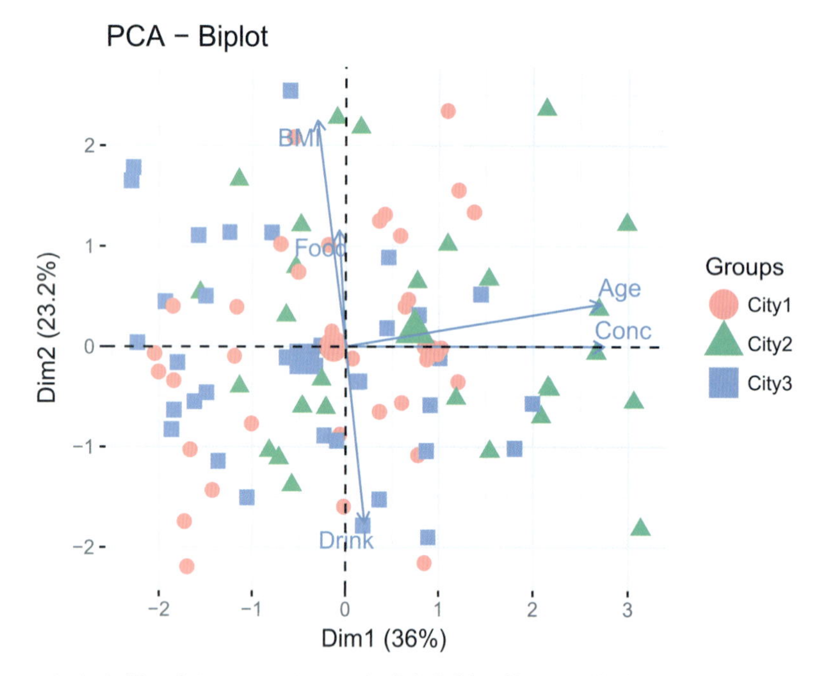

これらを組み合わせることで，主成分分析を使った可視化や寄与率が高い因子の推定ができるようになったかと思う。変数の数が限られている場合においても主成分分析はデータの傾向を探ることに適しており，他の可視化手法とあわせて分析の早い段階で行いたい手法の1つだと筆者は考えている。とくに5, 6章で扱うような，通常の可視化手法では限界があるような多変量のデータを扱う場合に，主成分分析は威力を発揮するだろう。

3.2 【レポート例 3-1】

ではここまでの流れをレポートにしておこう。

```
1  ---
2  title: chapter 3 report
3
4  bibliography: mybibfile.bib
5  output:
6    html_document:
7      toc: true
8      number_section: true
9  ---
10
11 ```{r warning=FALSE, message=FALSE, include=FALSE}
12 knitr::opts_chunk$set(warning=FALSE, message=FALSE)
13 ```
14
15 # はじめに
16 本研究ではアンケート調査により得られた参加者情報（n = 100）を元に，血中化学物質濃度とアンケー
17 ト調査結果の関係について解析を試みた。アンケート調査内容は，参加者年齢・性別・居住地・body
18 mass index（BMI）・食物摂取量・飲水量・血中化学物質濃度である。データはR version 3.4.3により解
19 析した（@Rcitation2017）。
20
21 ```{r, include=FALSE}
22 # 使用するパッケージの呼び出し
23 library(readr); library(ggplot2); library(lawstat); library(rstanarm)
24 library(tableone); library(GGally); library(sessioninfo)
25
26 # 読み込み先の作業ディレクトリは作業環境に合わせ適宜変更する
27 workdata <- read_csv("~/GitHub/ScienceR/chapter3/Data/data_3.csv")
28 ```
29
30 # 方法
31 本研究ではアンケート調査により得られた参加者情報（n = 100）を元に，血中化学物質濃度アンケート
32 調査結果の関係を解析した。アンケート調査内容は，参加者年齢・性別・居住地・body mass index
33 (BMI)・食物摂取量・飲水量・血中化学物質濃度である。データはR version 3.4.3により解析した
34 (@Rcitation2017)。
35
36 参加者属性の出力には**`tableone`**パッケージを用いた（@tableone_ref）。相関解析にはSpearman's
37 correlationを利用し，都市ごと・性別ごとに各変数どうしの関係を解析した。解析において有意水準は
38 p = 0.05とした。作図には**`ggplot2`**パッケージ（@ggplot2_book）および **`GGally`**パッケージ
39 (@GGally_ref）を用いた。階層ベイズモデルには**`rstan`**パッケージ（@rstan_ref）および
40 **`rstanarm`**パッケージ（@rstanarm_ref）を用い，解析を行った。ハミルトニアンモンテカルロ法
41 (HMC）によるサンプリング回数は5000回とし，うち1000回はバーンイン期間として4 chainのサンプリ
42 ングを行った。また，自己相関を回避するためthin = 2としてHMCによるサンプリングデータの2つに
43 1つを保存することとした。目的変数はガンマ分布に従うと仮定し，リンク関数による目的変数の変換は
44 行わなかった。事前分布は**`rstanarm`**のデフォルト設定に従った
45  (`prior_summary(bayes_city_age_res)`により確認可)。
46
47 # 参加者属性
48 まず都市ごとに参加者属性を出力した。出力には**`tableone`**パッケージを用いた（@tableone_ref）。
49 ```{r, include=FALSE}
```

```
50 val_list <- colnames(workdata) # すべての変数を使うので列名をそのまま代入
51 ```
52
53 ```{r, echo=FALSE}
54 cat_list <- c("Gender") # カテゴリ変数を指定
55 table1 <- CreateTableOne(vars = val_list,  # 変数のリストを指定
56                          data = workdata,  # データ全体を指定
57                          strata = "City",  # 群分けしたい変数の指定
58                          factorVars = cat_list) # カテゴリ変数のリストを指定
59 table1
60 ```
61
62 比較の結果，都市間で血中化学物質濃度には優位な差が認められたが，性別・年齢・BMI・食物摂取量・
63 飲水量の間には有意な差は認められなかった。
64
65 # 相関解析
66 まずはじめに因子どうしの相関関係について，都市ごとに層別した場合における解析を試みた。
67 ```{r, echo=FALSE, fig.height=6, fig.width=10}
68 ggpairs(data = workdata[, -3],
69         mapping = aes(color = City),
70         upper = list(
71          continuous = wrap('cor', method = "spearman", size = 3, hjust = 0.8)
72          )
73         )
74 ```
75
76
77 解析の結果，年齢と血中化学物質濃度の間には都市を問わず関係がありそうなことがわかるが，その他
78 の因子どうしについては明確な関係を見て取ることはできなかった。また，年齢と血中化学物質濃度の
79 関係については，都市ごとに傾きが異なる傾向が見て取れた。
80
81 続いて因子どうしの相関関係について，性別ごとに層別した場合における解析を試みた。
82 ```{r, echo=FALSE, fig.height=6, fig.width=10}
83 ggpairs(data = workdata[, -2],
84         mapping = aes(color = Gender),
85         upper = list(
86          continuous = wrap('cor', method = "spearman", size = 3, hjust = 0.8)
87          )
88         )
89 ```
90
91 先程と同様に，解析の結果，年齢と血中化学物質濃度の間には性別を問わず関係がありそうなことがわ
92 かるが，その他の因子どうしについては明確な関係を見て取ることはできなかった。また，年齢と血中
93 化学物質濃度の関係については，傾きは類似であるものの，切片が異なっている傾向が見て取れた。
```

このレポートを出力すると以下のようなファイルが出力される。

chapter 3 report

1 はじめに

本研究ではアンケート調査により得られた参加者情報 (n = 100) を元に、血中化学物質濃度とアンケート調査結果の関係について解析を試みた。アンケート調査内容は、参加者年齢・性別・居住地・body mass index (BMI)・食物摂取量・飲水量・血中化学物質濃度である。データはR version 3.4.3により解析した(R Core Team (2017))。

2 方法

本研究ではアンケート調査により得られた参加者情報 (n = 100) を元に、血中化学物質濃度アンケート調査結果の関係を解析した。アンケート調査内容は、参加者年齢・性別・居住地・body mass index (BMI)・食物摂取量・飲水量・血中化学物質濃度である。データはR version 3.4.3により解析した (R Core Team (2017))。

参加者属性の出力には tableone パッケージを用いた (Yoshida and Bohne (2018))。相関解析にはSpearman's correlationを利用し、都市ごと・性別ごとに各変数どうしの関係を解析した。解析において有意水準は p = 0.05とした。作図には ggplot2 パッケージ (Wickham (2009)) および GGally パッケージ (Schloerke et al. (2017)) を用いた。階層ベイズモデルには rstan パッケージ (Stan Development Team (2018)) および rstanarm パッケージ (Stan Development Team (2017)) を用い、解析を行った。ハミルトニアンモンテカルロ法 (HMC) によるサンプリング回数は5000回とし、うち1000回はバーンイン期間として4 chainのサンプリングを行った。また、自己相関を回避するためthin = 2としてHMCによるサンプリングデータの2つに1つを保存することとした。目的変数はガンマ分布に従うと仮定し、リンク関数による目的変数の変換は行わなかった。事前分布は rstanarm のデフォルト設定に従った（ prior_summary(bayes_city_age_res) により確認可）。

3 参加者属性

まず都市ごとに参加者属性を出力した。出力には tableone パッケージを用いた (Yoshida and Bohne (2018))。

```
##                Stratified by City
##                 City1          City2          City3          p
##   n                37             28             35
##   Conc (mean (sd)) 130.61 (32.48) 188.46 (52.36) 118.51 (34.68) <0.001
##   City (%)                                                   <0.001
##      City1          37 (100.0)      0 (  0.0)      0 (  0.0)
##      City2           0 (  0.0)     28 (100.0)      0 (  0.0)
##      City3           0 (  0.0)      0 (  0.0)     35 (100.0)
##   Gender = Male (%)    15 ( 40.5)     13 ( 46.4)     13 ( 37.1)   0.756
##   Age (mean (sd))    40.32 (11.74)  41.07 (12.90)  37.69 (12.34)  0.504
##   BMI (mean (sd))    22.23 (1.45)   22.41 (1.39)   22.15 (1.75)   0.792
##   Food (mean (sd))   97.65 (10.91) 100.18 (11.36)  99.58 (9.88)   0.597
##   Drink (mean (sd))  10.05 (2.93)   10.22 (3.53)   10.72 (2.79)   0.638
##                Stratified by City
##                 test
##   n
##   Conc (mean (sd))
##   City (%)
##      City1
##      City2
##      City3
##   Gender = Male (%)
##   Age (mean (sd))
##   BMI (mean (sd))
##   Food (mean (sd))
##   Drink (mean (sd))
```

比較の結果、都市間で血中化学物質濃度には優位な差が認められたが、性別・年齢・BMI・食物摂取量・飲水量の間には有意な差は認められなかった。

図 3.3　レポート例 3-1 (1)

4 相関解析

まずはじめに因子どうしの相関関係について、都市ごとに層別した場合における解析を試みた。

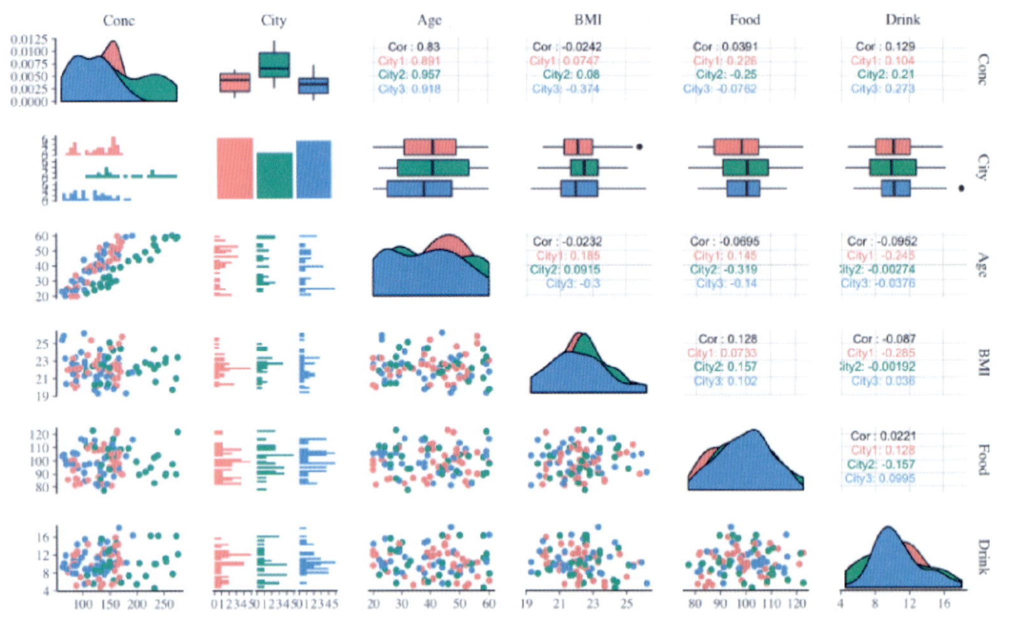

解析の結果、年齢と血中化学物質濃度の間には都市を問わず関係がありそうなことがわかるが、その他の因子どうしについては明確な関係を見て取ることはできなかった。また、年齢と血中化学物質濃度の関係については、都市ごとに傾きが異なる傾向が見て取れた。

続いて因子どうしの相関関係について、性別ごとに層別した場合における解析を試みた。

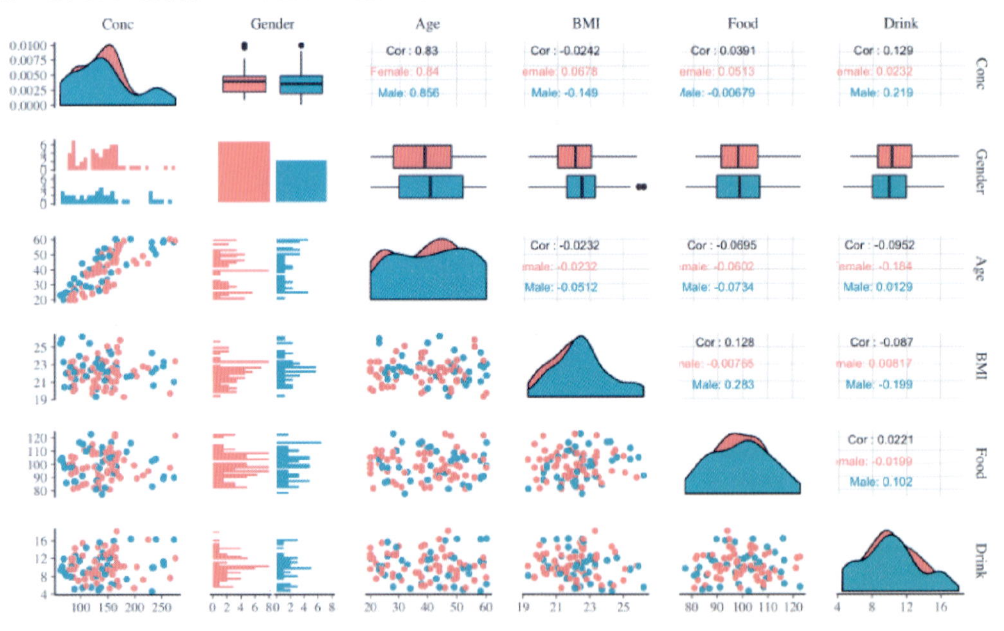

先程と同様に、解析の結果、年齢と血中化学物質濃度の間には性別を問わず関係がありそうなことがわかるが、その他の因子どうしについては明確な関係を見て取ることはできなかった。また、年齢と血中化学物質濃度の関係については、傾きは類似であるものの、切片が異なっている傾向が見て取れた。

図 3.4 レポート例 3-1 (2)

3.3 検定

本節では2.4節で行った2群間の差についての検定に加え，3群間以上に適用可能な検定について紹介する。まず前節で使用したデータを再度確認しておこう。

```
summary(workdata)
```

```
##        Conc           City        Gender        Age             BMI
##  Min.   : 63.3   City1:37   Female:59   Min.   :20.00   Min.   :19.30
##  1st Qu.:104.4   City2:28   Male  :41   1st Qu.:28.00   1st Qu.:21.20
##  Median :139.4   City3:35               Median :40.50   Median :22.20
##  Mean   :142.6                          Mean   :39.61   Mean   :22.25
##  3rd Qu.:163.8                          3rd Qu.:49.25   3rd Qu.:23.30
##  Max.   :276.0                          Max.   :60.00   Max.   :26.20
##       Food             Drink
##  Min.   : 77.30   Min.   : 4.56
##  1st Qu.: 90.85   1st Qu.: 8.37
##  Median : 98.60   Median :10.13
##  Mean   : 99.03   Mean   :10.33
##  3rd Qu.:106.03   3rd Qu.:12.29
##  Max.   :122.70   Max.   :18.09
```

まず前節同様に2群間の検定を行う。先程は項目1つずつについて検定を行ったが，本節では複数の変数をまとめて処理する方法について解説する。具体的には，濃度・年齢・BMI・食物摂取量・飲水量について一気に解析をしたいときに用いる。このような場合には `apply()` を使用するとよいだろう。`apply()` を使用すると，行・列それぞれについて繰り返しの処理を行うことができる。記述法は以下のように，`apply(`対象データ，行列 `[`行なら `1`，列なら `2]`，やりたいこと`)` のように記述する。まずそれぞれの変数について，性差をt検定で解析した例を示す。また，今回はp値をまとめて求めたいので `$p.value` を `test()` のあとに付け加えている。

```
res_t_test <- apply(workdata[, -c(2, 3)], 2,
                    function(x) t.test(x ~ workdata$Gender)$p.value)
res_t_test
```

```
##      Conc       Age       BMI      Food     Drink
## 0.8616599 0.2267155 0.1391748 0.9838707 0.5232052
```

これで検定の結果をまとめて確認することができた。今回は比較的変数の数が少ないため恩恵をそれほど感じないが，より多くの変数をまとめて取り扱いたい場合には解析の手間を大きく省くことができるだろう。

また，t.test をはじめ，wilcox.test などの formula 記法を利用できる手法は，下記コードの通り同じように記述することができる。上記で t.test としていた部分をそれぞれの検定に書き換え，wilcox.test(x ~ workdata$Gender) のように，群分けに使用するデータを指定してやることで実行できる。

```
res_wilcox_test <- apply(workdata[, -c(2, 3)], 2,
                         function(x)  wilcox.test(x ~ workdata$Gender)$p.value)
res_wilcox_test
```

```
##      Conc       Age       BMI      Food     Drink
## 0.6690083 0.1957513 0.1693201 0.9720455 0.5443683
```

これらの結果から，いずれの因子も有意な性差は認めれらないことがわかる。

続いて3群以上を対象とする場合である。誤差が正規分布に従うと考えられる場合には一元配置分散分析 (One-way ANOVA) を使用するとよいだろう。以下のように ANOVA の結果から，p 値である Pr(>F) を抜き出して表示するように記載すれば，p 値のみを出力できる。

```
res_ANOVA_test <- apply(workdata[, -c(2, 3)], 2,
                        function(x)  anova(aov(x ~ workdata$City))$`Pr(>F)`)
res_ANOVA_test[1, ]
```

```
##         Conc          Age          BMI         Food        Drink
## 5.371279e-10 5.038194e-01 7.923802e-01 5.972966e-01 6.377142e-01
```

正規性がないと考えられる場合には Kruskal-Wallis 検定を同様に使用する。

```
res_kruskal_test <- apply(workdata[, -c(2, 3)], 2,
                          function(x)  kruskal.test(x ~ workdata$City)$p.value)
res_kruskal_test
```

```
##         Conc          Age          BMI         Food        Drink
## 1.812754e-06 4.507714e-01 5.905973e-01 5.877120e-01 7.919814e-01
```

また，ANOVA，Kruskal-Wallis 検定はいずれも群間のどこかに差があることについては示してくれるが，どの因子間に差があるのかについては示してくれない。このような場合には post hoc analysis とよばれる手法が必要になる。正規分布の場合には Tukey's 'Honest Significant Difference' method (TukeyHSD) を使うとよいだろう。以下のように，ANOVA の結果を TukeyHSD() で囲む形で実行可能である。

```
res_tukeyHSD_test <- apply(workdata[, -c(2, 3)], 2,
                    function(x)  TukeyHSD(aov(x ~ workdata$City))$`workdata$City`[, 4])
res_tukeyHSD_test
```

```
##                   Conc       Age       BMI      Food     Drink
## City2-City1 2.295515e-07 0.9680211 0.8898644 0.6121853 0.9746388
## City3-City1 4.029559e-01 0.6346014 0.9692894 0.7248090 0.6277187
## City3-City2 1.648422e-09 0.5242357 0.7779172 0.9729401 0.7960651
```

`kruskal.test()` には post hoc test を標準で実行する関数が用意されていないため，**PMCMRplus** パッケージを使って post hoc test を行う。まずこの処理が実行可能な **PMCMRplus** パッケージをインストールする。

```
install.packages("PMCMRplus")
```

パッケージが `formula` 形式に対応しているため，基本的な記述法はこれまでの手法とほぼ同様である。ここではすべての組み合わせについて Kruskal-Wallis 検定の post hoc test を行う手法の 1 つである Nemenyi test により post hoc test を行う。Kruskal-Wallis 検定同様 `formula` 記法を `kwAllPairsNemenyiTest()` で囲む形で実行可能である。

```
library(PMCMRplus)
res_pair_test <- apply(workdata[, -c(2, 3)], 2,
                       function(x)  kwAllPairsNemenyiTest(x ~ workdata$City)$p.value)
res_pair_test
```

```
##              Conc       Age       BMI      Food     Drink
## [1,] 6.041386e-04 0.9555373 0.7018459 0.6326077 0.9999742
## [2,] 3.072116e-01 0.6016412 0.9778171 0.6751645 0.8178784
## [3,] NA NA NA NA NA
## [4,] 1.466863e-06 0.4666857 0.5896564 0.9926653 0.8368607
```

ここでの出力はそれぞれ `[1,]` が `City1-City2`，`[2,]` が `City1-City3`，`[4,]` が `City2-City3` の比較になっている。以上で基本的な検定をまとめて処理するための手法を大まかに示すことができた。このあとの節ではこれら検定や前節の可視化の結果に基づき，より高度な統計モデルについて解説する。

3.4　統計モデリング

2 章における統計モデリングの項では一般的な線形回帰分析と重回帰分析を解説したが，本節ではより高度なモデリングについて触れる。ここでも下記データを引き続き使用する。

```
summary(workdata)
```

```
##       Conc             City         Gender          Age              BMI
##  Min.   : 63.3   City1:37   Female:59   Min.   :20.00   Min.   :19.30
##  1st Qu.:104.4   City2:28   Male  :41   1st Qu.:28.00   1st Qu.:21.20
##  Median :139.4   City3:35               Median :40.50   Median :22.20
##  Mean   :142.6                          Mean   :39.61   Mean   :22.25
##  3rd Qu.:163.8                          3rd Qu.:49.25   3rd Qu.:23.30
##  Max.   :276.0                          Max.   :60.00   Max.   :26.20
##       Food             Drink
##  Min.   : 77.30   Min.   : 4.56
##  1st Qu.: 90.85   1st Qu.: 8.37
##  Median : 98.60   Median :10.13
##  Mean   : 99.03   Mean   :10.33
##  3rd Qu.:106.03   3rd Qu.:12.29
##  Max.   :122.70   Max.   :18.09
```

さて，まずは復習として通常の重回帰モデルを作ってみよう。Concを目的変数，その他の因子を説明変数としてモデルを作ると次のようにコードを書くことができる。

```
res_lm <- lm(Conc ~., data = workdata)
summary(res_lm)
```

```
##
## Call:
## lm(formula = Conc ~ ., data = workdata)
##
## Residuals:
##      Min       1Q   Median       3Q      Max
## -19.2551  -5.2743   0.1901   5.0797  20.0451
##
## Coefficients:
##             Estimate Std. Error t value Pr(>|t|)
## (Intercept) -6.07906   15.25560  -0.398  0.69120
## CityCity2   55.50143    2.15644  25.738  < 2e-16 ***
## CityCity3   -6.75819    2.03818  -3.316  0.00131 **
## GenderMale  -9.56791    1.77713  -5.384 5.54e-07 ***
## Age          3.11400    0.07150  43.551  < 2e-16 ***
## BMI         -1.30204    0.57701  -2.257  0.02640 *
## Food         0.10373    0.08191   1.266  0.20858
## Drink        3.36401    0.28726  11.711  < 2e-16 ***
## ---
## Signif. codes:  0 '***' 0.001 '**' 0.01 '*' 0.05 '.' 0.1 ' ' 1
##
## Residual standard error: 8.551 on 92 degrees of freedom
```

```
## Multiple R-squared:  0.9717, Adjusted R-squared:  0.9695
## F-statistic: 450.7 on 7 and 92 DF,  p-value: < 2.2e-16
```

結果を確認したところ，`Adjusted R-squared` の値は0.9695と良好であり，都市の違いや性別・年齢・BMI・飲水量のp値が0.05を下回っており，良好な結果が得られているように見える。しかし，本章2節で示した下図を再確認してみよう。

```
library(GGally)
library(ggplot2)
ggpairs(data = workdata[, -2],
        mapping = aes(color = Gender), # 性別で色分け
        upper=list(continuous=wrap("cor", size=3))) # 相関の文字サイズ変更
```

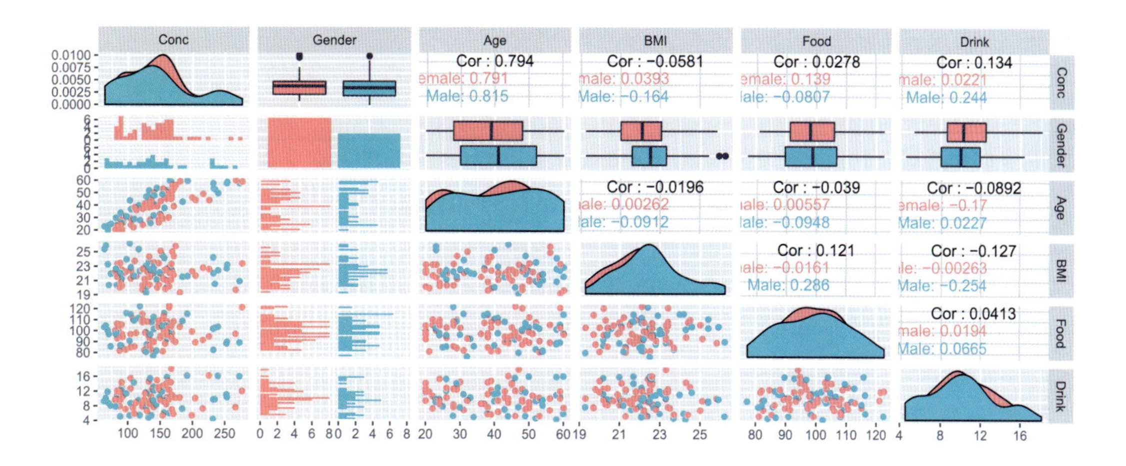

まず性別で色分けをしてみたところ，濃度と年齢の関係において，全体として男性のデータ点が，女性のデータ点よりも上にずれていることがわかるだろう。よく観察すると，傾きには大きな違いがないが，切片には違いがありそうなことに気がつくかもしれない。

```
ggpairs(data = workdata[, -3],
        mapping = aes(color = City), # 都市で色分け
        upper=list(continuous=wrap("cor", size=3))) # 相関の文字サイズ変更
```

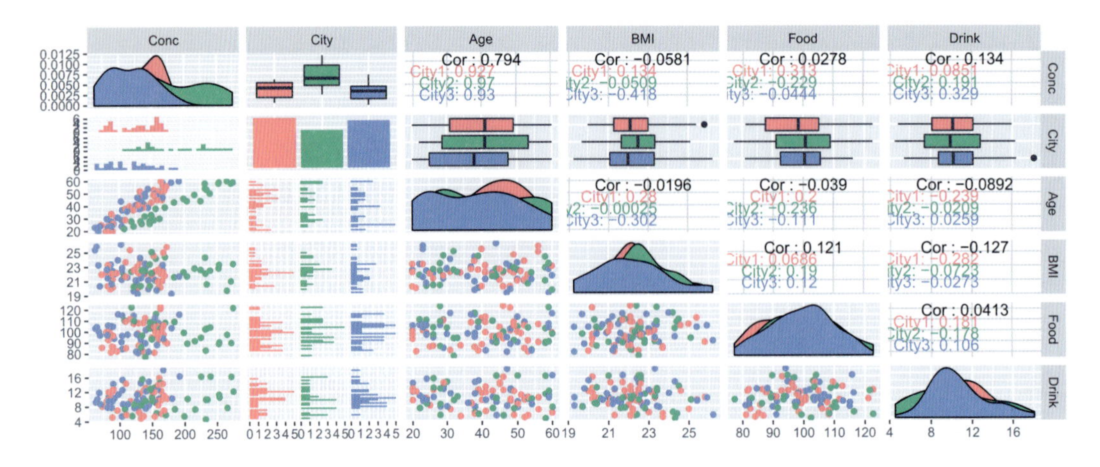

また，濃度と年齢の関係について都市で色分けをしたところ，同様に都市ごとに差があることに気がつくだろう。ここでは先程の性別とは違い，切片は共通しているが，各都市ごとに傾きに差があるように見える。これらの情報をモデルに組み込みたい場合には階層モデリングと呼ばれる手法が利用される。

初歩的な階層モデリングであれば，`rstanarm` パッケージを利用することでモデルを組み立てることができるだろう。インストールは下記コードで行う。また，いずれのパッケージでも統計モデリングのためのプログラミング言語である Stan を利用する必要があるため，こちらのインストールもあわせて行う。Windons 環境で使用する際には Rtools (`https://cran.rstudio.com/bin/windows/Rtools/`) をあわせて導入する必要がある。

```
1 install.packages("rstan", dependencies = TRUE)
2 install.packages("rstanarm")
```

本パッケージでは階層モデルだけではなく，通常の重回帰分析をベイズ的に取り扱うことができる。前章で使った一般化線形モデルのように記述する際には `stan_glm()` を使用する。`stan_glm()` 内の記述法は前章で示した `glm()` とほぼ同じであり，目的関数の確率分布を `family` 以下に明示する必要がある。通常の `glm()` と同じように目的変数の分布を正規分布と仮定する場合には，以下のように `family = gaussian` を `stan_glm()` 内に記述する。

Stan によるベイズ統計モデリングでは，ハミルトニアンモンテカルロ法 (hamiltonian monte carlo: HMC) を使うことで初期値がランダムに定められた切片や傾きなどのパラメータのサンプリングを行い，1 ステップずつサンプルを乱数で生成していくことで，パラメータの事後分布を求める。`rstanarm` パッケージにおけるサンプリングを行う回数は，デフォルトが 2000 回になっており，そのうち初期値からの影響が大きい 1000 回を削除する設定になっている。事後分布を得るための HMC によるサンプリング回数は，モデル内で `"iter = 数字"` を指定することで変更できる。

また，このような乱数を使う手法の場合には，あとで同一の結果を得るためには忘れずに `seed` を指定する必要がある。また，異なる初期値からサンプリングをスタートした場合でも，同じような事後分布が得られるかを検証するためには初期値を数種類用意し，得られた分布が近いか確認する必要がある。このために必要なのが chain の n の設定である。**rstanarm** パッケージではデフォルトで 4 つの初期値から MCMC の chain を生成することになっている。chain の本数についてはモデル内で "chain = 数字" を指定することで変更できる。それぞれの chain から得られた分布がほぼ同じになっていることを，「求めるべき事後分布に収束する」と表現する。

```
library(rstanarm)
bayes_res <- stan_glm(Conc ~.,
                      data = workdata,
                      family = gaussian, # 分布の指定
                      seed = 71) # 乱数固定
```

```
summary(bayes_res)
```

```
##
## Model Info:
##
##  function:     stan_glm
##  family:       gaussian [identity]
##  formula:      Conc ~ .
##  algorithm:    sampling
##  priors:       see help('prior_summary')
##  sample:       4000 (posterior sample size)
##  observations: 100
##  predictors:   8
##
## Estimates:
##                 mean   sd    2.5%   25%    50%    75%    97.5%
## (Intercept)     -6.1   15.6 -36.9  -16.4   -6.1    4.8   23.9
## CityCity2       55.5    2.2  51.3   54.1   55.5   57.0   59.8
## CityCity3       -6.7    2.1 -10.8   -8.2   -6.7   -5.3   -2.8
## GenderMale      -9.5    1.9 -13.2  -10.8   -9.6   -8.3   -5.9
## Age              3.1    0.1   3.0    3.1    3.1    3.2    3.3
## BMI             -1.3    0.6  -2.5   -1.7   -1.3   -0.9   -0.1
## Food             0.1    0.1  -0.1    0.0    0.1    0.2    0.3
## Drink            3.4    0.3   2.8    3.2    3.4    3.6    4.0
## sigma            8.7    0.7   7.5    8.2    8.6    9.1   10.0
## mean_PPD       142.5    1.2 140.1  141.7  142.5  143.4  145.0
## log-posterior -372.8    2.3 -378.2 -374.0 -372.5 -371.1 -369.5
##
## Diagnostics:
##               mcse Rhat n_eff
## (Intercept)   0.2  1.0  4000
## CityCity2     0.0  1.0  3165
## CityCity3     0.0  1.0  3172
```

```
## GenderMale    0.0  1.0  4000
## Age           0.0  1.0  4000
## BMI           0.0  1.0  4000
## Food          0.0  1.0  4000
## Drink         0.0  1.0  4000
## sigma         0.0  1.0  3030
## mean_PPD      0.0  1.0  4000
## log-posterior 0.1  1.0  1879
##
## For each parameter, mcse is Monte Carlo standard error, n_eff is a crude measure of
   effective sample size, and Rhat is the potential scale reduction factor on split chains
   (at convergence Rhat=1).
```

解析結果はEstimatesおよびDiagnostics以下に表示される。

Estimatesにはlm()におけるCoefficientsと同じように，各因子の傾きおよびそれらの95％ベイズ信頼区間が示される。meanにはMCMCサンプリングにより得られた値の平均値が示されており，この値が傾き・切片の値となる。sdにはサンプリングで得られた値の標準偏差が，2.5%～97.5%のパーセント表記されている部分には得られた値の分位点が記述されている。得られた2.5%～97.5%範囲内が0を跨いでいない場合には，その因子が有効であると考えていいだろう。

Diagnosticsにはモデルの安定性が示される。mcseはモンテカルロ標準誤差，n_effはサンプリングした中で有効だったサンプル数を示す。n_effの値はn_eff/N < 0.001，つまり，（効果的なサンプリング数）/（全体のサンプリング数）が0.001以上であることが望ましい。また，Rhatの値が1.1以下であれば，事後分布が求めるべき分布に収束していると考える。値が1.1を超えている場合にはモデルが収束しなかったと考え，収束するまでモデルを修正する必要がある。ここではいずれのRhatの値も1.1以下であり，モデルは収束しているといえる。

続いて上記の結果を確認すると，切片である(Intercept)の値が0を跨いでいることがわかる。しかしながら本研究における目的変数は血中における化学物質濃度であり，その値が負の値をとることはない。このため，非負の値をとる確率分布であるガンマ分布をfamilyに指定し，再度解析を試みる。デフォルトではガンマ分布のリンク関数はinverseが指定されているが，ここでは比較のため，先程の正規分布におけるデフォルトのリンク関数である，恒等リンク関数identityを指定して解析を試みる。

```
1  bayes_gamma_res <- stan_glm(Conc ~.,
2                              data = workdata,
3                              family = Gamma('identity'), # 分布の指定
4                              seed = 71) # 乱数固定
```

```
1 summary(bayes_gamma_res)
```

```
##
## Model Info:
##
##  function:     stan_glm
##  family:       Gamma [identity]
##  formula:      Conc ~ .
##  algorithm:    sampling
##  priors:       see help('prior_summary')
##  sample:       4000 (posterior sample size)
##  observations: 100
##  predictors:   8
##
## Estimates:
##                 mean   sd     2.5%   25%    50%    75%    97.5%
## (Intercept)    192.3   36.4  122.2  167.7  191.6  216.4  265.8
## CityCity2        6.2    2.3    1.6    4.6    6.2    7.8   10.9
## CityCity3       -6.0    2.4  -10.5   -7.5   -6.0   -4.4   -1.4
## GenderMale      -3.0    2.3   -7.4   -4.5   -3.1   -1.4    1.4
## Age              1.3    0.2    1.0    1.2    1.3    1.5    1.7
## BMI             -5.3    1.2   -7.7   -6.2   -5.3   -4.5   -3.0
## Food            -0.1    0.2   -0.4   -0.2   -0.1    0.1    0.3
## Drink            0.8    0.7   -0.6    0.3    0.8    1.2    2.0
## shape           13.2    2.4    9.0   11.5   13.1   14.7   18.4
## mean_PPD       127.4    5.0  117.6  124.0  127.5  130.7  137.1
## log-posterior -575.9    2.1 -580.8 -577.2 -575.6 -574.3 -572.7
##
## Diagnostics:
##               mcse Rhat n_eff
## (Intercept)   0.6  1.0  4000
## CityCity2     0.0  1.0  4000
## CityCity3     0.0  1.0  4000
## GenderMale    0.0  1.0  4000
## Age           0.0  1.0  4000
## BMI           0.0  1.0  4000
## Food          0.0  1.0  4000
## Drink         0.0  1.0  4000
## shape         0.0  1.0  4000
## mean_PPD      0.1  1.0  4000
## log-posterior 0.0  1.0  1820
##
## For each parameter, mcse is Monte Carlo standard error, n_eff is a crude measure of
  effective sample size, and Rhat is the potential scale reduction factor on split chains
  (at convergence Rhat=1).
```

先程の bayes_res モデルでは切片 (Intercept) が 0 を跨ぐ結果だったが，分布を変更することで切片の 95 % ベイズ信頼区間が 0 を跨がず，正の値のみを示すようになった。

続いてこれまでの2つのモデルを応用し，男女における切片が異なる階層モデルを書いてみよう。階層モデルを使用する際には stan_glmer() を使用する。切片の性差について推定を行う場合には，(1|Gender) のように記述する。ここでの1は切片を表し，"|Gender"を併記することで切片が性別によって異なることを明記する。わかりやすくするため，今回の解析では年齢・性別以外のデータを除いた以下のコードを実行する。

```
bayes_gender_res <- stan_glmer(Conc ~ Age + (1|Gender), # 切片に性差があると仮定
                               data = workdata,
                               family = Gamma('identity'), # 分布の指定
                               seed = 71) # 乱数固定
```

```
summary(bayes_gender_res)
```

```
##
## Model Info:
##
##  function:     stan_glmer
##  family:       Gamma [identity]
##  formula:      Conc ~ Age + (1 | Gender)
##  algorithm:    sampling
##  priors:       see help('prior_summary')
##  sample:       4000 (posterior sample size)
##  observations: 100
##  groups:       Gender (2)
##
## Estimates:
##                                        mean   sd     2.5%   25%    50%
## (Intercept)                            69.3   16.0   36.7   60.0   69.0
## Age                                     1.4    0.2    1.0    1.3    1.4
## b[(Intercept) Gender:Female]           13.0   14.4  -15.6    4.9   12.6
## b[(Intercept) Gender:Male]            -13.4   14.7  -43.4  -21.5  -13.1
## shape                                  10.8    1.8    7.6    9.5   10.7
## Sigma[Gender:(Intercept),(Intercept)] 437.8  520.9   43.3  142.6  272.5
## mean_PPD                              126.9    5.6  116.1  123.1  127.0
## log-posterior                        -579.8    1.9 -584.4 -580.8 -579.4
##                                        75%   97.5%
## (Intercept)                            78.8  101.4
## Age                                     1.5    1.7
## b[(Intercept) Gender:Female]           20.7   44.4
## b[(Intercept) Gender:Male]             -5.0   16.7
## shape                                  11.9   14.7
## Sigma[Gender:(Intercept),(Intercept)] 528.4 1914.3
## mean_PPD                              130.7  138.1
## log-posterior                        -578.4 -577.1
##
```

```
## Diagnostics:
##                                        mcse Rhat n_eff
## (Intercept)                             0.3  1.0 2553
## Age                                     0.0  1.0 2706
## b[(Intercept) Gender:Female]            0.3  1.0 2504
## b[(Intercept) Gender:Male]              0.3  1.0 2511
## shape                                   0.0  1.0 2963
## Sigma[Gender:(Intercept),(Intercept)] 10.4  1.0 2507
## mean_PPD                                0.1  1.0 4000
## log-posterior                           0.0  1.0 1633
##
## For each parameter, mcse is Monte Carlo standard error, n_eff is a crude measure of
  effective sample size, and Rhat is the potential scale reduction factor on split chains
  (at convergence Rhat=1).
```

まず先程 bayes_res として保存した通常のベイズ線形回帰の結果と異なる点を示す。先程の結果では切片である Intercept の値は1種類のみだったが，新しい結果では b[(Intercept) Gender:Female], b[(Intercept) Gender:Male] のように，切片項に性差を組み込むための値が算出されていることがわかる。また，ばらつきの指標である shape の項目にも，先程は予測値のばらつきである shape のみが示されていたが，ここでは新たに切片における性差のばらつきの度合いを示す，Sigma[Gender:(Intercept),(Intercept)] が表記されるようになる。

続いて，グループ間で切片には差がなく，傾きには差がある場合についてのモデルを考える。本データセットを都市別で色分けしたところ，都市ごとに傾きが異なるものの，年齢と血中化学物質濃度の間に線形の関係が示唆された。

このようなモデルを表現する場合には，切片の際と同じように"|"を使って階層モデルに当てはめたい変数を指定すればよい。また，傾きだけを推定したい場合には次のように (0 + Age|City) と記述する。

```
1 bayes_city_res <- stan_glmer(Conc ~ (0 + Age|City), #年齢の傾きに都市差が影響すると仮定
2                              data = workdata,
3                              family = Gamma('identity'), # 分布の指定
4                              seed = 71) # 乱数固定
```

```
1 summary(bayes_city_res)
```

```
##
## Model Info:
##
##  function:     stan_glmer
##  family:       Gamma [identity]
##  formula:      Conc ~ (0 + Age | City)
##  algorithm:    sampling
##  priors:       see help('prior_summary')
```

```
##  sample:       4000 (posterior sample size)
##  observations: 100
##  groups:       City (3)
##
## Estimates:
##                        mean   sd     2.5%   25%    50%    75%    97.5%
## (Intercept)            14.0    6.2    1.8    9.9   14.0   18.0   26.1
## b[Age City:City1]       2.9    0.2    2.5    2.8    2.9    3.0    3.3
## b[Age City:City2]       4.3    0.2    3.8    4.1    4.3    4.4    4.8
## b[Age City:City3]       2.7    0.2    2.3    2.5    2.7    2.8    3.1
## shape                  31.0    4.5   22.7   28.0   30.8   33.9   40.4
## Sigma[City:Age,Age]    55.3  154.3    4.1   11.0   21.0   47.6  279.2
## mean_PPD              142.2    3.9  134.9  139.7  142.2  144.7  150.0
## log-posterior        -487.2    2.4 -492.7 -488.6 -486.9 -485.5 -483.5
##
## Diagnostics:
##                      mcse Rhat n_eff
## (Intercept)          0.1  1.0  2201
## b[Age City:City1]    0.0  1.0  2480
## b[Age City:City2]    0.0  1.0  3030
## b[Age City:City3]    0.0  1.0  3103
## shape                0.1  1.0  1951
## Sigma[City:Age,Age]  7.1  1.0   471
## mean_PPD             0.1  1.0  4000
## log-posterior        0.1  1.0   698
##
## For each parameter, mcse is Monte Carlo standard error, n_eff is a crude measure of
  effective sample size, and Rhat is the potential scale reduction factor on split chains
  (at convergence Rhat=1).
```

結果を出力したところ，(Intercept) の結果は一つだけだが，傾きである b については都市ごとの結果およびその Sigma が出力されており，仮定した通りのモデルを組めたことがわかる。また，Diagnostics の Rhat もすべて 1.0 であり，モデルもうまく収束していることがわかる。また，それぞれの傾きおよびその Sigma はいずれも 95 % ベイズ信頼区間が 0 を跨いでおらず，モデルの中で有効なパラメータであることが推察される。

続いて先程の切片に性差があると考えられるモデルと，今回の年齢と化学物質濃度の傾きに都市間差があると考えられるモデルを組み合わせた場合の結果を示す。このモデルは先程までの結果を単純に組み合わせることで示すことができる。

```
1  # 結果が出るまで筆者の PC で約 3 分
2  bayes_city_age_res <- stan_glmer(Conc ~ (0 + Age|City) # 年齢の傾きに都市差が影響すると仮定
3                                   + (1|Gender), # 切片に性差があると仮定
4                                   data = workdata,
5                                   family = Gamma('identity'), # 分布の指定
6                                   seed = 71,    # 乱数固定
```

```
7                                    iter = 5000, # サンプリングの回数
8                                    warmup = 1000, # 安定するまでのサンプリングデータ切り捨て数
9                                    thin = 2)      # 自己相関回避のため一つ飛ばしにサンプリング
```

```
1 summary(bayes_city_age_res)
```

```
##
## Model Info:
##
##  function:     stan_glmer
##  family:       Gamma [identity]
##  formula:      Conc ~ (0 + Age | City) + (1 | Gender)
##  algorithm:    sampling
##  priors:       see help('prior_summary')
##  sample:       8000 (posterior sample size)
##  observations: 100
##  groups:       City (3), Gender (2)
##
## Estimates:
##                                          mean   sd     2.5%   25%    50%
## (Intercept)                              12.7   26.6  -40.7    1.9   12.8
## b[Age City:City1]                         2.9    0.2    2.6    2.8    2.9
## b[Age City:City2]                         4.3    0.2    3.9    4.1    4.3
## b[Age City:City3]                         2.7    0.2    2.3    2.5    2.7
## b[(Intercept) Gender:Female]              9.8   26.0  -42.5    0.0    9.3
## b[(Intercept) Gender:Male]               -9.4   26.0  -62.3  -19.1   -9.1
## shape                                    35.2    5.2   25.8   31.6   34.9
## Sigma[City:Age,Age]                      48.9   87.5    4.3   11.2   21.5
## Sigma[Gender:(Intercept),(Intercept)] 1363.4 2893.0   38.5  175.8  454.0
## mean_PPD                                142.6    3.6  135.7  140.2  142.6
## log-posterior                          -479.7    2.7 -485.8 -481.3 -479.4
##                                          75%    97.5%
## (Intercept)                              23.7   66.0
## b[Age City:City1]                         3.0    3.3
## b[Age City:City2]                         4.4    4.7
## b[Age City:City3]                         2.8    3.1
## b[(Intercept) Gender:Female]             19.6   63.0
## b[(Intercept) Gender:Male]                0.3   43.2
## shape                                    38.5   46.2
## Sigma[City:Age,Age]                      47.6  278.3
## Sigma[Gender:(Intercept),(Intercept)] 1274.9 8629.4
## mean_PPD                                145.0  149.8
## log-posterior                          -477.7 -475.4
##
## Diagnostics:
##                                       mcse Rhat n_eff
## (Intercept)                            0.3  1.0  7079
## b[Age City:City1]                      0.0  1.0  7777
```

```
## b[Age City:City2]                      0.0  1.0 7743
## b[Age City:City3]                      0.0  1.0 8000
## b[(Intercept) Gender:Female]           0.3  1.0 7008
## b[(Intercept) Gender:Male]             0.3  1.0 6996
## shape                                  0.1  1.0 7224
## Sigma[City:Age,Age]                    1.4  1.0 3833
## Sigma[Gender:(Intercept),(Intercept)] 40.0  1.0 5220
## mean_PPD                               0.0  1.0 7846
## log-posterior                          0.0  1.0 3617
##
## For each parameter, mcse is Monte Carlo standard error, n_eff is a crude measure of
  effective sample size, and Rhat is the potential scale reduction factor on split chains
  (at convergence Rhat=1).
```

結果を出力したところ，(Intercept) や傾き b，Sigma の結果もこれまでのモデルを組み合わせたものになっていることがわかる。この記述までたどり着けば，あとはモデルに組み込む説明変数が増えたとしても同様の手順でモデルを組み立てることができるだろう。より複雑なモデルについては松浦 (2016) が詳しい。また，統計モデリングについての心構えなどについても重要な知見が示されているため，統計モデリングに行き詰まった際には参考にされたい。

最後に，formula() の記述法について代表的なものをまとめておく。

記法	意味
y ~ x1	y と x1 の単回帰分析
y ~ x1 + ... + xn	y と x1 + · · · + xn の重回帰分析
y ~.	y とデータに含まれるすべての変数の重回帰分析
y ~. - x1	前項から変数 x1 を除去したもの
y ~ x1 : x2	y と x1, x2 の相互作用間の単回帰分析
y ~ x1 * x2	y ~ x1 + x2 + x1 : x2 の略記
y ~.^2	すべての変数の組み合わせについて，2 次の相互作用を考慮した重回帰分析
y ~.^n	すべての変数の組み合わせについて，n 次までの相互作用を考慮した重回帰分析

3.5 【レポート例 3-2】

では残りの部分についてもレポートの例を示す。

```
1 # 階層ベイズモデル
2 相関解析の結果，血中化学物質濃度と年齢の関係において，切片には性差，傾きには都市ごとに差があ
3 ることが示唆された。このため，以下のように階層ベイズモデルを用いたモデルを構築した。
4
```

```
5  ```{r, results="hide"}
6  # 結果が出るまで筆者の PC で約 3 分
7  bayes_city_age_res <- stan_glmer(Conc ~ (0 + Age|City) # 年齢の傾きに都市差が影響すると仮定
8                                  + (1|Gender), # 切片に性差があると仮定
9                                  data = workdata,
10                                 family = Gamma('identity'), # 分布の指定
11                                 seed = 71, # 乱数固定
12                                 iter = 5000, # サンプリングの回数
13                                 warmup = 1000, # 安定するまでのサンプリングデータ切り捨て数
14                                 thin = 2)       # 自己相関回避のため一つ飛ばしにサンプリング
15 ```
16
17 では結果を確認する。
18 ```{r}
19 summary(bayes_city_age_res)
20 ```
21 Diagnostics を見ると，各変数の Rhat はいずれも 1.1 を下回っており，モデルは収束したと考えてよい。
22 図で収束を確認したい場合には，`plot(bayes_city_age_res, "trace", pars = "(Intercept)")`のよう
23 に入力することで，各 chain の値を描くことができる。
24 Estimates の b[~] で表記されている部分が切片および傾きを表している部分である。それぞれの結果を
25 見ると，切片については 95% 確信区間が 0 を跨いでいるが，傾きの推定値である`mean`は男女で約 0.7SD
26 分離れていることがわかる。また，都市ごとの違いにおいては City2 の傾きの推定値が 4.3 であり，その
27 他の都市が 2.9 と 2.7，SD が 0.2 であることから，年齢と化学物質濃度の間の関係において，City2 にお
28 ける化学物質曝露については，他の都市と異なる要因が存在する可能性がある。
29
30
31 # 実行環境
32 ```{r}
33 session_info()
34 ```
35 # References {#references .unnumbered}
```

このレポートを出力すると以下のようなファイルが出力される。

5 階層ベイズモデル

相関解析の結果、血中化学物質濃度と年齢の関係において、切片には性差、傾きには都市ごとに差があることが示唆された。このため、以下のように階層ベイズモデルを用いたモデルを構築した。

```
# 結果が出るまで筆者のPCで約3分
bayes_city_age_res <- stan_glmer(Conc ~ (0 + Age|City) # 年齢の傾きに都市差が影響すると仮定
                       + (1|Gender), # 切片に性差があると仮定
                       data = workdata,
                       family = Gamma('identity'), # 分布の指定
                       seed = 71, # 乱数固定
                       iter = 5000, # サンプリングの回数
                       warmup = 1000, # 安定するまでのサンプリングデータ切り捨て数
                       thin = 2)    # 自己相関回避のため一つ飛ばしにサンプリング
```

では結果を確認する。

```
summary(bayes_city_age_res)
```

```
##
## Model Info:
##
##  function:     stan_glmer
##  family:       Gamma [identity]
##  formula:      Conc ~ (0 + Age | City) + (1 | Gender)
##  algorithm:    sampling
##  priors:       see help('prior_summary')
##  sample:       8000 (posterior sample size)
##  observations: 100
##  groups:       City (3), Gender (2)
##
## Estimates:
##                                         mean   sd     2.5%   25%    50%
## (Intercept)                               12.7   26.6  -40.7    1.9   12.8
## b[Age City:City1]                          2.9    0.2    2.6    2.8    2.9
## b[Age City:City2]                          4.3    0.2    3.9    4.1    4.3
## b[Age City:City3]                          2.7    0.2    2.3    2.5    2.7
## b[(Intercept) Gender:Female]               9.8   26.0  -42.5    0.0    9.3
## b[(Intercept) Gender:Male]                -9.4   26.0  -62.3  -19.1   -9.1
## shape                                     35.2    5.2   25.8   31.6   34.9
## Sigma[City:Age,Age]                       48.9   87.5    4.3   11.2   21.5
## Sigma[Gender:(Intercept),(Intercept)]   1363.4 2893.0   38.5  175.8  454.0
## mean_PPD                                 142.6    3.6  135.7  140.2  142.6
## log-posterior                           -479.7    2.7 -485.8 -481.3 -479.4
##                                         75%    97.5%
## (Intercept)                               23.7   66.0
## b[Age City:City1]                          3.0    3.3
## b[Age City:City2]                          4.4    4.7
## b[Age City:City3]                          2.8    3.1
## b[(Intercept) Gender:Female]              19.6   63.0
## b[(Intercept) Gender:Male]                 0.3   43.2
## shape                                     38.5   46.2
## Sigma[City:Age,Age]                       47.6  278.3
## Sigma[Gender:(Intercept),(Intercept)]   1274.9 8629.4
## mean_PPD                                 145.0  149.8
## log-posterior                           -477.7 -475.4
##
## Diagnostics:
##                                       mcse Rhat n_eff
## (Intercept)                            0.3  1.0 7079
## b[Age City:City1]                      0.0  1.0 7777
## b[Age City:City2]                      0.0  1.0 7743
## b[Age City:City3]                      0.0  1.0 8000
## b[(Intercept) Gender:Female]           0.3  1.0 7008
## b[(Intercept) Gender:Male]             0.3  1.0 6996
## shape                                  0.1  1.0 7224
## Sigma[City:Age,Age]                    1.4  1.0 3833
## Sigma[Gender:(Intercept),(Intercept)] 40.0  1.0 5220
## mean_PPD                               0.0  1.0 7846
## log-posterior                          0.0  1.0 3617
##
## For each parameter, mcse is Monte Carlo standard error, n_eff is a crude measure of effective sample size, and Rhat is the potential sc
ale reduction factor on split chains (at convergence Rhat=1).
```

Diagnosticsを見ると、各変数のRhatはいずれも1.1を下回っており、モデルは収束したと考えてよい。図で収束を確認したい場合には、 plot(bayes_city_age_res, "trace", pars = "(Intercept)") のように入力することで、各chainの値を描くことができる。
Estimatesのb[~]で表記されている部分が切片および傾きを表している部分である。それぞれの結果を見ると、切片については95%確信区間が0を跨いでいるが、傾きの推定値である mean は男女で約0.7SD分離れていることがわかる。また、都市ごとの違いにおいてはCity2の傾きの推定値が4.3であり、その他の都市が2.9と2.7、SDが0.2であることから、年齢と化学物質濃度の間の関係において、City2における化学物質曝露については、他の都市と異なる要因が存在する可能性がある。

図 3.5 レポート例 3-2 (1)

6 実行環境

```
session_info()
```

```
## — Session info ————————————————————————————————————
## setting value
## version R version 3.5.0 (2018-04-23)
## os      macOS High Sierra 10.13.4
## system  x86_64, darwin15.6.0
## ui      X11
## language (EN)
## collate ja_JP.UTF-8
## tz      Asia/Tokyo
## date    2018-06-06
##
## — Packages ——————————————————————————————————————
——
## package     * version date       source
## assertthat    0.2.0   2017-04-11 CRAN (R 3.5.0)
## backports     1.1.2   2017-12-13 CRAN (R 3.5.0)
## base64enc     0.1-3   2015-07-28 CRAN (R 3.5.0)
## bayesplot     1.5.0   2018-03-30 CRAN (R 3.5.0)
## bindr         0.1.1   2018-03-13 CRAN (R 3.5.0)
## bindrcpp      0.2.2   2018-03-29 CRAN (R 3.5.0)
## boot          1.3-20  2017-08-06 CRAN (R 3.5.0)
## class         7.3-14  2015-08-30 CRAN (R 3.5.0)
## clisymbols    1.2.0   2017-05-21 CRAN (R 3.5.0)
## codetools     0.2-15  2016-10-05 CRAN (R 3.5.0)
## colorspace    1.3-2   2016-12-14 CRAN (R 3.5.0)
## colourpicker  1.0     2017-09-27 CRAN (R 3.5.0)
## crosstalk     1.0.0   2016-12-21 CRAN (R 3.5.0)
## digest        0.6.15  2018-01-28 CRAN (R 3.5.0)
## dplyr         0.7.4   2017-09-28 CRAN (R 3.5.0)
## DT            0.4     2018-01-30 CRAN (R 3.5.0)
## dygraphs      1.1.1.4 2017-01-04 CRAN (R 3.5.0)
## e1071         1.6-8   2017-02-02 CRAN (R 3.5.0)
## evaluate      0.10.1  2017-06-24 CRAN (R 3.5.0)
## forcats       0.3.0   2018-02-19 CRAN (R 3.5.0)
## GGally      * 1.4.0   2018-05-17 CRAN (R 3.5.0)
## ggplot2     * 2.2.1   2016-12-30 CRAN (R 3.5.0)
## ggridges      0.5.0   2018-04-05 CRAN (R 3.5.0)
## glue          1.2.0   2017-10-29 CRAN (R 3.5.0)
## gridExtra     2.3     2017-09-09 CRAN (R 3.5.0)
## gtable        0.2.0   2016-02-26 CRAN (R 3.5.0)
## gtools        3.5.0   2015-05-29 CRAN (R 3.5.0)
## haven         1.1.1   2018-01-18 CRAN (R 3.5.0)
## hms           0.4.2   2018-03-10 CRAN (R 3.5.0)
## htmltools     0.3.6   2017-04-28 CRAN (R 3.5.0)
## htmlwidgets   1.2     2018-04-19 CRAN (R 3.5.0)
## httpuv        1.4.1   2018-04-21 CRAN (R 3.5.0)
## igraph        1.2.1   2018-03-10 CRAN (R 3.5.0)
## inline        0.3.14  2015-04-13 CRAN (R 3.5.0)
## Kendall     * 2.2     2011-05-18 CRAN (R 3.5.0)
## knitr         1.20    2018-02-20 CRAN (R 3.5.0)
## labeling      0.3     2014-08-23 CRAN (R 3.5.0)
## labelled      1.1.0   2018-05-24 CRAN (R 3.5.0)
## later         0.7.1   2018-03-07 CRAN (R 3.5.0)
## lattice       0.20-35 2017-03-25 CRAN (R 3.5.0)
## lawstat     * 3.2     2017-11-23 CRAN (R 3.5.0)
## lazyeval      0.2.1   2017-10-29 CRAN (R 3.5.0)
## lme4          1.1-17  2018-04-03 CRAN (R 3.5.0)
## loo           2.0.0   2018-04-11 CRAN (R 3.5.0)
## magrittr      1.5     2014-11-22 CRAN (R 3.5.0)
## markdown      0.8     2017-04-20 CRAN (R 3.5.0)
## MASS          7.3-49  2018-02-23 CRAN (R 3.5.0)
## Matrix        1.2-14  2018-04-13 CRAN (R 3.5.0)
```

図3.6 レポート例 3-2 (2)

```
## matrixStats   0.53.1  2018-02-11 CRAN (R 3.5.0)
## mime          0.5     2016-07-07 CRAN (R 3.5.0)
## miniUI        0.1.1   2016-01-15 CRAN (R 3.5.0)
## minqa         1.2.4   2014-10-09 CRAN (R 3.5.0)
## munsell       0.4.3   2016-02-13 CRAN (R 3.5.0)
## mvtnorm     * 1.0-7   2018-01-26 CRAN (R 3.5.0)
## nlme          3.1-137 2018-04-07 CRAN (R 3.5.0)
## nloptr        1.0.4   2017-08-22 CRAN (R 3.5.0)
## pillar        1.2.1   2018-02-27 CRAN (R 3.5.0)
## pkgconfig     2.0.1   2017-03-21 CRAN (R 3.5.0)
## plyr          1.8.4   2016-06-08 CRAN (R 3.5.0)
## promises      1.0.1   2018-04-13 CRAN (R 3.5.0)
## R6            2.2.2   2017-06-17 CRAN (R 3.5.0)
## RColorBrewer  1.1-2   2014-12-07 CRAN (R 3.5.0)
## Rcpp        * 0.12.16 2018-03-13 CRAN (R 3.5.0)
## readr       * 1.1.1   2017-05-16 CRAN (R 3.5.0)
## reshape       0.8.7   2017-08-06 CRAN (R 3.5.0)
## reshape2      1.4.3   2017-12-11 CRAN (R 3.5.0)
## rlang         0.2.0   2018-02-20 CRAN (R 3.5.0)
## rmarkdown     1.9.12  2018-05-20 Github (rstudio/rmarkdown@7ea4f08)
## rprojroot     1.3-2   2018-01-03 CRAN (R 3.5.0)
## rsconnect     0.8.8   2018-03-09 CRAN (R 3.5.0)
## rstan         2.17.3  2018-01-20 CRAN (R 3.5.0)
## rstanarm    * 2.17.4  2018-04-13 CRAN (R 3.5.0)
## rstantools    1.5.0   2018-04-17 CRAN (R 3.5.0)
## scales        0.5.0   2017-08-24 CRAN (R 3.5.0)
## sessioninfo * 1.0.0   2017-06-21 CRAN (R 3.5.0)
## shiny         1.0.5   2017-08-23 CRAN (R 3.5.0)
## shinyjs       1.0     2018-01-08 CRAN (R 3.5.0)
## shinystan     2.4.0   2017-08-02 CRAN (R 3.5.0)
## shinythemes   1.1.1   2016-10-12 CRAN (R 3.5.0)
## StanHeaders   2.17.2  2018-01-20 CRAN (R 3.5.0)
## stringi       1.2.2   2018-05-02 cran (@1.2.2)
## stringr       1.3.1   2018-05-10 cran (@1.3.1)
## survey        3.33-2  2018-03-13 CRAN (R 3.5.0)
## survival      2.41-3  2017-04-04 CRAN (R 3.5.0)
## tableone    * 0.9.3   2018-04-29 CRAN (R 3.5.0)
## threejs       0.3.1   2017-08-13 CRAN (R 3.5.0)
## tibble        1.4.2   2018-01-22 CRAN (R 3.5.0)
## VGAM        * 1.0-5   2018-02-07 CRAN (R 3.5.0)
## withr         2.1.2   2018-03-15 CRAN (R 3.5.0)
## xtable        1.8-2   2016-02-05 CRAN (R 3.5.0)
## xts           0.10-2  2018-03-14 CRAN (R 3.5.0)
## yaml          2.1.19  2018-05-01 cran (@2.1.19)
## zoo           1.8-1   2018-01-08 CRAN (R 3.5.0)
```

References

R Core Team. 2017. *R: A Language and Environment for Statistical Computing*. Vienna, Austria: R Foundation for Statistical Computing. https://www.R-project.org/.

Schloerke, Barret, Jason Crowley, Di Cook, Francois Briatte, Moritz Marbach, Edwin Thoen, Amos Elberg, and Joseph Larmarange. 2017. *GGally: Extension to 'Ggplot2'*. https://CRAN.R-project.org/package=GGally.

Stan Development Team. 2017. "Rstanarm: Bayesian Applied Regression Modeling via Stan." http://mc-stan.org/.

———. 2018. "RStan: The R Interface to Stan." http://mc-stan.org/.

Wickham, Hadley. 2009. *Ggplot2: Elegant Graphics for Data Analysis*. Springer-Verlag New York. http://ggplot2.org.

Yoshida, Kazuki, and Justin Bohne. 2018. *Create 'Table 1' to Describe Baseline Characteristics*. https://cran.r-project.org/web/packages/tableone/.

図 3.7 レポート例 3-2 (3)

これにより，使用したパッケージや引用文献が挿入されていることが確認できただろう。

3.6　本章のまとめと参考文献

本章では2章の内容に加え，より変数が多い場合や階層構造をもつモデルについて解説した。本書では理論部分や作図の詳細については触れていないため，より詳細な情報を得たい場合には次のような文献が参考になるだろう。

1. Wonderful R 2：Stan と R でベイズ統計モデリング：松浦 健太郎；共立出版
2. StatModeling Memorandum (`http://statmodeling.hatenablog.com/`)：松浦健太郎氏（文献1の著者）のブログ
3. 岩波データサイエンス Vol. 1：岩波データサイエンス刊行委員会；岩波書店
4. ベイズ統計モデリング—R, JAGS, Stan によるチュートリアル— 原著第2版：John K. Kruschke；共立出版
5. BUGSで学ぶ階層モデリング入門—個体群のベイズ解析—：Marc Kéry・Michael Schaub；共立出版
6. Practical Guide To Principal Component Methods in R: Alboukadel Kassambara; Amazon kindle
7. Principal Component Methods in R: Practical Guide (`http://www.sthda.com/english/articles/31-principal-component-methods-in-r-practical-guide/`): 文献6の概略
8. GGally - Extension to 'ggplot2' (`http://ggobi.github.io/ggally/`): GGally による作図紹介

Chapter 4

実験計画法と分散分析

特定の物質を精度よく測定するためには測定条件の最適化が不可欠である。測定条件の最適化の過程においては，実験者はさまざまな測定条件を比較・検討することになる。このような条件比較・検討を効率よく進め，得られた結果を正しく解釈するためには適切な実験計画が不可欠である。

本章では水中に含まれる化学物質の測定条件最適化を例に，R を通して実験計画法に基づいた実験を計画し，その結果を解釈するまでの手順を示す。

因子の数から適切な実験計画を立案し，実験で検討する因子の条件を最適化することで，良好な分析条件を立ち上げることである。

初めに，混合物から測定対象物質を精製するための精製カラムにおける測定対象物質の収率最適化を例に，一元配置分散分析 (One-way ANOVA) について解説する。続けて測定機器における測定条件の最適化のため，機器の検出器の条件について二元配置分散分析 (Two-way ANOVA)，機器の注入部分について直交表を使って最適化する手順を示し，レポート化する（図 4.1，図 4.2）。なお，本章における精製カラム，注入口，検出器はそれぞれ独立であり，それぞれの交互作用はないと仮定する。

実験計画法は農学であれば肥料，畑の場所と収穫量の関係，工学であれば製品の生産条件と不良品発生率との関係など，様々な分野への応用ができる手法であり，本書で例としてとりあげた化学系以外の領域であっても有用な手法となるだろう。

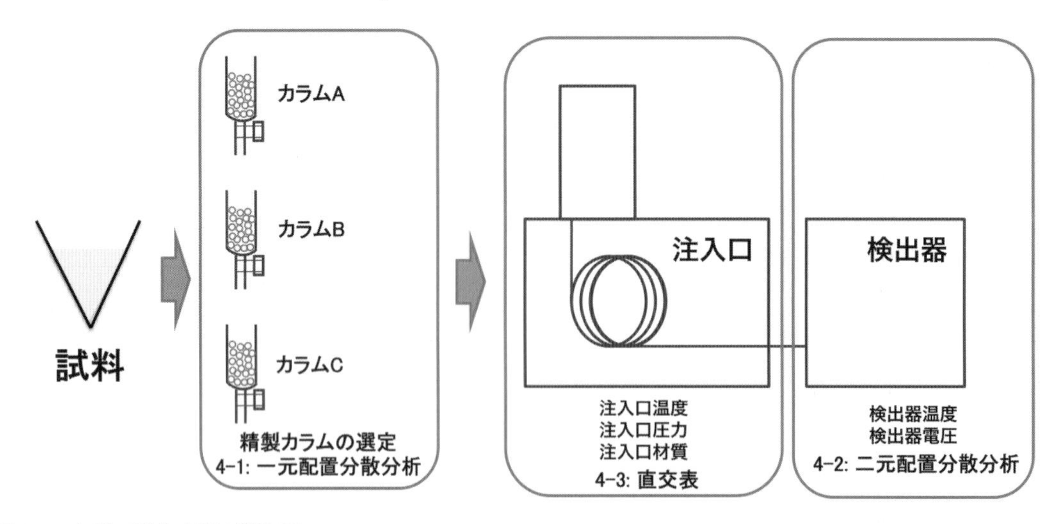

図 4.1 本章で扱う内容の概念図

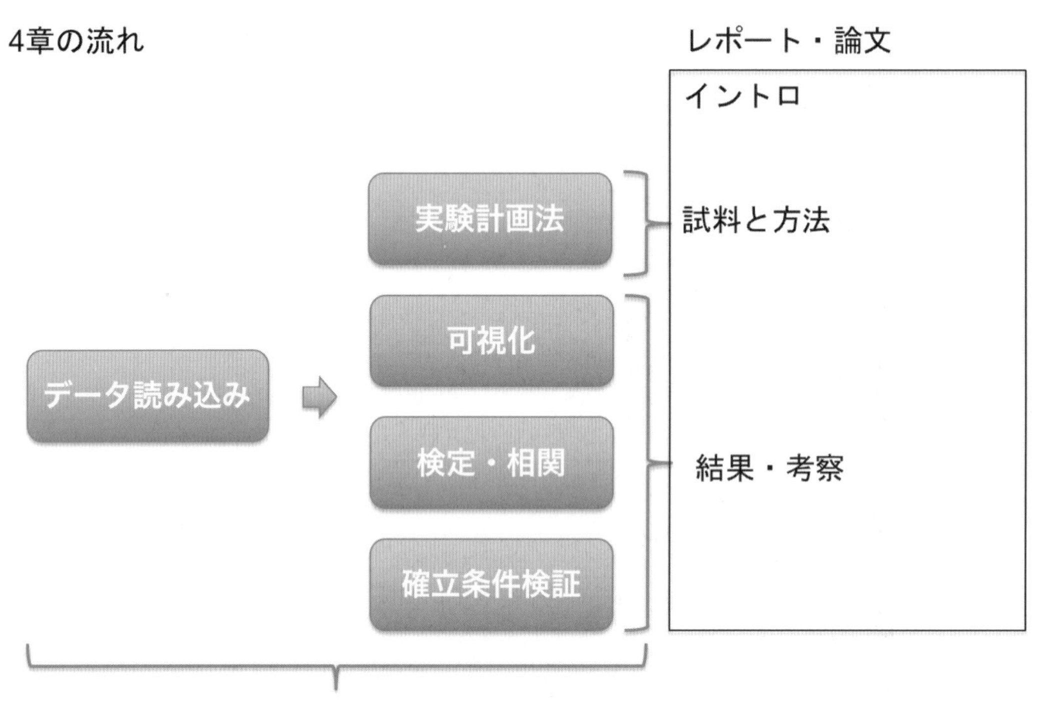

図 4.2 本章で取り扱う内容の流れ

4.1 一元配置分散分析—One-way ANOVA による精製カラムの検討

まずは精製カラムの選定を例に一元配置分散分析を解説する。今回は水中の目的物質精製のため，3 種類の精製カラムを比較する。比較の目的は精製過程における目的化合物のロスを最小限に抑えることである。そのため実験として3種類のカラムにそれぞれ等量の目的物質を添加し，精製後，添加量に対する目的物質の収率（添加回収率）を比較し，収率が最良だった精製カラムを今後の試験に使うことにした。つまり，本実験における因子の数は精製カラムの1種類，水準の数は column_A, B, C の3種類となる。各精製カラムの試験データは測定を7回繰り返すことにより得た。

データを得る際には順序のランダム化を行い，3種のカラムからは順不同にデータを得たとする。これはカラムの差以外から生じる変動をランダム化するためである。このようなランダムな並びを作成したい場合には以下のように記述する。

```
set.seed(71) # 乱数の種を固定
column <- rep(c("A", "B", "C"), each = 7) # 生成カラム ABC を 7 つずつ作成
res <- sample(column, length(column)) # 順番をランダムに並べ替える
res # 出力
```

```
##  [1] "A" "B" "C" "A" "A" "C" "B" "B" "A" "C" "A" "B" "B" "C" "C" "B" "A"
## [18] "C" "A" "B" "C"
```

本研究では上記の順番で精製カラムの収率を検証したこととする。

続いてデータを読み，全体を表示して確認してみる。

```
library(readr)
testCol <- read_csv("~/GitHub/ScienceR/chapter4/Data/data_4_1.csv")
testCol
```

```
## # A tibble: 7 x 3
##   column_A column_B column_C
##      <dbl>    <dbl>    <dbl>
## 1     80.3     91.9     65.8
## 2     79.3     82       60.1
## 3     79.9     88.6     86.3
## 4     75.6     90.7     78.3
## 5     83.1     92.6     64.4
## 6     76.1     84.2     67.8
## 7     76.9     93       72.7
```

続いて testCol データを箱ひげ図で表示し，それぞれの収率を ggplot2 パッケージを使って可視化してみよう。

testCol データには，それぞれの精製カラムで列が分かれて収率が保存されている。しかし，このまま ggplot2 で可視化することはできない。ggplot2 で可視化するには，収率を表す列と，そのカテゴリを対応させた列（精製カラムの列）の2つに集約する必要がある。すなわちデータの構造を横持ちから縦持ちに変化させることになる。

このような縦持ちのデータ構造はtidyデータと呼ばれ，分析・解析の上で扱いやすいデータ構造のことである。これはggplot2をはじめとするパッケージを開発しているHadley Wickhamらが提唱している。tidyデータにしてデータフレーム内の様々な変数の構造を一致させることで，可視化・解析をより効率よく進めることができるとされている。testColデータを例に挙げると，元のtestColデータは精製カラムの違いは行方向，測定結果は行・列に跨る構造になっていることがわかる。このような構造は人間にとっては理解しやすいが，1つの列につき1つの変数が格納された形式でなくてはコンピュータがうまく取り扱うことができない。これをtidyデータにするには，使用した精製カラムと収率をそれぞれ1列にまとめればよい。

ここではデータをtidyデータに加工するためのパッケージであるtidyrパッケージを使い，以下のようにデータを加工する。ここでgather()はデータフレームの構造を変えるための関数であり，testColデータをtidyデータに変更している。変更したデータはtestCol2とする。

```
1 library(tidyr) # データを持ち替えるためのパッケージの呼び出し
2 library(ggplot2) # 作図用パッケージ呼び出し
3
4 testCol2 <- gather(testCol, key = variable, value = value)
5
6 head(testCol2, 9) # データの前から9行を表示
```

```
## # A tibble: 9 x 2
##   variable value
##   <chr>    <dbl>
## 1 column_A  80.3
## 2 column_A  79.3
## 3 column_A  79.9
## 4 column_A  75.6
## 5 column_A  83.1
## 6 column_A  76.1
## 7 column_A  76.9
## 8 column_B  91.9
## 9 column_B  82
```

この表示から，データの構造が変わったことがわかる。testColでは各カラムがデータフレーム内の変数となっていたが，testCol2ではvariableという変数内に各試行ごとの精製カラム名がまとめられており，valueという変数内に各試行ごとの収率が格納されている。これでvariable列を使ってカテゴリを指定できるようになった。このデータを使い，下記コードで箱ひげ図を作る。

```
1 p <- ggplot(
2   testCol2,     # データの指定
```

```
3    aes (
4      x = variable,     # x 軸の指定
5      y = value         # y 軸の指定
6    )
7  )
8  p <- p + geom_boxplot()    # 箱ひげ図を指定
9  p <- p + xlab("Column")    # x 軸のラベル
10 p <- p + ylab("Recovery rate (%)") # y 軸のラベル
11 plot(p)
```

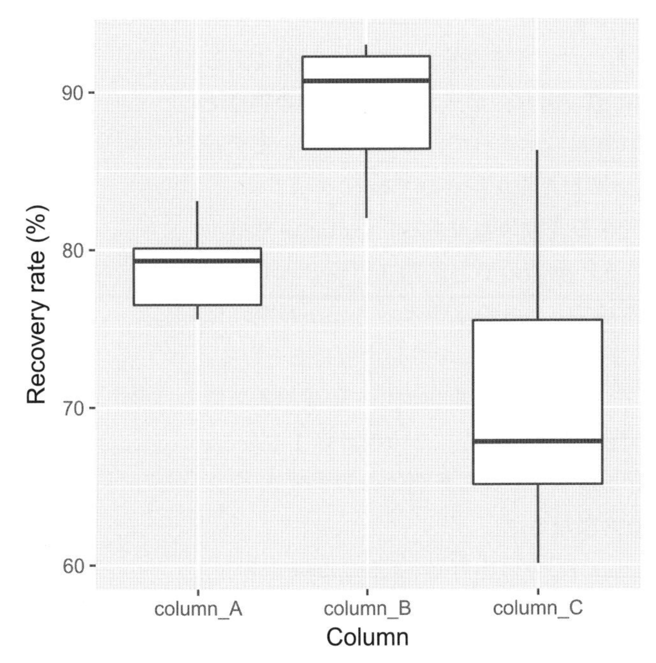

作図の結果，収率が最も良いのはカラム B だが，繰り返し測定のばらつきはカラム A の方が小さい傾向が見て取れる。またカラム C はばらつきが大きく，収率も他のカラムに比べると低い傾向が見て取れる。以上，作図によりデータの概要を捉えることができた。

続いて変動の大きさを具体的な数値で確認しよう。ここでは One-way ANOVA により，精製カラムの変更が収率に影響しているのか調べてみる。記述法は線形回帰分析と同様であり，lm() を aov() に書き換えることで実行できる。また，どの精製カラムが最も優れていたのかについては，各 2 群間の差について検定する必要がある。このため，多重比較の手法である Tukey の HSD 検定を用い，3 群のデータにおける各 2 群間の平均値の差について，以下のように解析を行った。

```
1  install.packages("agricolae") # TukeyHSD 実行用パッケージ
```

```
1  library(agricolae) # TukeyHSD 実行用パッケージの呼び出し
2  AnovaCol <- aov(value ~ variable, data = testCol2) # ANOVA を実行
```

```
3 summary(AnovaCol)
```

```
##             Df Sum Sq Mean Sq F value   Pr(>F)
## variable     2 1169.1   584.5    16.3 9.11e-05 ***
## Residuals   18  645.3    35.9
## ---
## Signif. codes:  0 '***' 0.001 '**' 0.01 '*' 0.05 '.' 0.1 ' ' 1
```

まず結果の見方を確認しておこう。Df は自由度，Sum Sq は平方和，Mean Sq は平均平方，F value は F 値，Pr(>F) が p 値を表す。

Sum Sq で示される平方和は，全データに対して実測値と平均値の差分である偏差を自乗して，それらを足し合わせた値であり，データのばらつきの指標である。ここで variable，Residuals それぞれに示されている Sum Sq は，モデル全体の平方和を因子，残差の平方和に分解した値が示されている。

自由度 Df は自由に値をとることができる変数の数である。variable にはカラム A〜C の 3 つの変数が含まれている。全体の平方和が 3 種類の水準それぞれの平方和の合計で構成されている場合，2 つの水準の平方和がわかれば残り 1 個の水準の平方和は自動的に決まるので，ここでの自由度は 2 となる。Residuals の自由度は次のように求まる。まず，各水準について偏差平方の個数から 1（その水準の平方和）を引いた数を合計する。この合計は 2 である。また，すでに求まっている平方和は 1 である。これらを全体の測定数 21 から引くことで，Residuals の自由度 Df は 18 になる。

Mean Sq は平均平方であり，平方和 Sum Sq を自由度 Df で割った値である。この値は次の F value を算出するために使われる値であり，最も単純な一元配置分散分析の場合は因子の Mean Sq を残差の Mean Sq で割った値となる。ここには因子のばらつきの大きさを残差のばらつきの大きさで補正する意味合いがある。これにより算出された F 値が，F 分布の度数分布表と比較参照されることで p 値が算出される。

では実際に F 分布の関数 pf() を使って p 値を計算してみよう。算出された F 値を q = に，モデル全体の自由度を df1 = に，残差の自由度を df2 = に入力する。また，今回は上側確率を求めたいので，lower.tail = F を追記する。コードは以下の通りだが，q =，df1 =，df2 = を省略しても同じ結果が出力される。

```
1 pf(q = 16.3, df1 = 2, df2 = 18, lower.tail = F)
```

```
## [1] 9.122164e-05
```

出力の結果，AnovaCol で得られた 9.11e-05 とほぼ同じ値が得られていることがわかる。

ここまでで ANOVA の出力の見方について解説したが，ここでの課題はどの因子とどの因子の間にどの程度の差があり，カラム A〜C のうちどの精製カラムの収率が良いのか明らかにすることだった。このような場合には多重比較を行う必要があるため，下記の通り ANOVA の結果を TukeyHSD() により補正する。ここでは説明のため，ANOVA，多重比較とステップを踏んだが，今回のようにカラム A〜C を個別に比較したい場合には ANOVA の結果を精査せず，直接 TukeyHSD() などの多重比較の方法を使って補正したあとの結果を確認するべきである。

```
1 posthocCol <- TukeyHSD(AnovaCol, "variable") # TukeyHSD による多重検定
2 posthocCol
```

```
##   Tukey multiple comparisons of means
##     95% family-wise confidence level
##
## Fit: aov(formula = value ~ variable, data = testCol2)
##
## $variable
##                           diff        lwr         upr     p adj
## column_B-column_A  10.257143   2.088883  18.4254031 0.0129595
## column_C-column_A  -7.971429 -16.139689   0.1968317 0.0564505
## column_C-column_B -18.228571 -26.396832 -10.0603112 0.0000601
```

結果について詳細を見ていこう。ここにはそれぞれの平均値どうしの差とその信頼区間が表記されている。lwr, upr はそれぞれ変化量の 95 % 信頼区間の下側，上側を表し，p adj が Tukey の HSD 検定で補正した p 値を表している。この結果，カラム A, B およびカラム B, C の間に有意な差が認められたこと，およびカラム B をその他の精製カラムと比較した際の差分 (diff) の情報から，カラム B が最も良い性能を示したと言ってよいだろう。

続いて，ばらつきや正規性を一度に確認できる基本的な診断プロットを使って，分散分析の当てはめの結果を確認しておこう。ここでは描画が美しく，作画しやすい ggfortify パッケージを使用する。

```
1 install.packages("ggfortify")
```

```
1 library(ggfortify)
2 autoplot(AnovaCol, # 結果モデルの指定
3          colour = 'variable', # 色分けに使う変数
4          label.size = 3,      # ラベルの大きさ指定
5          shape = 'variable') # プロットの形分けに使う変数
```

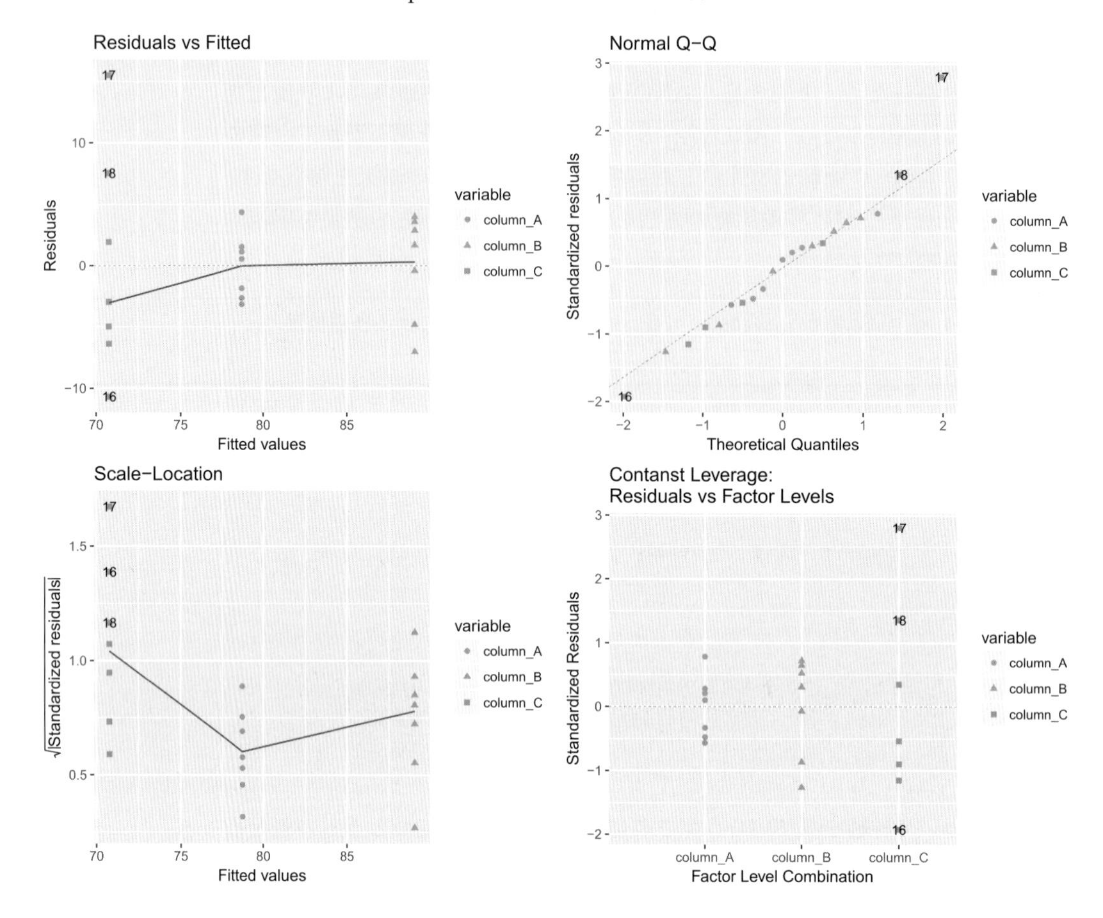

左上の図 (`Residuals vs Fitted`) は横軸に予測値，縦軸に当てはめ値と実測値の残差をプロットしたものである。中心にある 0 の線から離れている点が少ないモデルが好ましい。また，当てはめ値の残差は正規分布に従っているはずなので，周辺部よりも中心部に点が集まっていることが望ましい。左上の当てはめ値と実測値の残差を確認したところ，予測される平均値（x 軸）が B, A, C の順に大きいこと，また，分散が A, B, C の順で大きくなっている傾向を見て取ることができる。

右上の図 (`Normal Q-Q`) は Q-Q プロットと呼ばれ，横軸には理論的な標準正規分布の分位点，縦軸には標準化された残差をプロットしたものである。残差が正規分布に従う理想的なモデルでは，縦軸の標準化された残差は横軸の標準正規分布の分位点と一致するはずである。このため，理想的なモデルでは点の並びが直線になる。実際に今回のモデルを確認してみると，カラム C の一部検体を除いて点の並びが直線になっていることから，概ね残差が正規分布に従っていることがわかる。

左下の図 (`Scale-Location`) は Scale-Location プロットと呼ばれ，横軸に当てはめ値，縦軸に標準化残差の平方根をプロットしたものである。こちらの図も左上同様，当てはめ値と実測値の残差の変動を可視化するために使われる。先程の `Residuals vs Fitted` と異なる点は，Scale-Location プロットでは縦軸がとるのは正の値のみであり，残差の大きさについてより解釈しやすくなっている点である。

右下の図 (Residuals vs Leverage) は，横軸にてこ比，縦軸に標準化残差をプロットしたものである。てこ比とは，それぞれの測定値が当てはめ値に与える影響の大きさを示す指標である。残差の絶対値が大きい点は当てはめ値に影響を与える可能性があるデータであり，外れ値として扱わなくてはいけない可能性がある。しかしながら，今回のモデルにおいては点 17 が少し気になる以外は概ね良い結果が得られており，One-way ANOVA で得られたモデルを当てはめて問題はないだろう。

これらの結果から，目的物質の収率はカラム A, B, C で異なっており，カラム B が最も望ましい性能をもつことが明らかになった。また，posthocCol の出力から，カラム B の収率はカラム A に比べ約 10 %，カラム C に比べ約 18 % 良いこともわかった。

4.2　二元配置分散分析—Two-way ANOVA による検出器の検討

One-way ANOVA により行った精製カラムの検討では，精製カラムの種類という 1 つの因子のみを対象として最適化を試みた。1 つの因子のみを最適化する場合には One-way Anova を使用したが，因子が 2 つになった場合には二元配置分散分析 (Two-way ANOVA) と呼ばれる手法を使うことになる。この場合にはそれぞれの因子による目的変数の変動（主効果）だけでなく，2 つの因子の組み合わせによる相乗効果（交互作用）についても検討することが必要になる。本節の例は，物質 A のシグナル/ノイズ比（S/N 比）が向上するように，検出器で設定可能な 2 つの因子を最適化するというものである。交互作用について検討する際には繰り返し測定が必須である。また，One-way Anova 同様，実験順序のランダム化も必要である。1 因子には対応していないため One-way Anova の際には利用しなかったが，ここでは DoE.base パッケージを使って実験条件の割り付けを行うところから解説する。

今回は因子の数を 2 つ（検出器電圧，検出器温度），水準を 3 つ（電圧：50, 70, 90eV，温度：150, 200, 250℃）として実験を検討する。割付表内では，水準を左からそれぞれ 1, 2, 3 で表す。また，各因子の組み合わせについて 3 回ずつデータをとることとした。これは，同じ条件での繰り返し測定なしでは電圧と温度の交互作用を解析できないこと，同じ条件での測定における繰り返し誤差についてもデータを得たいことによる。割り付けの作成には DoE.base パッケージの fac.design() を使い，以下のように記述する。

```
library(DoE.base)
testMS <- fac.design(nlevels = 3, # 水準の数
                     nfactors = 2, # 因子の数
                     factor.names = c("Temp" , "Energy"), # 各因子の名前
                     replications = 3, # 繰り返し回数
                     randomize = TRUE, # 順番を順不同にする
                     seed = 71 # 再現性確保のためのシード固定
                     )

testMS
```

```
##    run.no run.no.std.rp Temp Energy Blocks
## 1       1           3.1    3      1     .1
## 2       2           5.1    2      2     .1
## 3       3           9.1    3      3     .1
## 4       4           2.1    2      1     .1
## 5       5           6.1    3      2     .1
## 6       6           4.1    1      2     .1
## 7       7           8.1    2      3     .1
## 8       8           7.1    1      3     .1
## 9       9           1.1    1      1     .1
## 10     10           4.2    1      2     .2
## 11     11           1.2    1      1     .2
## 12     12           6.2    3      2     .2
## 13     13           8.2    2      3     .2
## 14     14           9.2    3      3     .2
## 15     15           5.2    2      2     .2
## 16     16           3.2    3      1     .2
## 17     17           7.2    1      3     .2
## 18     18           2.2    2      1     .2
## 19     19           9.3    3      3     .3
## 20     20           8.3    2      3     .3
## 21     21           5.3    2      2     .3
## 22     22           2.3    2      1     .3
## 23     23           4.3    1      2     .3
## 24     24           1.3    1      1     .3
## 25     25           7.3    1      3     .3
## 26     26           3.3    3      1     .3
## 27     27           6.3    3      2     .3
## class=design, type= full factorial
## NOTE: columns run.no and run.no.std.rp  are annotation,
##  not part of the data frame
```

割り付けの Temp, Energy, Blocks の項目はデータフレーム形式で保存されるが，run.no, run.no.std.rp は testMS を上記のように直接呼び出した際のみ表示される。testMS 内の run.no は各因子の組み合わせを検討する順番を示しており，実験はこの順に行う必要がある。ここで条件が順不同で割り付けられて

いるのは，条件を特定の順番に固定して測定することで起こりうる系統誤差と呼ばれる誤差の影響を，偶然に発生する偶然誤差に置き換えるためである。この例では，1回目の実験は検出器温度250℃・検出器電圧50eV，2回目の実験は検出器温度を200℃・検出器電圧70eVのように，Temp, Energyそれぞれの3水準の組み合わせ9種の条件を，各組み合わせにおける誤差のデータを得るため3回ずつ繰り返して実験を行った。そして，測定結果としてそれぞれの測定条件における対象物質AのS/N比データを27個得た。

次にrun.noの順に測定したデータres_SNのSNratioをtestMSデータに新しい列SNratioとして追加する。コードは次の通りである。

```
1 res_SN <- read_csv("~/GitHub/ScienceR/chapter4/Data/data_4_2_1.csv")
2 testMS$SNratio <- res_SN$SNratio
```

また，今回は検出器温度，検出器電圧の水準がいずれも数値(numeric)になっているので，それらを下記コードでfactorに書き換えておく。

```
1 testMS$Temp <- factor(testMS$Temp)
2 testMS$Energy <- factor(testMS$Energy)
```

```
1 head(testMS)
```

```
##   Temp Energy Blocks SNratio
## 1    3      1     .1    46.5
## 2    2      2     .1    44.3
## 3    3      3     .1    61.8
## 4    2      1     .1    38.2
## 5    3      2     .1    63.5
## 6    1      2     .1    37.4
```

head(testMS)により入力結果を表示してみると，データにSNratioの列が追加されたことがわかる。この列が本分析における目的変数になる。

ではこのデータについても可視化してみよう。まずは検出器温度の変動について作図するため，One-way ANOVAのときと同様に，testMSデータを下記コードで加工する。gather()内の書き方はOne-way ANOVAの際と基本的には同じだが，作画したい因子であるTemp以外の因子については-c(SNratio, Blocks, Energy)のように削除しておく。

```
1 library(tidyr) # データを持ち替えるためのパッケージの呼び出し
2 library(ggplot2) # 作図用パッケージの呼び出し
3 testMS2 <- gather(testMS, key = variable, value = value, -c(SNratio, Blocks, Energy))
4 head(testMS2, 9) # データの前から9行を表示
```

```
##   Energy Blocks SNratio variable value
## 1      1     .1    46.5     Temp     3
```

```
## 2       2     .1     44.3     Temp     2
## 3       3     .1     61.8     Temp     3
## 4       1     .1     38.2     Temp     2
## 5       2     .1     63.5     Temp     3
## 6       2     .1     37.4     Temp     1
## 7       3     .1     51.9     Temp     2
## 8       3     .1     49.9     Temp     1
## 9       1     .1     33.6     Temp     1
```

続いて **ggplot2** で作図する。

```
p <- ggplot(
  testMS2,       # データの指定
  aes (
    x = value,  # x 軸の指定
    y = SNratio # y 軸の指定
  )
)
p <- p + geom_boxplot()     # 箱ひげ図を指定
p <- p + xlab("Temp")       # x 軸のラベル
p <- p + ylab("S/N ratio") # y 軸のラベル
plot(p)
```

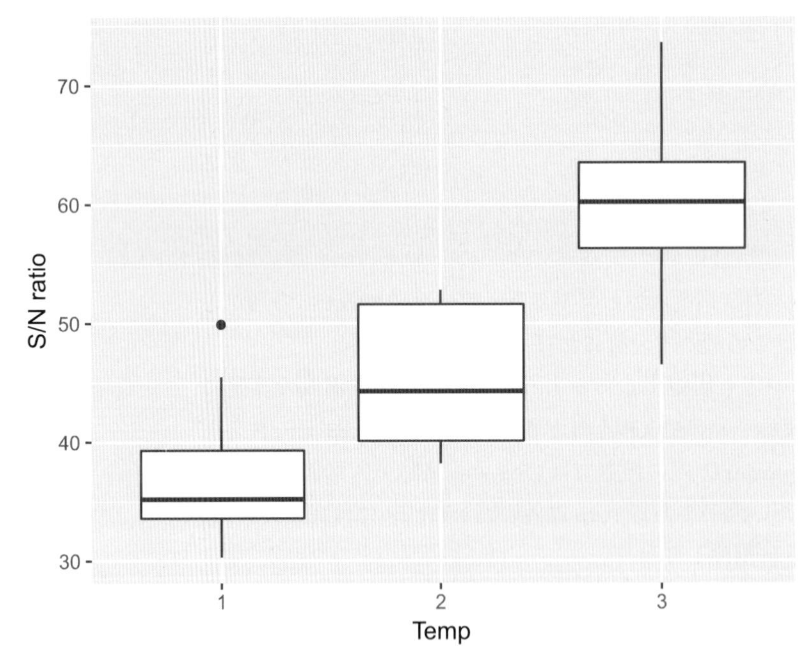

検出器温度が上がるにつれ，S/N 比が向上することがわかるが，この結果は検出器電圧の影響については考慮していないので，必ずしも温度だけがS/N比の向上に関連しているとは言い切れない部分がある。

検出器電圧についても変形・作図しておこう。

```
testMS3 <- gather(testMS, key = variable, value = value, -c(SNratio, Blocks, Temp))
head(testMS3, 9) # データの前から 9 行を表示
```

```
##   Temp Blocks SNratio variable value
## 1    3     .1    46.5   Energy     1
## 2    2     .1    44.3   Energy     2
## 3    3     .1    61.8   Energy     3
## 4    2     .1    38.2   Energy     1
## 5    3     .1    63.5   Energy     2
## 6    1     .1    37.4   Energy     2
## 7    2     .1    51.9   Energy     3
## 8    1     .1    49.9   Energy     3
## 9    1     .1    33.6   Energy     1
```

```
p <- ggplot(
  testMS3,              # データの指定
  aes (
    x = value,          # x 軸の指定
    y = SNratio         # y 軸の指定
  )
)

p <- p + geom_boxplot()       # 箱ひげ図を指定
p <- p + xlab("Energy")       # x 軸のラベル
p <- p + ylab("S/N ratio")    # y 軸のラベル
plot(p)
```

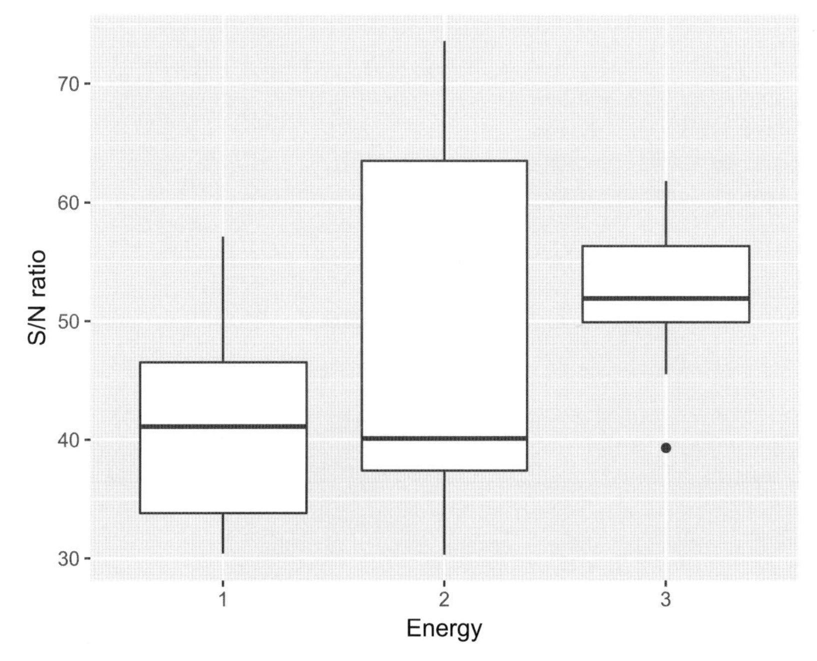

検出器電圧についても電圧が高くなるにつれ S/N 比が高くなる傾向が確認

されたが，70eV 時の分散が大きく，温度ほど S/N 比との関係は明確ではないように見える。これは検出器温度と検出器電圧の間に交互作用があるためかもしれない。

まずは交互作用のないモデルについて解析してみよう。

```
AnovaMS <- aov(SNratio ~ Temp + Energy, data = testMS)
summary(AnovaMS)
```

```
##             Df Sum Sq Mean Sq F value   Pr(>F)
## Temp         2 2294.3  1147.2  37.312 8.52e-08 ***
## Energy       2  493.3   246.7   8.023  0.00242 **
## Residuals   22  676.4    30.7
## ---
## Signif. codes:  0 '***' 0.001 '**' 0.01 '*' 0.05 '.' 0.1 ' ' 1
```

結果の表記は一元配置分散分析のときと同じであり，それぞれの因子における自由度や平方和などが算出される。

続いて多重補正の結果を示す。

```
# 温度について
posthocMS <- TukeyHSD(AnovaMS, "Temp") # TukeyHSD による多重検定
posthocMS
```

```
##   Tukey multiple comparisons of means
##     95% family-wise confidence level
##
## Fit: aov.default(formula = SNratio ~ Temp + Energy, data = testMS)
##
## $Temp
##          diff       lwr      upr     p adj
## 2-1  7.644444  1.078289 14.21060 0.0205956
## 3-1 22.222222 15.656066 28.78838 0.0000001
## 3-2 14.577778  8.011622 21.14393 0.0000380
```

```
# 電圧について
posthocMS2 <- TukeyHSD(AnovaMS, "Energy") # TukeyHSD による多重検定
posthocMS2
```

```
##   Tukey multiple comparisons of means
##     95% family-wise confidence level
##
## Fit: aov.default(formula = SNratio ~ Temp + Energy, data = testMS)
##
## $Energy
##          diff        lwr       upr      p adj
```

```
## 2-1  6.077778 -0.4883781 12.64393 0.0730860
## 3-1 10.422222  3.8560663 16.98838 0.0017310
## 3-2  4.344444 -2.2217114 10.91060 0.2419021
```

ここでは温度は最も高い値の際に良好な結果が得られていることがわかるが，電圧については 2 である 70eV の分散が大きいため，70eV, 90eV のときの差である 3-2 の 95 % 信頼区間の下限 (lwr: -2.22)，上限 (upr: 10.9) は 0 を跨いでおり，その差が明確ではないことが明らかになった。

```
1  autoplot(AnovaMS)
```

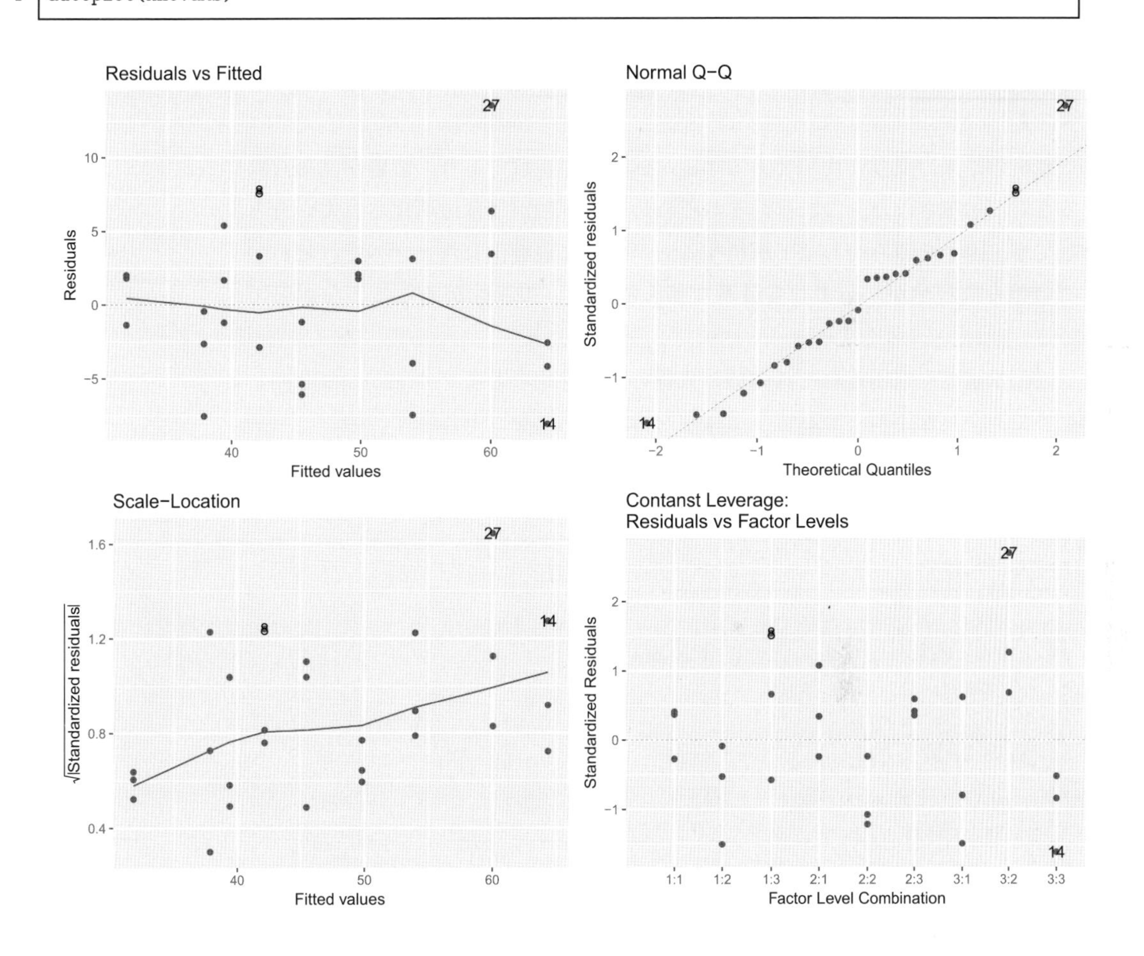

一方，基本的診断プロットは，いずれの表にも極端な値は認められないため，概ね良い結果が得られていると考えてよいだろう。

ここで例に挙げた AnovaMS モデルは検出器温度と検出器電圧の交互作用については考慮していないモデルである。しかしながら電圧については明確な差が認められず，かつ分散も大きいことが明らかになった。そこで，AnovaMS モデルの電圧 70eV におけるばらつきの大きさが電圧と温度の交互作用によるものと仮定し，以下のように検出器温度と検出器電圧の交互作用について考慮するモデルを検討する。モデルに交互作用を含める際には，Temp*Energy のように，因子の積の形で表記する。この記述法は因子の数が増えても同様である。あるいはSNratio ~ Temp + Energy + Temp:Energyでも同じ結果が出力される。

```
AnovaMS2 <- aov(SNratio ~ Temp * Energy, data = testMS)
summary(AnovaMS2)
```

```
##             Df Sum Sq Mean Sq F value   Pr(>F)
## Temp         2 2294.3  1147.2   80.80 1.02e-09 ***
## Energy       2  493.3   246.7   17.37 6.28e-05 ***
## Temp:Energy  4  420.8   105.2    7.41  0.00104 **
## Residuals   18  255.6    14.2
## ---
## Signif. codes:  0 '***' 0.001 '**' 0.01 '*' 0.05 '.' 0.1 ' ' 1
```

解析の結果，交互作用項であるTemp:Energyが有意であり，影響が認められることが示唆された。これは，それぞれの因子が個別には最適化されていたとしても，因子を組み合わせて解析すると，個別に最適化したときのそれぞれの値の組み合わせが，必ずしも最適な値を示さない可能性があることを示している。

検出器温度，電圧それぞれの値は先程の交互作用なしモデルAnovaMSと同じなので，交互作用項について多重検定を行った結果を以下に示す。

```
posthocMS_int <- TukeyHSD(AnovaMS2, "Temp:Energy") # TukeyHSDによる多重検定
```

```
posthocMS_int
```

```
##   Tukey multiple comparisons of means
##     95% family-wise confidence level
##
## Fit: aov.default(formula = SNratio ~ Temp * Energy, data = testMS)
##
## $`Temp:Energy`
##                diff          lwr        upr     p adj
## 2:1-1:1    8.766667  -2.01329516 19.5466285 0.1674346
## 3:1-1:1   18.600000   7.82003818 29.3799618 0.0002799
## 1:2-1:1    1.700000  -9.07996182 12.4799618 0.9996582
## 2:2-1:1    8.666667  -2.11329516 19.4466285 0.1769580
## 3:2-1:1   35.233333  24.45337151 46.0132952 0.0000000
## 1:3-1:1   12.300000   1.52003818 23.0799618 0.0185888
## 2:3-1:1   19.500000   8.72003818 30.2799618 0.0001572
## 3:3-1:1   26.833333  16.05337151 37.6132952 0.0000021
## 3:1-2:1    9.833333  -0.94662849 20.6132952 0.0900034
## 1:2-2:1   -7.066667 -17.84662849  3.7132952 0.3921769
## 2:2-2:1   -0.100000 -10.87996182 10.6799618 1.0000000
## 3:2-2:1   26.466667  15.68670484 37.2466285 0.0000025
## 1:3-2:1    3.533333  -7.24662849 14.3132952 0.9577089
```

```
## 2:3-2:1  10.733333  -0.04662849  21.5132952 0.0515013
## 3:3-2:1  18.066667   7.28670484  28.8466285 0.0003957
## 1:2-3:1 -16.900000 -27.67996182  -6.1200382 0.0008517
## 2:2-3:1  -9.933333 -20.71329516   0.8466285 0.0847039
## 3:2-3:1  16.633333   5.85337151  27.4132952 0.0010165
## 1:3-3:1  -6.300000 -17.07996182   4.4799618 0.5331586
## 2:3-3:1   0.900000  -9.87996182  11.6799618 0.9999973
## 3:3-3:1   8.233333  -2.54662849  19.0132952 0.2233831
## 2:2-1:2   6.966667  -3.81329516  17.7466285 0.4094747
## 3:2-1:2  33.533333  22.75337151  44.3132952 0.0000001
## 1:3-1:2  10.600000  -0.17996182  21.3799618 0.0560295
## 2:3-1:2  17.800000   7.02003818  28.5799618 0.0004709
## 3:3-1:2  25.133333  14.35337151  35.9132952 0.0000053
## 3:2-2:2  26.566667  15.78670484  37.3466285 0.0000024
## 1:3-2:2   3.633333  -7.14662849  14.4132952 0.9507376
## 2:3-2:2  10.833333   0.05337151  21.6132952 0.0483319
## 3:3-2:2  18.166667   7.38670484  28.9466285 0.0003707
## 1:3-3:2 -22.933333 -33.71329516 -12.1533715 0.0000190
## 2:3-3:2 -15.733333 -26.51329516  -4.9533715 0.0018534
## 3:3-3:2  -8.400000 -19.17996182   2.3799618 0.2045121
## 2:3-1:3   7.200000  -3.57996182  17.9799618 0.3697428
## 3:3-1:3  14.533333   3.75337151  25.3132952 0.0041538
## 3:3-2:3   7.333333  -3.44662849  18.1132952 0.3480676
```

いくつかの因子が有意になっていることがうかがえるが，結果が見づらいので可視化する。このように多重比較の結果を可視化する際には以下の **multcompView** パッケージが有用だろう。コードは次の通りである。

```
library(multcompView)
plot(posthocMS_int, las = 1)
```

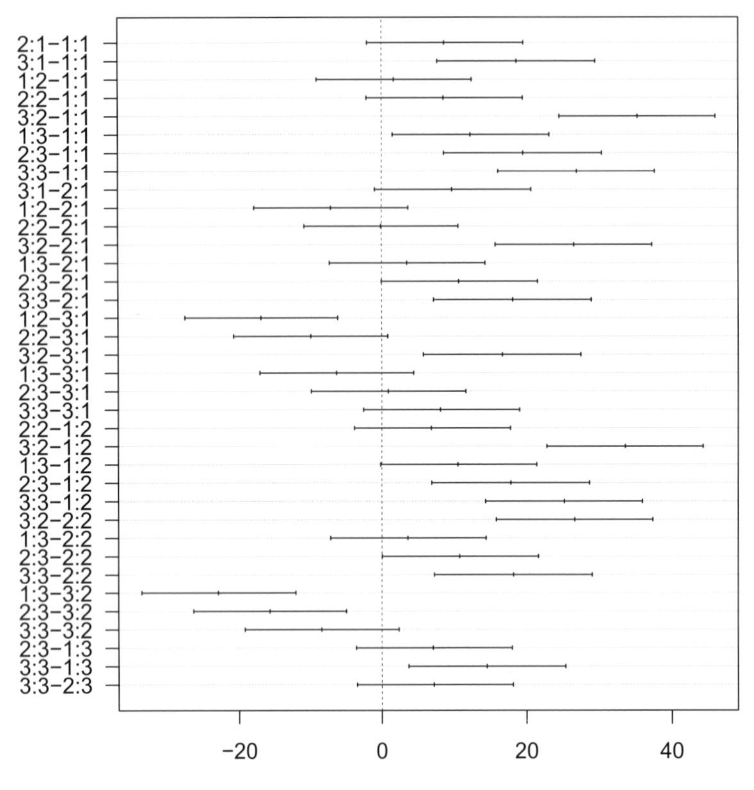

縦軸には比較の組み合わせ，横軸には差分の大きさが示されていることがわかる。それぞれの交互作用項を確認してみると，`Temp3:Energy2` の組み合わせが有意となっており，差分である `diff` も大きくなる傾向が読み取れる。また，ここで得られた `Temp3:Energy2` の値は有意ではないものの `Temp3:Energy3` よりも高値を示した。実際に S/N 比が最も高くなる組み合わせは温度 250℃・電圧 70eV であり，温度・電圧が最も高い組み合わせのときに S/N 比が良い値を示すわけではないことが交互作用を考慮した解析結果より明らかになった。

```
autoplot(AnovaMS2)
```

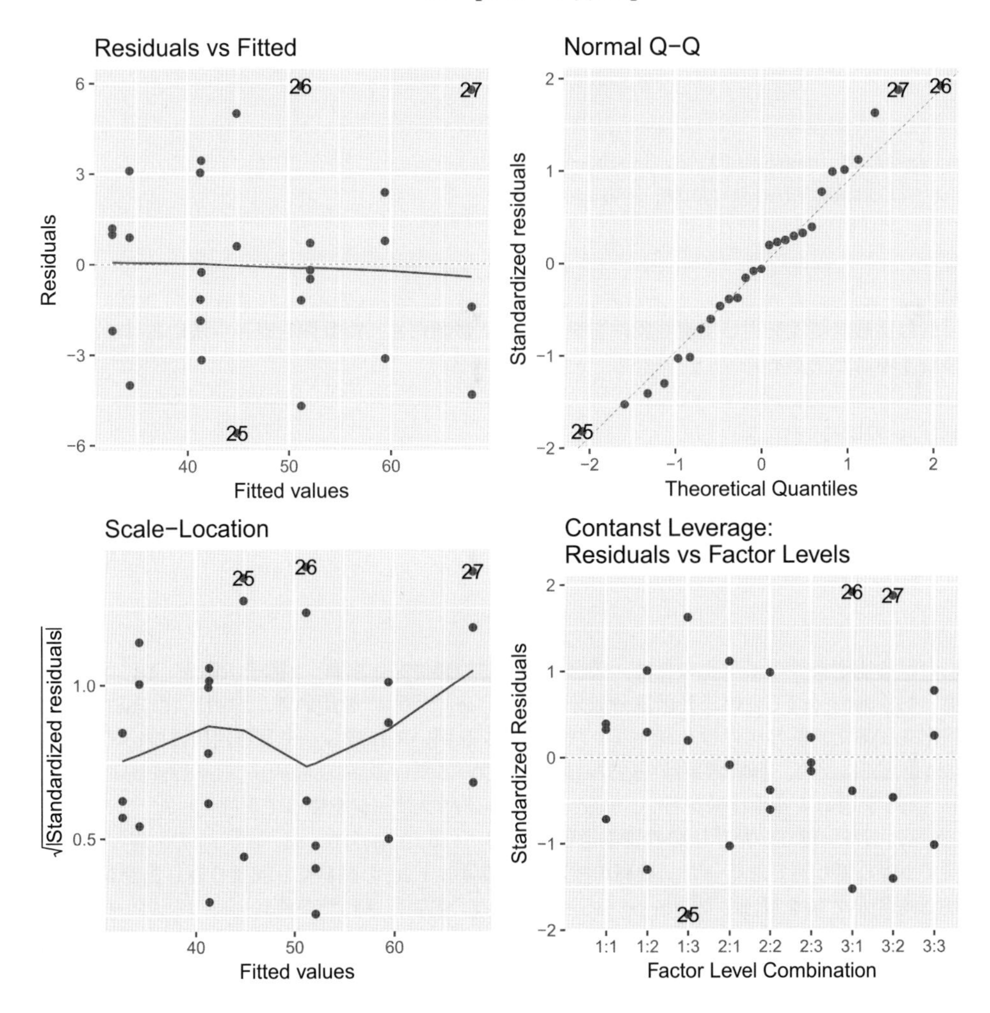

最後に基本的診断プロットについて確認する。交互作用なしのモデルに比べ，残差が小さくなり，Q-Q プロットもより直線に近い傾向が見て取れる。これらの結果から，モデルの信頼性についても改善が認められたと考えてよいだろう。

4.3 【レポート例 4-1】

```
---
title: chapter 4 report

bibliography: mybibfile.bib
output:
  html_document:
    toc: true
```

```
8      number_section: true
9  ---
10
11 ```{r warning=FALSE, message=FALSE, include=FALSE}
12 knitr::opts_chunk$set(warning=FALSE, message=FALSE)
13 ```
14
15 # はじめに
16 本研究の目的は実験計画法を通じて機器条件を最適化し，最適化された条件を既存手法における測定値
17 と比較・検証することである。
18
19 ```{r, include=FALSE}
20 library(readr); library(tidyr); library(ggplot2); library(DoE.base)
21 library(agricolae); library(ggfortify); library(multcompView)
22 library(mcr); library(sessioninfo)
23 ```
24
25 # 方法
26 測定機器における測定条件の最適化のため，機器の検出器の条件を 3 水準，2 因子（電圧：50，70，
27 90eV，温度 150，200，250℃）の二元配置分散分析（Two-way ANOVA）を用いて，S/N 比（Signal noise
28 比）の最適化を試みた。割り付けは`DoE.base`パッケージを用いて作成し，交互作用項についても検討
29 を行った（@DoE.base2017）。解析結果は`agricolae`パッケージの Tukey honestly significant
30 difference test を用いて多重比較を行い，`multcompView`パッケージを使って可視化した
31 （@multcompView2017）。確立した手法の検量線は 0.1，0.5，1.0，5.0，10，50，100 ng の 7 点とし，そ
32 れぞれ 3 回ずつ繰り返し測定を行った。機器の検出下限値は 0.1 ng の試料を 6 回繰り返し測定を行い，
33 Currie の方法を用いて値を算出した（@currie1968limits）。最適化された条件は`mcr`パッケージの
34 passing-bablok regression により先行研究における測定値との比較を行った（@mcr2015）。
35 Passing-bablok regression のブートストラップサンプリング回数は 999 回とした。すべてのデータは R
36 version 3.4.3 により解析を試みた（@Rcitation2017）。
37
38 ```{r, include=FALSE}
39 testMS <- fac.design(nlevels = 3, # 水準の数
40                      nfactors = 2, # 因子の数
41                      factor.names = c("Temp" , "Energy"), # 各因子の名前
42                      replications = 3, # 繰り返し回数
43                      randomize = TRUE, # 順番を順不同にする
44                      seed = 71 # 再現性確保のためのシード固定
45                      )
46
47 ```
48
49 ```{r, include=FALSE}
50 res_SN <- read_csv("~/GitHub/ScienceR/chapter4/Data/data_4_2_1.csv")
51 testMS$SNratio <- res_SN$SNratio
52 testMS2 <- gather(testMS, key = variable, value = value, -c(SNratio, Blocks, Energy))
53 testMS3 <- gather(testMS, key = variable, value = value, -c(SNratio, Blocks, Temp))
54 ```
55
56 # 可視化
```

```
57  ```{r, echo=FALSE, fig.height=4, fig.width=5}
58  p <- ggplot(
59    testMS2,      # データの指定
60    aes (
61      x = value,  # x 軸の指定
62      y = SNratio # y 軸の指定
63    )
64  )
65  p <- p + geom_boxplot()    # 箱ひげ図を指定
66  p <- p + xlab("Temp")      # x 軸のラベル
67  p <- p + ylab("S/N ratio") # y 軸のラベル
68  plot(p)
69  ```
70  
71  図中の Temp1，2，3 はそれぞれ温度 150，200，250℃を表す。検出器温度が上がるにつれ，S/N 比が向上
72  することが示唆される。
73  
74  ```{r, echo=FALSE, fig.height=4, fig.width=5}
75  p <- ggplot(
76    testMS3,              # データの指定
77    aes (
78      x = value,          # x 軸の指定
79      y = SNratio         # y 軸の指定
80    )
81  )
82  
83  p <- p + geom_boxplot()       # 箱ひげ図を指定
84  p <- p + xlab("Energy")       # x 軸のラベル
85  p <- p + ylab("S/N ratio")    # y 軸のラベル
86  plot(p)
87  ```
88  
89  図中の Energy1，2，3 はそれぞれ電圧 50，70，90eV を表す。検出器電圧についても電圧が高くなるにつ
90  れ S/N 比が高くなる傾向が確認されたが，70eV 時の分散が大きく，温度ほど S/N 比との関係は明確では
91  ない。このため，検出器温度，検出器電圧の間の相互作用についても考慮し，分散分析を行った。
92  
93  # 分散分析
94  ```{r}
95  AnovaMS2 <- aov(SNratio ~ Temp * Energy, data = testMS)
96  summary(AnovaMS2)
97  ```
98  
99  解析の結果，交互作用項である`Temp:Energy`が有意であり，影響が認められることが示唆された。これ
100 は，それぞれの因子が個別には最適化されていたとしても，因子を組み合わせて解析すると，個別に最
101 適化したときのそれぞれの値の組み合わせが，必ずしも最適な値を示さない可能性があることを示して
102 いる。このため，Tukey honestly significant difference test による検定を行い，各測定条件どうし
103 の S/N 比を比較した。
104 
105 ```{r}
```

```
106 posthocMS_int <- TukeyHSD(AnovaMS2, "Temp:Energy") # TukeyHSDによる多重検定
107 ‘‘‘
108
109 ‘‘‘{r, fig.height=7, fig.width=6}
110 plot(posthocMS_int, las=1)
111 ‘‘‘
112
113
114 縦軸には比較の組み合わせ，横軸には差分の大きさが示されていることがわかる。それぞれの交互作用
115 項を確認してみると，‘Temp3:Energy2‘の組み合わせが有意となっており，差分である‘diff‘も大きくな
116 る傾向が読み取れる。また，ここで得られた‘Temp3:Energy2‘の値は有意ではないものの
117 ‘Temp3:Energy3‘よりも高値を示した。この結果より，温度250℃・電圧70eV時の条件が測定対象の分析
118 に適していることが示唆された。
```

上記コードを実行すると以下のような図が出力される。

chapter 4 report

1 はじめに

本研究の目的は実験計画法を通じて機器条件を最適化し、最適化された条件を既存手法における測定値と比較・検証することである。

2 方法

測定機器における測定条件の最適化のため、機器の検出器の条件を3水準、2因子 (電圧: 50, 70, 90eV, 温度 150, 200, 250°C) の二元配置分散分析 (Two-way ANOVA)を用いて、S/N比 (Signal noise比) の 最適化を試みた。割り付けは DoE.base パッケージを用いて作成し、交互作用項についても検討を行った(Groemping (2017))。解析結果は agricolae パッケージのTukey honestly significant difference testを用いて多重比較を行い、 multcompView パッケージを使って可視化した(Spencer Graves and Sundar Dorai-Raj (2015))。確立した手法の検量線は0.1, 0.5, 1.0, 5.0, 10, 50, 100 ngの7点とし、それぞれ3回ずつ繰り返し測定を行った。機器の検出下限値は0.1 ngの試料を6回繰り返し測定を行い、Currieの方法を用いて値を算出した (Currie (1968))。最適化された条件は mcr パッケージのpassing-bablok regressionにより先行研究における測定値との比較を行った(Model (2015))。Passing-bablok regressionのブートストラップサンプリング回数は999回とした。すべてのデータはR version 3.4.3により解析を試みた (R Core Team (2017))。

3 可視化

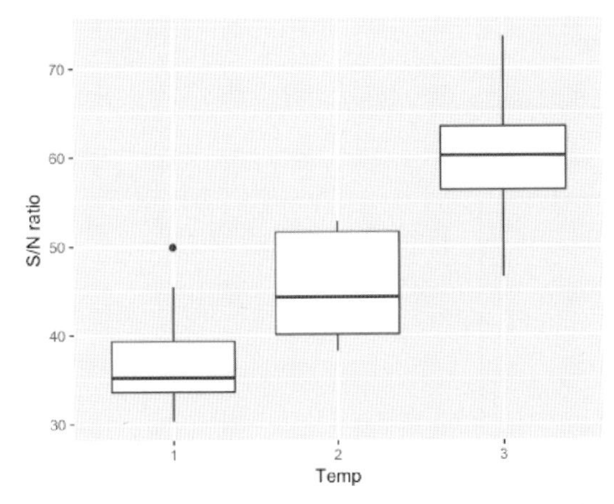

図中のTemp1, 2, 3はそれぞれ温度150, 200, 250°Cを表す。検出器温度が上がるにつれ、S/N比が向上することが示唆される。

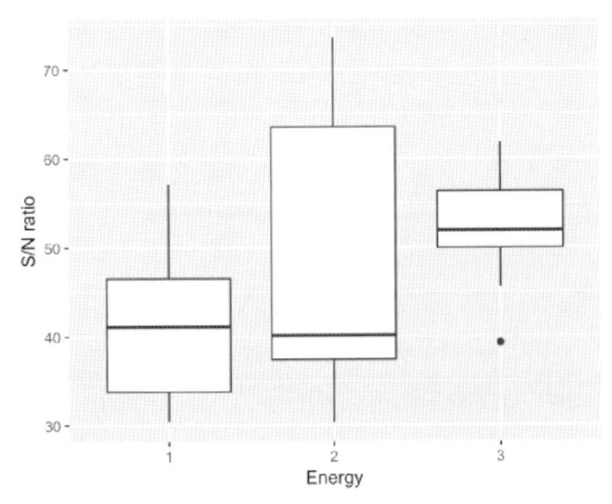

図中のEnergy1, 2, 3はそれぞれ電圧50, 70, 90eVを表す。検出器電圧についても電圧が高くなるにつれS/N比が高くなる傾向が確認されたが、70eV時の分散が大きく、温度ほどS/N比との関係は明確ではない。このため、検出器温度、検出器電圧の間の相互作用についても考慮し、分散分析を行った。

図 4.3 レポート例 4-1 (1)

4 分散分析

```
AnovaMS2 <- aov(SNratio ~ Temp * Energy, data = testMS)
summary(AnovaMS2)
```

```
##              Df Sum Sq Mean Sq F value   Pr(>F)
## Temp          2 2294.3  1147.2   80.80 1.02e-09 ***
## Energy        2  493.3   246.7   17.37 6.28e-05 ***
## Temp:Energy   4  420.8   105.2    7.41  0.00104 **
## Residuals    18  255.6    14.2
## ---
## Signif. codes:  0 '***' 0.001 '**' 0.01 '*' 0.05 '.' 0.1 ' ' 1
```

解析の結果、交互作用項である Temp:Energy が有意であり、影響が認められることが示唆された。これは、それぞれの因子が個別には最適化されていたとしても、因子を組み合わせて解析すると、個別に最適化したときのそれぞれの値の組み合わせが、必ずしも最適な値を示さない可能性があることを示している。このため、Tukey honestly significant difference testによる検定を行い、各測定条件どうしのS/N比を比較した。

```
posthocMS_int <- TukeyHSD(AnovaMS2, "Temp:Energy") # TukeyHSDによる多重検定
```

```
plot(posthocMS_int, las=1)
```

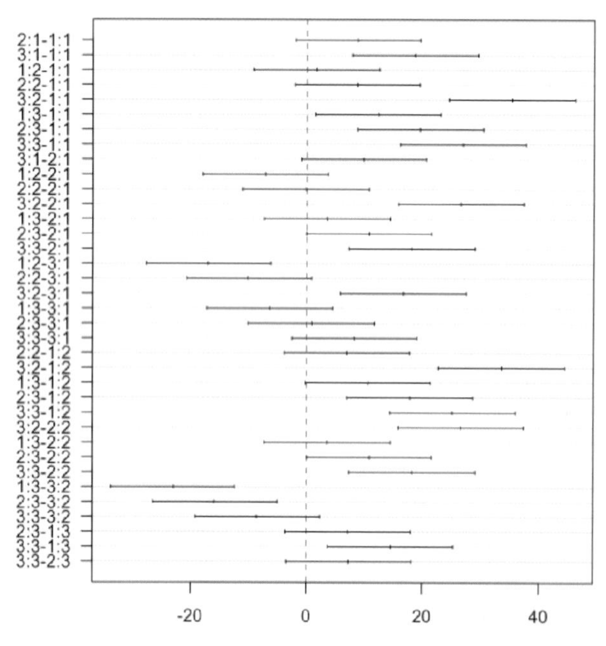

縦軸には比較の組み合わせ、横軸には差分の大きさが示されていることがわかる。それぞれの交互作用項を確認してみると、Temp3:Energy2 の組み合わせが有意となっており、差分である diff も大きくなる傾向が読み取れる。また、ここで得られた Temp3:Energy2 の値は有意ではないものの Temp3:Energy3 よりも高値を示した。この結果より、温度250°C・電圧70eV時の条件が測定対象の分析に適していることが示唆された。

図 4.4　レポート例 4-1 (2)

4.4 直交表を使った分散分析—多数の因子がある場合の組み合わせ効率化：注入口条件の最適化

これまでの一元配置・二元配置分散分析では，設定した因子の組み合わせすべてについて，最適化条件を検討してきた。因子の数が少ないうちであれば，これまでのようにすべての組み合わせを検討してもよいが，考慮したい因子や水準の数が多い場合には，組み合わせの数が多いためにすべての条件を検討することが時間の制約上困難になってしまう場合がある。このような場合に，効率良く実験を検討するための手法が直交表を用いた直交配列実験である。

今回の実験では試料注入口の測定条件最適化を例に挙げ，直交表を使った実験計画法について解説する。最適化する因子として，試料注入口の温度，圧力，および検体注入量の種類を設定する。注入口温度は 200, 250, 300℃，圧力は 0.1, 0.2, 0.3 Mpa（メガパスカル），検体注入量は 1, 3, 5 μl の 3 因子・3 水準の条件で検討を進めることを考える。このように 3 因子・3 水準で実験計画を組む場合，総当たりであれば 3^3 で 27 通りの実験が必要であり，誤差の情報を得るためにそれぞれの組み合わせについて 3 回繰り返し測定を行うとすると以下のように 81 回の測定が必要になる。

```
1  library(DoE.base)
2  testGC_fa <- fac.design(nlevels = c(3, 3, 3), # 水準の数
3                          nfactors = 3, # 因子の数
4                          factor.names = c("InjectorTemp", "InjectorPress", "Volume"),
5                            # 各因子の名前
6                          replications = 3, # 繰り返し回数
7                          randomize = TRUE, # 順番を順不同にする
8                          seed = 71 # 再現性確保のための乱数固定
9                          )
10
11 nrow(testGC_fa)
```

```
## [1] 81
```

1 測定に 30 分かかるとすると，これでは丸一日経ってもデータが出揃わないことになる。そこで，直交配列実験により実験回数を効率化させてみよう。割付表を作成する際には `DoE.base` パッケージの `fac.design()` を使用したが，直交表の場合には同パッケージの `oa.design()` を使用する。今回のようにすべての因子が 3 水準であり，因子数も 3 である場合には次のように記述する。因子や水準の数によって効率化の度合いは変わるため，実際に水準や因子の数を入力しながら組み合わせを試してみるとよいだろう。

```
testGC_oa <- oa.design(nlevels = c(3, 3, 3), # 水準の数
                       nfactors = 3, # 因子の数
                       factor.names = c("InjectorTemp", "InjectorPress", "Volume"),
                         # 各因子の名前
                       replications = 3, # 繰り返し回数
                       randomize = TRUE, # 順番を順不同にする
                       seed = 71 # 再現性確保のための乱数固定
                       )


nrow(testGC_oa)
```

```
## [1] 27
```

総当たりで実験した場合には81回の測定が必要だったが，直交表を使うことで測定回数を27回まで押さえることができる。1回の測定時間が30分であっても，定時前に測定を仕掛けておけば，次の朝やってくる頃には測定が終わっているだろう。直交表ができてしまえば，先程の4.3節と流れは同じである。run.noの順に測定を行い，それぞれの組み合わせのデータを実験で得ればよい。先程と同様に，測定結果を下記のようにデータフレームtestGC_oaの新たな列として追加する。

```
res_SN_oa <- read_csv("~/GitHub/ScienceR/chapter4/Data/data_4_2_2.csv")
testGC_oa$SNratio <- res_SN_oa$SNratio
```

今回は因子の条件がいずれも数値になっているので，ここでも下記コードでfactorに書き換えておく。

```
testGC_oa$InjectorTemp <- factor(testGC_oa$InjectorTemp)
testGC_oa$InjectorPress <- factor(testGC_oa$InjectorPress)
testGC_oa$Column <- factor(testGC_oa$Volume)
```

続いて**ggplot2**で作図する。例として注入口部分の温度によるS/N比の変動を確認してみよう。

```
testGC_oa2 <- gather(testGC_oa, key = variable, value = value, -SNratio, -InjectorPress,
-Volume)
```

```
p <- ggplot(
  testGC_oa2,           # データの指定
  aes (
    x = value,          # x軸の指定
    y = SNratio         # y軸の指定
  )
)

p <- p + geom_boxplot()          # x箱ひげ図を指定
p <- p + xlab("InjectorTemp")    # x軸のラベル指定
```

```
11 p <- p + ylab("S/N ratio")        # y 軸のラベル指定
12 plot(p)
```

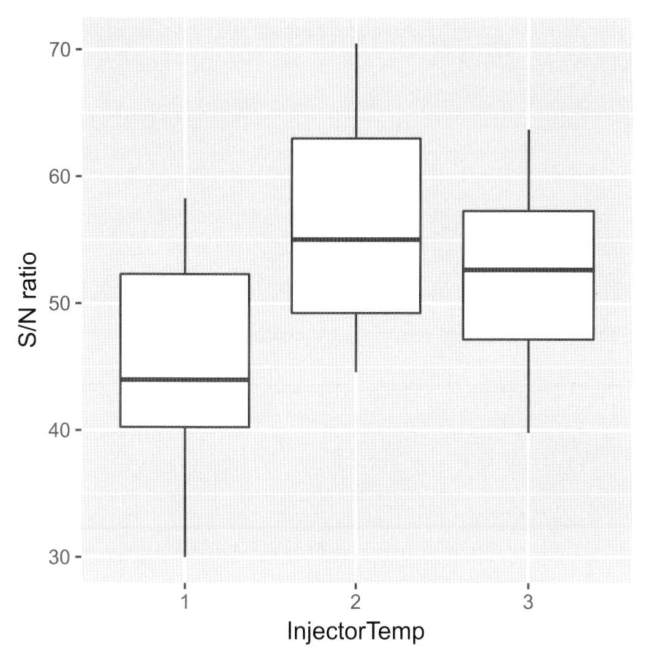

最も低い温度では目的物質のS/N比が低い傾向が見られた。同様に，圧力やカラムの違いについても同じようにプロットすることができるだろう。

直交表を用いた場合も，基本的な解析の流れはほぼ同じである。まずは例として交互作用がない場合の解析例を取り上げる。

```
1 AnovaGC <- aov(SNratio ~ InjectorTemp + InjectorPress + Volume, data = testGC_oa)
2 summary(AnovaGC)
```

```
##               Df Sum Sq Mean Sq F value   Pr(>F)
## InjectorTemp   2 1280.1   640.0  28.214 1.51e-06 ***
## InjectorPress  2  357.6   178.8   7.881  0.00299 **
## Volume         2  305.0   152.5   6.722  0.00585 **
## Residuals     20  453.7    22.7
## ---
## Signif. codes:  0 '***' 0.001 '**' 0.01 '*' 0.05 '.' 0.1 ' ' 1
```

因子が複数になっても結果の見方は同じである。いずれの因子も有意であり，温度の InjectorTemp の分散が大きいことが見て取れる。

```
1 posthocGC_1 <- TukeyHSD(AnovaGC, "InjectorTemp") # TukeyHSDによる多重検定
2 posthocGC_2 <- TukeyHSD(AnovaGC, "InjectorPress") # TukeyHSDによる多重検定
3 posthocGC_3 <- TukeyHSD(AnovaGC, "Volume") # TukeyHSDによる多重検定
4 
5 posthocGC_1
```

```
##   Tukey multiple comparisons of means
##     95% family-wise confidence level
##
## Fit: aov.default(formula = SNratio ~ InjectorTemp + InjectorPress + Volume, data =
  testGC_oa)
##
## $InjectorTemp
##          diff       lwr      upr     p adj
## 2-1 15.900000 10.219533 21.58047 0.0000021
## 3-1 12.822222  7.141755 18.50269 0.0000394
## 3-2 -3.077778 -8.758245  2.60269 0.3745103
```

```
posthocGC_2
```

```
##   Tukey multiple comparisons of means
##     95% family-wise confidence level
##
## Fit: aov.default(formula = SNratio ~ InjectorTemp + InjectorPress + Volume, data =
  testGC_oa)
##
## $InjectorPress
##           diff       lwr       upr     p adj
## 2-1  8.0555556  2.375088 13.736023 0.0050008
## 3-1  7.3333333  1.652866 13.013801 0.0103238
## 3-2 -0.7222222 -6.402690  4.958245 0.9447173
```

```
posthocGC_3
```

```
##   Tukey multiple comparisons of means
##     95% family-wise confidence level
##
## Fit: aov.default(formula = SNratio ~ InjectorTemp + InjectorPress + Volume, data =
  testGC_oa)
##
## $Volume
##           diff        lwr       upr     p adj
## 2-1  7.4444444   1.763977 13.124912 0.0092435
## 3-1  0.6777778  -5.002690  6.358245 0.9511305
## 3-2 -6.7666667 -12.447134 -1.086199 0.0180105
```

得られた `p adj`，`diff` の値から，注入口温度は水準 1 の 200℃以外，圧力は水準 1 の 0.1 MPa 以外，注入量は水準 2 の 3 μl が良好な結果を示したことがわかる。

続いて基本的診断プロットについても確認しておこう。

```
autoplot(AnovaGC)
```

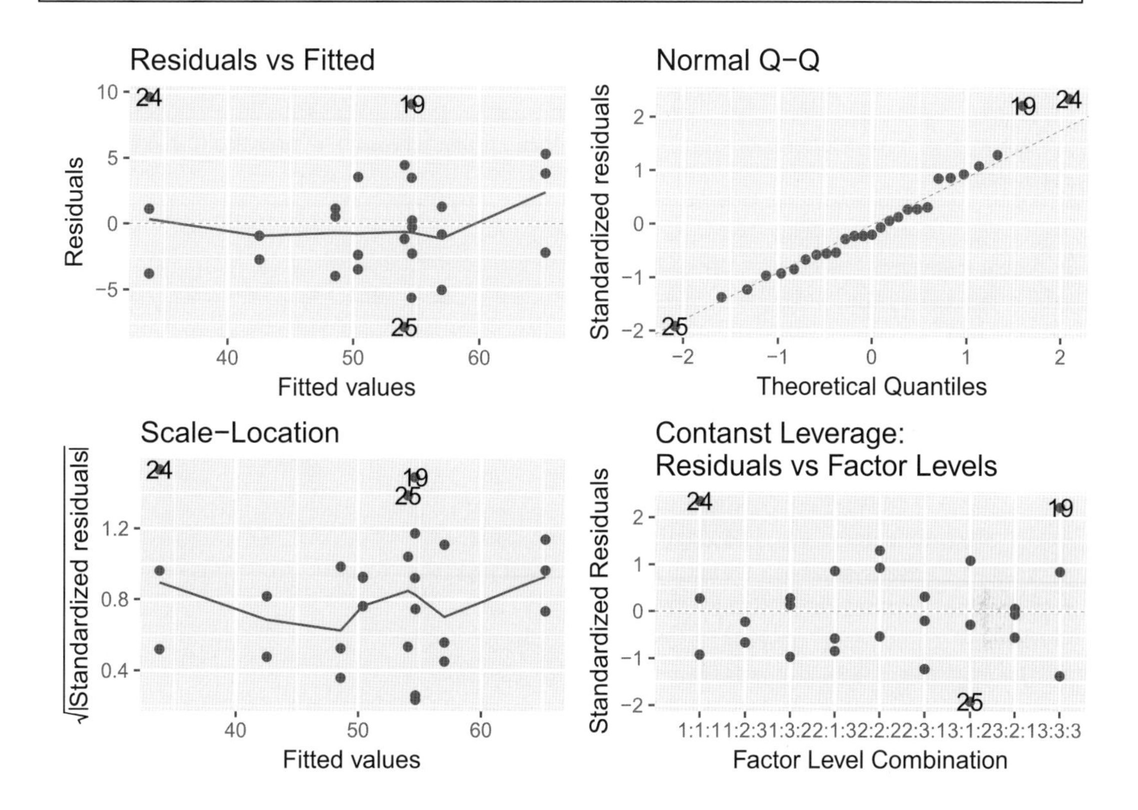

一部の検体（19, 24 など）が少し予測値や Q-Q プロットから外れているものの，基本的診断プロットも概ね問題ないといえるだろう。しかし，注入口条件には交互作用がある可能性がある。そこで以下のように交互作用を考慮したモデルを検討してみよう。ただし，自由度の制限のため，組み合わせて解析できる因子・水準には限りがあるため，ここでは条件を 1 つに絞ることができた注入量については交互作用に組み込まず，InjectorTemp，InjectorPress を交互作用に組み込んだ解析を行う。もしもすべての交互作用について正確に検証したいのであれば，直交表ではなく総当たりで解析を試みるか，交互作用が十分確認できるような，より大きな直交表を使う必要がある。

```
AnovaGC_int1 <- aov(SNratio ~ InjectorTemp * InjectorPress + Volume, data = testGC_oa)
summary(AnovaGC_int1)
```

```
##                            Df Sum Sq Mean Sq F value   Pr(>F)    
## InjectorTemp                2 1280.1   640.0  30.358 1.71e-06 ***
## InjectorPress               2  357.6   178.8   8.480  0.00254 ** 
## Volume                      2  305.0   152.5   7.233  0.00495 ** 
## InjectorTemp:InjectorPress  2   74.2    37.1   1.760  0.20038    
## Residuals                  18  379.5    21.1                     
## ---
```

```
## Signif. codes:  0 '***' 0.001 '**' 0.01 '*' 0.05 '.' 0.1 ' ' 1
```

この結果，交互作用項は有意ではないことがわかる。念のため交互作用項の中身をTukeyHSD検定で確認しておこう。

```
1 posthocGC_4 <- TukeyHSD(AnovaGC_int1, "InjectorTemp:InjectorPress") # TukeyHSDによる多重検定
2 posthocGC_4
```

```
##   Tukey multiple comparisons of means
##     95% family-wise confidence level
##
## Fit: aov.default(formula = SNratio ~ InjectorTemp * InjectorPress + Volume, data =
  testGC_oa)
##
## $`InjectorTemp:InjectorPress`
##                diff         lwr        upr     p adj
## 2:1-1:1  12.82222222  -0.3139004 25.9583449 0.0588340
## 3:1-1:1   8.98888889  -4.1472337 22.1250115 0.3412036
## 1:2-1:1   4.22222222  -8.9139004 17.3583449 0.9620671
## 2:2-1:1  23.95555556  10.8194329 37.0916782 0.0001421
## 3:2-1:1  17.80000000   4.6638774 30.9361226 0.0039518
## 1:3-1:1   4.25555556  -8.8805671 17.3916782 0.9603644
## 2:3-1:1  19.40000000   6.2638774 32.5361226 0.0016353
## 3:3-1:1  20.15555556   7.0194329 33.2916782 0.0010813
## 3:1-2:1  -3.83333333 -16.9694560  9.3027893 0.9782962
## 1:2-2:1  -8.60000000 -21.7361226  4.5361226 0.3937528
## 2:2-2:1  11.13333333  -2.0027893 24.2694560 0.1358361
## 3:2-2:1   4.97777778  -8.1583449 18.1139004 0.9098110
## 1:3-2:1  -8.56666667 -21.7027893  4.5694560 0.3984554
## 2:3-2:1   6.57777778  -6.5583449 19.7139004 0.7083846
## 3:3-2:1   7.33333333  -5.8027893 20.4694560 0.5882346
## 1:2-3:1  -4.76666667 -17.9027893  8.3694560 0.9273835
## 2:2-3:1  14.96666667   1.8305440 28.1027893 0.0188099
## 3:2-3:1   8.81111111  -4.3250115 21.9472337 0.3646824
## 1:3-3:1  -4.73333333 -17.8694560  8.4027893 0.9299430
## 2:3-3:1  10.41111111  -2.7250115 23.5472337 0.1892654
## 3:3-3:1  11.16666667  -1.9694560 24.3027893 0.1337140
## 2:2-1:2  19.73333333   6.5972107 32.8694560 0.0013621
## 3:2-1:2  13.57777778   0.4416551 26.7139004 0.0396552
## 1:3-1:2   0.03333333 -13.1027893 13.1694560 1.0000000
## 2:3-1:2  15.17777778   2.0416551 28.3139004 0.0167659
## 3:3-1:2  15.93333333   2.7972107 29.0694560 0.0110812
## 3:2-2:2  -6.15555556 -19.2916782  6.9805671 0.7712053
## 1:3-2:2 -19.70000000 -32.8361226 -6.5638774 0.0013872
## 2:3-2:2  -4.55555556 -17.6916782  8.5805671 0.9426135
## 3:3-2:2  -3.80000000 -16.9361226  9.3361226 0.9793979
## 1:3-3:2 -13.54444444 -26.6805671 -0.4083218 0.0403595
## 2:3-3:2   1.60000000 -11.5361226 14.7361226 0.9999503
```

```
## 3:3-3:2   2.35555556 -10.7805671 15.4916782 0.9991346
## 2:3-1:3  15.14444444   2.0083218 28.2805671 0.0170736
## 3:3-1:3  15.90000000   2.7638774 29.0361226 0.0112862
## 3:3-2:3   0.75555556 -12.3805671 13.8916782 0.9999999
```

multcompView パッケージによる可視化もあわせて行う。

```
1 plot(posthocGC_4, las=1)
```

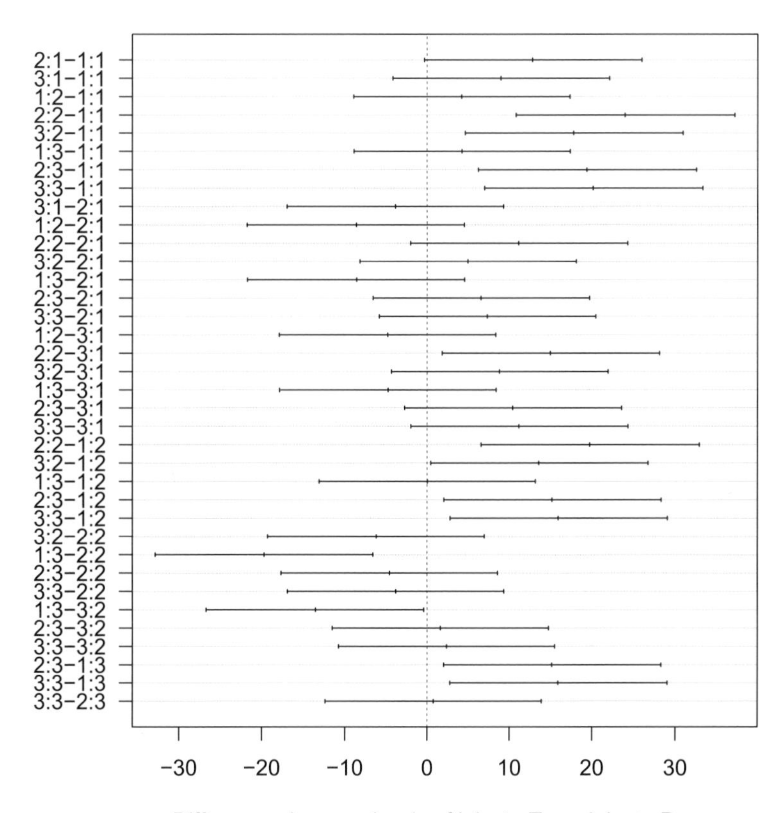

実際に交互作用項を確認してみたところ，有意な差がついている項目の温度や圧力は低い値を示した。注入口温度は水準 1 の 200℃，圧力は水準 1 の 0.1 MPa の項目を含んでおり，それぞれの水準 2, 3 の組み合わせで有意な項目は含まれていなかった。この結果から，注入口温度と注入口圧力については 250, 300℃，0.2, 0.3 Mpa のなかで最良の組み合わせを見つけることはできなかった。このような場合にはエネルギーやガス消費の問題を考えて，温度や圧力の値を低めに設定しておくとよいかもしれない。

4.5　分析法の検証

これまでの節では実験計画法を使い，最適な測定条件を確立することを目的としてデータを解析してきた。この節では分析法を使って測定を行うための各種検証（検量線の書き方，手法の検出下限値の検証の仕方や，他の分析法による測定値との比較など）をRにより実行する。

4.5.1　検量線の作成

はじめに検量線の作成について説明する。今回のデータは0.1 ～ 100 ng の間で7点・各3回ずつ測定を行ったとして解析を進める。まずは測定データを読み込み，内容を確認する。

```
1 library(readr)
2 Cal_curve <- read_csv("~/GitHub/ScienceR/chapter4/Data/data_4_5_1.csv")
3 head(Cal_curve)
```

```
## # A tibble: 6 x 4
##     Conc  Val1  Val2   Val3
##    <dbl> <dbl> <dbl>  <dbl>
## 1    0.1  0.11  0.11  0.097
## 2    0.5  0.48  0.53  0.49
## 3    1    0.99  1.1   0.97
## 4    5    5.2   4.8   5.1
## 5   10   10.3  10.2   9.9
## 6   50   48.5  50.4  51
```

ここでもこれまでと同様，ggplot2で作図するためにデータを持ち替える。今回はConcの列を検量線を引くために利用するので，コードは次のようになる。

```
1 library(tidyr) # データを持ち替えるためのパッケージの呼び出し
2 library(ggplot2) # 作図用パッケージの呼び出し
3
4 Cal_curve2 <- gather(Cal_curve, key = variable, value = value, -Conc)
5   # -Concを記入し，列としてConcを残す
6 head(Cal_curve2, 9) # データの前から9行を表示
```

```
## # A tibble: 9 x 3
##     Conc variable value
##    <dbl> <chr>    <dbl>
```

```
## 1   0.1 Val1      0.11
## 2   0.5 Val1      0.48
## 3   1   Val1      0.99
## 4   5   Val1      5.2
## 5  10   Val1     10.3
## 6  50   Val1     48.5
## 7 100   Val1     98
## 8   0.1 Val2      0.11
## 9   0.5 Val2      0.53
```

また，回帰直線およびその R^2 値を確認しておこう。以下のように，線形回帰分析を実行する。

```
1 summary(lm(value ~ Conc, data = Cal_curve2))
```

```
##
## Call:
## lm.default(formula = value ~ Conc, data = Cal_curve2)
##
## Residuals:
##      Min       1Q   Median       3Q      Max
## -1.71705 -0.08231 -0.04535  0.16124  2.28295
##
## Coefficients:
##             Estimate Std. Error t value Pr(>|t|)
## (Intercept)  0.05569    0.21235   0.262    0.796
## Conc         0.99661    0.00500 199.327   <2e-16 ***
## ---
## Signif. codes:  0 '***' 0.001 '**' 0.01 '*' 0.05 '.' 0.1 ' ' 1
##
## Residual standard error: 0.806 on 19 degrees of freedom
## Multiple R-squared:  0.9995, Adjusted R-squared:  0.9995
## F-statistic: 3.973e+04 on 1 and 19 DF,  p-value: < 2.2e-16
```

結果の作図も行っておこう。コードは次の通りである。

```
1  p <- ggplot(
2    Cal_curve2,           # 上記で作ったデータ名を入れる
3    aes (
4      x = Conc,           # x 軸に Conc を指定
5      y = value           # y 軸に実測値 (Value) を指定
6    )
7  )
8
9  p <- p + geom_point()  # 点の作図
10
11 p <- p + stat_smooth(  # 近似直線を追加するための関数
12   method = "lm",        # 上記で求めた線形回帰の結果を当てはめる
```

```
13     se = FALSE,            # 信頼区間をつけるかどうか
14     colour = "black",      # 線の色
15     size = 1)              # 線の太さ
16
17   p <- p + xlab("Analyzed value (ng)")     # x 軸ラベル
18   p <- p + ylab("Amounts of compound (ng)")     # y 軸ラベル
19   p <- p + ggtitle("Calibration curve (R^2 = 0.9995)") # グラフタイトル, R^2 の値もあわせて記載
20
21   plot(p)
```

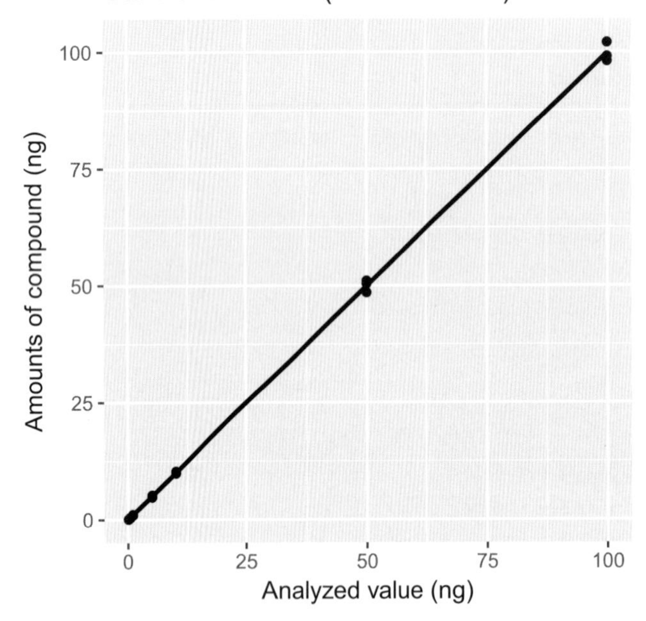

この結果から，新しく提案した手法は 0.1 ～ 100 ng の測定範囲において，十分な直線性 ($R^2 = 0.9995$) を有していることがわかった。

4.5.2 検出下限値の算出

続いて機器の検出下限値を算出する。ここでは Currie の提案手法に従い，検量線の最低濃度の繰り返し測定から算出された標準偏差に 3.3 を掛けた値を検出下限値とした。この解析には検量線試料で用いた最も低い濃度の標準物質を 7 回繰り返し測定したデータを用いた。

```
1 library(readr)
2 ILOD <- read_csv("~/GitHub/ScienceR/chapter4/Data/data_4_5_2.csv")
3 head(ILOD)
```

```
## # A tibble: 6 x 2
##   SeqID Value
##   <int> <dbl>
```

```
## 1      1 0.11
## 2      2 0.11
## 3      3 0.099
## 4      4 0.097
## 5      5 0.099
## 6      6 0.1
```

上記のように7回分の測定結果が得られた。機器の検出下限値を算出するコードは以下の通りで，前述のように，測定値に sd() を適用して求めた標準偏差に3.3を掛ける。

```
1 sd(ILOD$Value) * 3.3
```

```
## [1] 0.0200602
```

この結果より，機器の検出下限値は0.020 ngであることがわかった。この結果を既報と比較し，最適化した機器による分析条件の良し悪しを判断できるだろう。

続いて測定系全体の検出下限値を算出する。先程の機器の検出下限値の算出では検量線の最低濃度試料を繰り返し測定した結果を解析に使い，その標準偏差から検出下限値を算出した。しかし，実際の測定は試料をカラムに通し，精製してから行う。このため，単純に検量線の最低濃度を測定するときとは異なり，精製時の手順による影響を考慮する必要がある。そこで，ブランク試験と呼ばれる試験を行う。この試験は，試料の代わりに純水などを測定することで，精製カラムなどからのコンタミの影響を確認するものである。ここでは7回のブランク試料の繰り返し測定により検出された対象物質濃度の標準偏差に3.3を掛けた値を，この手法全体の検出下限値とした。解析のコードは以下の通りで，機器の検出下限値を求めるコードと同様である。

```
1 QLOD <- read_csv("~/GitHub/ScienceR/chapter4/Data/data_4_5_3.csv")
2 head(QLOD)
```

```
## # A tibble: 6 x 2
##   SeqID Value
##   <int> <dbl>
## 1     1  0.97
## 2     2  1
## 3     3  0.99
## 4     4  0.97
## 5     5  1.03
## 6     6  1.02
```

```
sd(QLOD$Value) * 3.3
```

```
## [1] 0.08083316
```

この結果より，測定法の検出下限値は0.081 ng/gであることがわかった。単位が異なっているのは，機器の検出下限値では検量線に使った測定試料中に含まれる対象物質の絶対量を検出下限値として求めたのに対し，測定法の検出下限値は一定量のブランク試料中に含まれる対象物質の量について限界値を求めたためである。

4.5.3 他研究との測定値の比較

ここでは同一の検体群を既存手法で測定した場合と新規手法で測定した場合について比較する方法を紹介する。2つの測定値の直線関係を解析することで新規手法の信頼性を確認できる。

よくある誤りとして，2つの測定値の比較を通常の回帰分析により行うことが挙げられる。通常の線形回帰分析では，仮定として説明変数に測定誤差がないこと，目的変数が正規分布に従うこと，測定誤差の分散は一定であることの3つが挙げられる。しかしながら，新規開発手法や既存分析手法で得られた測定値は検量線などで使われるような既知の濃度とは異なり，いずれも誤差を含んでいる値である。このため，通常の線形回帰分析の仮定を満たさない。

このような場合に使用される手法がPassing-Bablok法である。Passing-Bablok法はノンパラメトリックな手法であり，回帰直線の傾きβを，すべての点から算出した中央値として推定するところに特徴がある。また，ブートストラップ法，ジャックナイフ法を使って傾きや切片の信頼区間を求め，傾きが1を含んでいるか，切片が0を含んでいるか確認することができる。では実際にコードを書いてみよう。

まずはデータを読み込む。

```
library(readr)
Comp_reg <- read_csv("~/GitHub/ScienceR/chapter4/Data/data_4_5_4.csv")
head(Comp_reg)
```

```
## # A tibble: 6 x 3
##      ID Previous   New
##   <int>    <dbl> <dbl>
## 1     1     0.69  0.56
## 2     2     0.99  1.05
## 3     3     0.96  1.04
## 4     4     0.76  0.84
## 5     5     2.27  2.16
```

```
## 6      6      0.34  0.4
```

Passing-Bablok 法は mcr パッケージを使うことで実行することができる。コードは以下の通りである。もっとも重要な切片・傾きやその 95 % 信頼区間は，結果をまとめている Paba_reg 内の @para 内に格納されている。

```
library(mcr)
Paba_reg <-  mcreg(Comp_reg$Previous, Comp_reg$New,
                   error.ratio = 1,
                   alpha = 0.05,
                   method.reg = "PaBa",     # 解析手法の指定
                   method.ci ="bootstrap", # 信頼区間のサンプリング方法
                   method.bootstrap.ci = "BCa",
                   nsamples = 999, # サンプリング数
                   rng.seed = 71,  # 乱数の固定
                   mref.name = "Previous", # 既存手法の名前
                   mtest.name = "New"      # 新手法の名前
                   )
Paba_reg@para
```

```
##                   EST SE        LCI       UCI
## Intercept 0.02262485 NA -0.3260543 0.1596061
## Slope     1.00243605 NA  0.8783784 1.3888889
```

この結果，切片の 95 % 信頼区間である Intercept の LCI, UCI が 0 を含んでいること，傾きの 95 % 信頼区間である Slope の LCI, UCI が 0 を含んでいることから，2 つの分析法の測定値に差はないことが推察される。結果の可視化は以下のコードの通りである。

```
plot(Paba_reg)
```

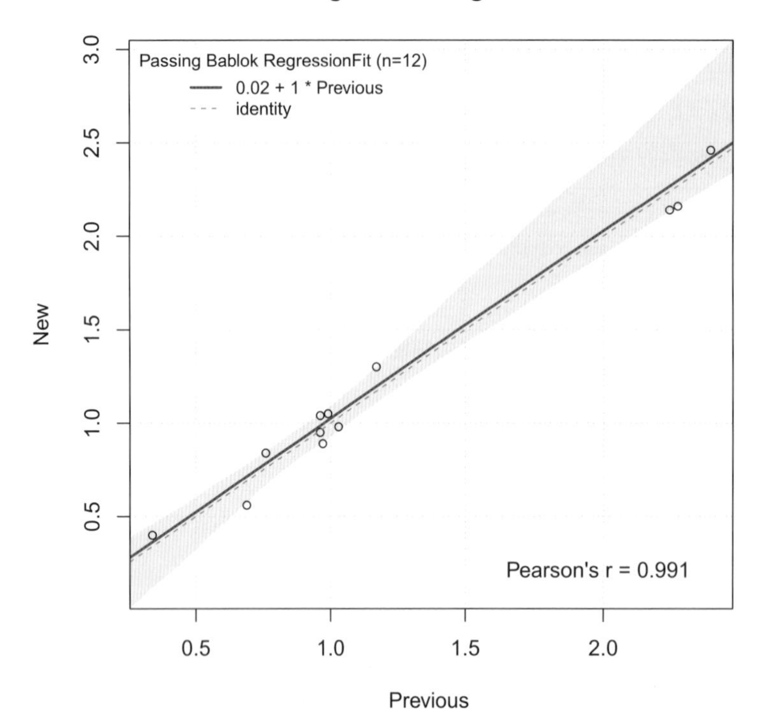

4.5.4 長期的な測定値の変動確認

最後に長期的な測定値の変動を確認する方法について説明する。ルーチンで長期的に測定を続ける場合，測定法を確立したときと比べて，機器が汚れることなどにより測定値が変わってくる可能性がある。このような機器の状態の変動を確認する方法として，複数の検体をまとめて測定する1回の実験の際に，値の確認専用にプールしておいた試料（QC 試料）を定期的に測定試料と一緒に分析することが推奨される。

この値の変動を追うための可視化手法として XbarR 管理図と呼ばれる図が知られており，qcc パッケージを使ってこの図を作成することができる。本節では月に2検体の QC 検体を測定し，10ヶ月間にわたり測定値のログを取ったデータを使って例を示す。

```
X_R_test <- read_csv("~/GitHub/ScienceR/chapter4/Data/data_4_5_5.csv")
head(X_R_test)
```

```
## # A tibble: 6 x 2
##   sample Value
##    <int> <dbl>
## 1      1  1
## 2      1  1.03
```

```
## 3       2  0.97
## 4       2  0.99
## 5       3  0.9
## 6       3  0.94
```

作図を行うにあたって，まずはじめに測定値・測定グループをまとめた X_R_test データから，作図用のデータである X_R_val を下記コードの通りに作成する。qcc.groups() 関数で，測定値である Value を関数の第1引数，測定グループである sample を第2引数に指定している。ここで注意として，各グループには最低2検体ずつのデータを入力する必要がある。

```
1 library(qcc)
2 X_R_val <- qcc.groups(X_R_test$Value, X_R_test$sample)
3 X_R_val
```

```
##     [,1] [,2]
## 1   1.00 1.03
## 2   0.97 0.99
## 3   0.90 0.94
## 4   1.05 1.02
## 5   1.03 1.04
## 6   1.21 1.19
## 7   1.03 1.04
## 8   1.10 1.04
## 9   0.98 0.99
## 10  1.02 1.10
```

X_R_val データを出力すると，上記のようにデータ形式が変換されている。

実際の作図は以下のように行う。qcc() 関数に測定値と X_R_val データの行番号であるグループ番号を記入している。ここでは10番目のグループまですべて含めて作図するコードを記述しているが，X_R_val[1:5,] のように記述することで特定のグループに限った管理図を出力することもできる。

```
1 qcc_res <- qcc(X_R_val[1:10, ], type = "xbar", plot = FALSE)
2 plot(qcc_res)
```

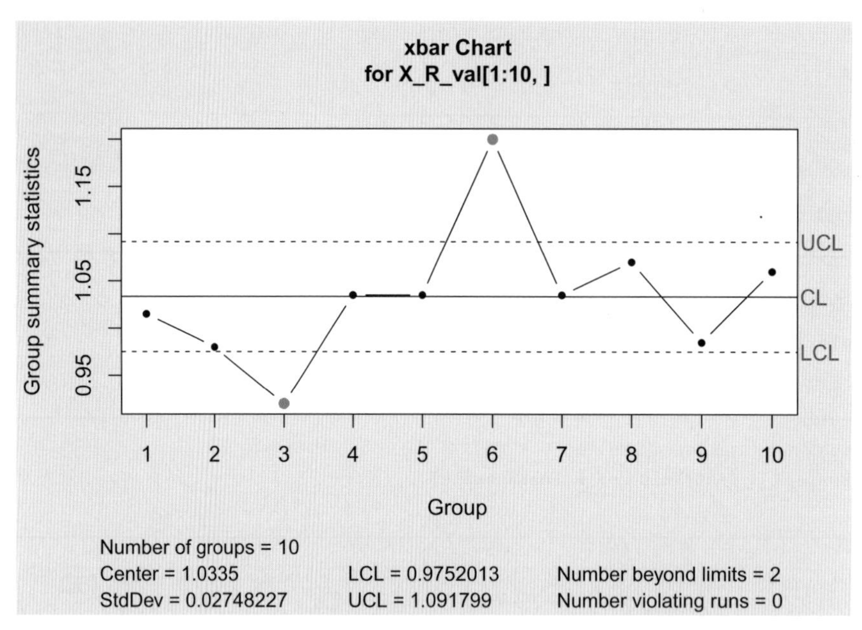

図の見方を述べる。中央の実線が全体の平均値(Center)，点線が分散(StdDev)から算出された上限・下限管理限界値(UCL, LCL)を示している。Group 3, 6は管理限界値から外れているため，機器のメンテナンスや測定法の手順，試薬のロットなどを確認し，値の変動に関わる因子を特定・排除する必要があるだろう。また，管理限界値を超えていない場合であっても，図の上方・下方いずれかに7回以上連続して結果が偏った場合や，7回以上連続して値が増加・減少している場合，変動に周期性が認められた場合などには，やはり変動の因子を特定する必要があるだろう。

4.6 【レポート例 4-2】

ではレポートの後半の例を記述する。

```
# 確立した条件の検証
```{r, include=FALSE}
Cal_curve <- read_csv("~/GitHub/ScienceR/chapter4/Data/data_4_5_1.csv")
head(Cal_curve)
Cal_curve2 <- gather(Cal_curve, key = variable, value = value, -Conc)
```

```{r, echo=FALSE, fig.height=4, fig.width=4}
p <- ggplot(
  Cal_curve2,           # 上記で作ったデータ名を入れる
  aes (
    x = Conc,           # x軸にConcを指定
    y = value           # y軸に実測値(Value)を指定
```
```

```
14     )
15   )
16
17   p <- p + geom_point()  # 点の作図
18
19   p <- p + stat_smooth(  # 近似直線を追加するための関数
20     method = "lm",       # 上記で求めた線形回帰の結果を当てはめる
21     se = FALSE,          # 信頼区間をつけるかどうか
22     colour = "black",    # 線の色
23     size = 1)            # 線の太さ
24
25   p <- p + xlab("Analyzed value (ng)")    # x 軸ラベル
26   p <- p + ylab("Amounts of compound (ng)")    # y 軸ラベル
27   p <- p + ggtitle("Calibration curve (R^2 = 0.9998)") # グラフタイトル，R^2 の値もあわせて記載
28
29   plot(p)
30   ```
31
32   この結果から，新しく提案した手法は 0.1 - 100ng の測定範囲において，十分な直線性 (R^2 =
33   0.999761) を有していた。
34
35   ```{r, include=FALSE}
36   ILOD <- read_csv("~/GitHub/ScienceR/chapter4/Data/data_4_5_2.csv")
37   ```
38
39   ```{r}
40   sd(ILOD$Value) * 3.3
41   ```
42   また，この測定条件における検出下限値は`r sd(ILOD$Value) * 3.3`ng であった。
43
44   ```{r, include=FALSE}
45   Comp_reg <- read_csv("~/GitHub/ScienceR/chapter4/Data/data_4_5_4.csv")
46   ```
47
48   ```{r, echo=FALSE, fig.height=6.2, fig.width=6}
49   Paba_reg <-  mcreg(Comp_reg$Previous, Comp_reg$New,
50                      error.ratio = 1,
51                      alpha = 0.05,
52                      method.reg = "PaBa",
53                      method.ci ="bootstrap",
54                      method.bootstrap.ci = "BCa",
55                      nsamples = 999,
56                      rng.seed = 71,
57                      mref.name = "Previous",
58                      mtest.name = "New"
59                      )
60   plot(Paba_reg)
61   ```
62
```

```
63 このときの傾きは 1.002436，95% 信頼区間は 0.8783784-1.3888889 であり，傾きの 95% 信頼区間である
64 ‘Slope‘の‘LCI‘，‘UCI‘が 0 を含んでいることから，2 つの分析法の測定値に差はないことが推察される。
65
66 # 実行環境
67 ```{r}
68 session_info()
69 ```
70 # References {#references .unnumbered}
```

上記コードを実行すると以下のような図が出力される。

5 確立した条件の検証

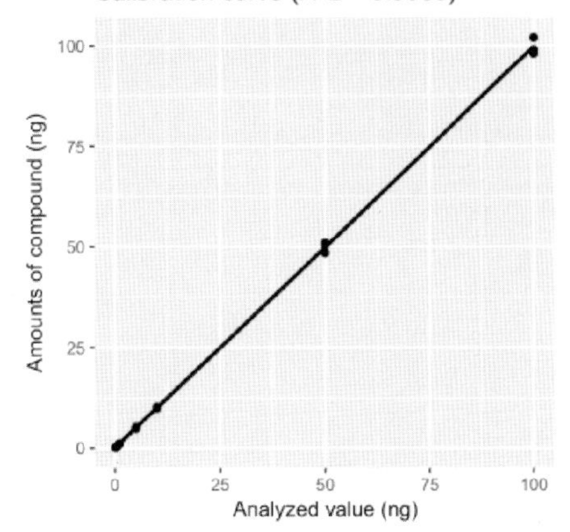

この結果から、新しく提案した手法は0.1 - 100ngの測定範囲において、十分な直線性 (R^2 = 0.999761) を有していた。

```
sd(ILOD$Value) * 3.3
```

```
## [1] 0.0200602
```

また、この測定条件における検出下限値は0.0200602ngであった。

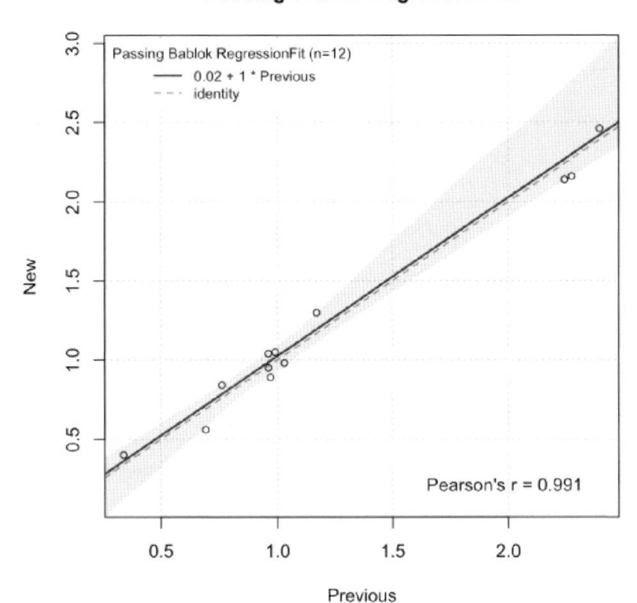

The 0.95-confidence bounds are calculated with the bootstrap(BCa) method.

このときの傾きは1.002436、95%信頼区間は0.8783784-1.3888889であり、傾きの95%信頼区間である Slope の LCI , UCI が0を含んでいることから、2つの分析法の測定値に差はないことが推察される。

図 4.5　レポート例 4-2 (1)

6 実行環境

```
session_info()
```

```
## — Session info ————————————————————————————————————————
## setting  value
## version  R version 3.5.0 (2018-04-23)
## os       macOS High Sierra 10.13.4
## system   x86_64, darwin15.6.0
## ui       X11
## language (EN)
## collate  ja_JP.UTF-8
## tz       Asia/Tokyo
## date     2018-06-11
##
## — Packages ————————————————————————————————————————————
——
## package     * version date       source
## agricolae   * 1.2-8   2017-09-12 CRAN (R 3.5.0)
## AlgDesign     1.1-7.3 2014-10-15 CRAN (R 3.5.0)
## assertthat    0.2.0   2017-04-11 CRAN (R 3.5.0)
## backports     1.1.2   2017-12-13 CRAN (R 3.5.0)
## bindr         0.1.1   2018-03-13 CRAN (R 3.5.0)
## bindrcpp      0.2.2   2018-03-29 CRAN (R 3.5.0)
## boot          1.3-20  2017-08-06 CRAN (R 3.5.0)
## cli           1.0.0   2017-11-05 CRAN (R 3.5.0)
## clisymbols    1.2.0   2017-05-21 CRAN (R 3.5.0)
## cluster       2.0.7-1 2018-04-13 CRAN (R 3.5.0)
## coda          0.19-1  2016-12-08 CRAN (R 3.5.0)
## colorspace    1.3-2   2016-12-14 CRAN (R 3.5.0)
## combinat      0.0-8   2012-10-29 CRAN (R 3.5.0)
## conf.design * 2.0.0   2013-02-23 CRAN (R 3.5.0)
## crayon        1.3.4   2017-09-16 CRAN (R 3.5.0)
## deldir        0.1-15  2018-04-01 CRAN (R 3.5.0)
## digest        0.6.15  2018-01-28 CRAN (R 3.5.0)
## DoE.base    * 0.32    2018-03-01 CRAN (R 3.5.0)
## dplyr         0.7.4   2017-09-28 CRAN (R 3.5.0)
## evaluate      0.10.1  2017-06-24 CRAN (R 3.5.0)
## expm          0.999-2 2017-03-29 CRAN (R 3.5.0)
## gdata         2.18.0  2017-06-06 CRAN (R 3.5.0)
## ggfortify   * 0.4.5   2018-05-26 CRAN (R 3.5.0)
## ggplot2     * 2.2.1   2016-12-30 CRAN (R 3.5.0)
## glue          1.2.0   2017-10-29 CRAN (R 3.5.0)
## gmodels       2.16.2  2015-07-22 CRAN (R 3.5.0)
## gridExtra     2.3     2017-09-09 CRAN (R 3.5.0)
## gtable        0.2.0   2016-02-26 CRAN (R 3.5.0)
## gtools        3.5.0   2015-05-29 CRAN (R 3.5.0)
## highr         0.6     2016-05-09 CRAN (R 3.5.0)
## hms           0.4.2   2018-03-10 CRAN (R 3.5.0)
## htmltools     0.3.6   2017-04-28 CRAN (R 3.5.0)
## httpuv        1.4.1   2018-04-21 CRAN (R 3.5.0)
## klaR          0.6-14  2018-03-19 CRAN (R 3.5.0)
## knitr         1.20    2018-02-20 CRAN (R 3.5.0)
## labeling      0.3     2014-08-23 CRAN (R 3.5.0)
## later         0.7.1   2018-03-07 CRAN (R 3.5.0)
## lattice       0.20-35 2017-03-25 CRAN (R 3.5.0)
## lazyeval      0.2.1   2017-10-29 CRAN (R 3.5.0)
## LearnBayes    2.15.1  2018-03-18 CRAN (R 3.5.0)
## lmtest        0.9-36  2018-04-04 CRAN (R 3.5.0)
## magrittr      1.5     2014-11-22 CRAN (R 3.5.0)
## MASS          7.3-49  2018-02-23 CRAN (R 3.5.0)
```

図4.6 レポート例 4-2 (2)

```
## Matrix        1.2-14  2018-04-13 CRAN (R 3.5.0)
## mcr         * 1.2.1   2014-02-12 CRAN (R 3.5.0)
## mime          0.5     2016-07-07 CRAN (R 3.5.0)
## miniUI        0.1.1   2016-01-15 CRAN (R 3.5.0)
## multcompView * 0.1-7  2015-07-31 CRAN (R 3.5.0)
## munsell       0.4.3   2016-02-13 CRAN (R 3.5.0)
## nlme          3.1-137 2018-04-07 CRAN (R 3.5.0)
## numbers       0.7-1   2018-05-17 CRAN (R 3.5.0)
## pillar        1.2.1   2018-02-27 CRAN (R 3.5.0)
## pkgconfig     2.0.1   2017-03-21 CRAN (R 3.5.0)
## plyr          1.8.4   2016-06-08 CRAN (R 3.5.0)
## promises      1.0.1   2018-04-13 CRAN (R 3.5.0)
## purrr         0.2.4   2017-10-18 CRAN (R 3.5.0)
## questionr     0.6.2   2017-11-01 CRAN (R 3.5.0)
## R6            2.2.2   2017-06-17 CRAN (R 3.5.0)
## Rcpp          0.12.16 2018-03-13 CRAN (R 3.5.0)
## readr       * 1.1.1   2017-05-16 CRAN (R 3.5.0)
## rlang         0.2.0   2018-02-20 CRAN (R 3.5.0)
## rmarkdown     1.9.12  2018-05-20 Github (rstudio/rmarkdown@7ea4f08)
## rprojroot     1.3-2   2018-01-03 CRAN (R 3.5.0)
## rstudioapi    0.7     2017-09-07 CRAN (R 3.5.0)
## scales        0.5.0   2017-08-24 CRAN (R 3.5.0)
## sessioninfo * 1.0.0   2017-06-21 CRAN (R 3.5.0)
## shiny         1.0.5   2017-08-23 CRAN (R 3.5.0)
## sp            1.2-7   2018-01-19 CRAN (R 3.5.0)
## spData        0.2.8.3 2018-03-25 CRAN (R 3.5.0)
## spdep         0.7-7   2018-04-03 CRAN (R 3.5.0)
## stringi       1.2.2   2018-05-02 cran (@1.2.2)
## stringr       1.3.1   2018-05-10 cran (@1.3.1)
## tibble        1.4.2   2018-01-22 CRAN (R 3.5.0)
## tidyr       * 0.8.0   2018-01-29 CRAN (R 3.5.0)
## tidyselect    0.2.4   2018-02-26 CRAN (R 3.5.0)
## utf8          1.1.3   2018-01-03 CRAN (R 3.5.0)
## vcd           1.4-4   2017-12-06 CRAN (R 3.5.0)
## withr         2.1.2   2018-03-15 CRAN (R 3.5.0)
## xtable        1.8-2   2016-02-05 CRAN (R 3.5.0)
## yaml          2.1.19  2018-05-01 cran (@2.1.19)
## zoo           1.8-1   2018-01-08 CRAN (R 3.5.0)
```

References

Currie, Lloyd A. 1968. "Limits for Qualitative Detection and Quantitative Determination. Application to Radiochemistry." *Analytical Chemistry* 40 (3). ACS Publications: 586–93.

Groemping, Ulrike. 2017. *DoE.base: Full Factorials, Orthogonal Arrays and Base Utilities for Doe Packages*. https://CRAN.R-project.org/package=DoE.base.

Model, S Ekaterina Manuilova Andre Schuetzenmeister Fabian. 2015. *Mcr: Method Comparison Regression*. https://cran.r-project.org/web/packages/multcompView/index.html.

R Core Team. 2017. *R: A Language and Environment for Statistical Computing*. Vienna, Austria: R Foundation for Statistical Computing. https://www.R-project.org/.

Spencer Graves, Hans-Peter Piepho, and Luciano Selzer with help from Sundar Dorai-Raj. 2015. *MultcompView: Visualizations of Paired Comparisons*. https://cran.r-project.org/web/packages/multcompView/index.html.

図 4.7　レポート例 4-2 (3)

4.7 本章のまとめと参考文献

本章では実験計画法を使い，単純な一元配置分散分析から，二元配置，直交表までを用いて複数の因子を最適化する方法について紹介した。さらに，他研究との測定条件比較や検出下限値の算出，測定値の変動のチェック法など，最適化後の管理に関わる解析法も紹介した。より詳細な情報を得たい場合には次のような文献が参考になるだろう。

1. 図解入門ビジネスQC七つ道具がよ〜くわかる本：今里 健一郎；秀和システム
2. これだけ！ 実験計画法：森田 浩；秀和システム
3. Rで学ぶ 実験計画法：長畑 秀和；朝倉書店
4. 実験計画法と分散分析：三輪 哲久；朝倉書店
5. 製品開発のための統計解析入門：JMPによる品質管理・品質工学：河村 敏彦；近代科学社
6. 化学・薬学・生物学の技術開発：田口 玄一・久米 昭正；日本規格協会
7. ggfortify: Data Visualization Tools for Statistical Analysis Results (`https://github.com/sinhrks/ggfortify`)
8. ggfortify: Unified Interface to Visualize Statistical Result of Popular R Packages: Yuan Tang, Masaaki Horikoshi, and Wenxuan Li; The R Journal, 8.2, 478-489, (2016)

Chapter 5

機械学習
—代謝産物の変動解析を例に

近年，遺伝子やタンパク質，生体内代謝物などを網羅的に測定・解析し，それらの変化が病気の発症などにどのように関わっているのかについて研究する，オミックス解析と呼ばれる手法がある。これらの研究においてはしばしば，サンプルサイズよりも説明変数の数がはるかに多い問題を解く必要があるが，過剰適合の問題から一般的な線形回帰分析などの枠組みではこれらの問題を解決することは難しい。このため，次元圧縮や正則化を使った線形回帰，ランダムフォレストなどがこれらの問題解決に使われ始めている。本章ではこのような高次元データを例に，対照群とケース群の2群を過剰適合を抑えながら判別する手法について解説する。また，変数重要度を算出することで学習モデル内において2群の判別に重要であると考えられる因子を抽出する。最後に抽出した因子どうしの関係解析について検討する（図5.1参照）。

5.1 データの読み込み・加工・可視化・検定

5.1.1 データの読み込み

Rの本体やパッケージの登録・管理をしているウェブサイトとしてはCRANがあるが，本節ではCRANではなくBioconductorに登録された`ropls`パッケージに含まれる`sacurine`データを使った解析例を挙げる。Bioconductorには生命科学と情報科学の複合領域である，バイオインフォマティクスに関連するパッケージが多く登録されている。本章で利用する`sacurine`データには183人分の尿中低分子代謝物（メタボローム）の測定値および分析対象者の属性，測定対象物質についての概要がメタデータとして格納されている。

まず，データを使用するために，以下のコードによりパッケージのインストールおよび呼び出しを行う。Bioconductorからパッケージをインストールするには，以下に示すように`source("https://bioconductor.org/biocLite.R")`でBioconductorのサイトを指定し，`install.packages()`の代わりに`biocLite()`

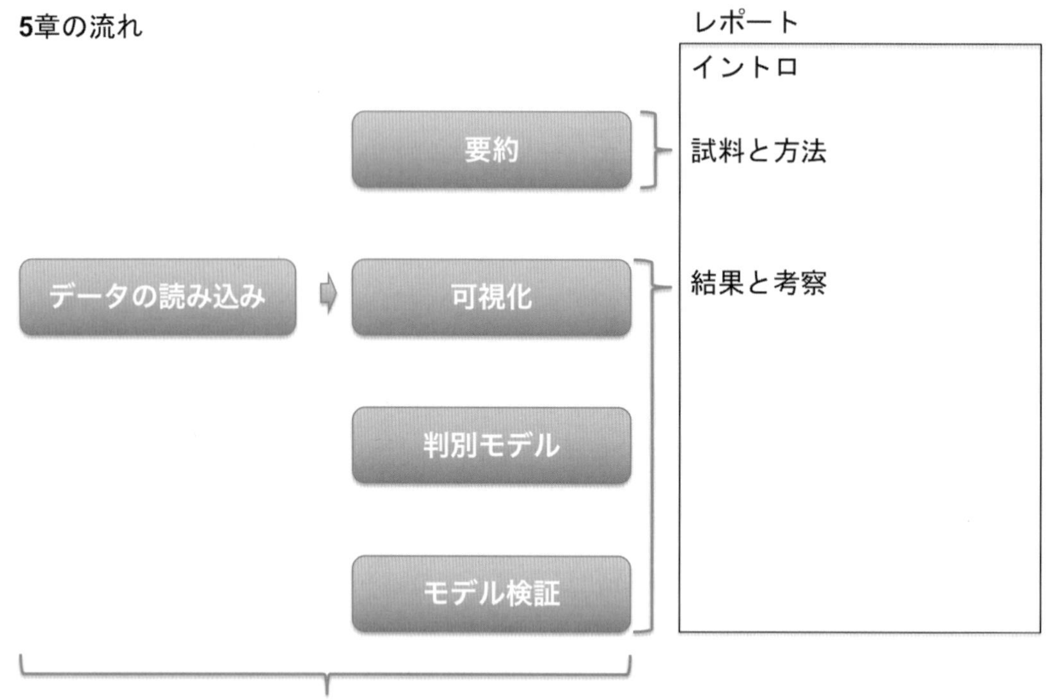

図 5.1 本章で扱う内容の概念図

でパッケージを選択すればよい。

```
source("https://bioconductor.org/biocLite.R")
biocLite("ropls") # インストールするパッケージの指定
```

パッケージの呼び出し方法はこれまでと同様で，次の通り library() で行うことができる。

```
library(ropls)
```

では ropls パッケージに格納されている sacurine データを読み込んでみよう。

```
data(sacurine)
```

上記コードにより，sacurine というリスト形式のデータセットが読み込まれる。この元データから $ を使って測定値およびメタデータにアクセスすることができる。例えば測定対象物質のメタデータにアクセスしたい場合には以下のように記述する。

```
head(sacurine$variableMetadata)
```

```
##                                           msiLevel      hmdb chemicalClass
## (2-methoxyethoxy)propanoic acid isomer           2                   Organi
```

```
## (gamma)Glu-Leu/Ile                   2               AA-pep
## 1-Methyluric acid                    1 HMDB03099 AroHeP:Xenobi
## 1-Methylxanthine                     1 HMDB10738        AroHeP
## 1,3-Dimethyluric acid                1 HMDB01857        AroHeP
## 1,7-Dimethyluric acid                1 HMDB11103        AroHeP
```

sacurine$sampleMetadata にそれぞれ測定データ，測定データのメタデータが格納されている。本節では性差によって効果が異なる因子をメタデータから見つけることを目的とする。まず下記コードにより，主な解析対象となる dataMatrix と sampleMetadata を結合して working_df データを作成する。

```
working_df <- data.frame(sacurine$sampleMetadata, sacurine$dataMatrix)
```

5.1.2 データの可視化

ではこれらのデータを加工し，結果を可視化してみよう。変数の数が増えてくると，summary() を使った集計ではデータの特徴を確認するのは難しい。そこで高次元データを適切に可視化・集計できる手法が必要になる。

可視化においては数値データの大小を色として表現するヒートマップや，3 章でも使用した主成分分析によるバイプロットが有効な手法になるだろう。

まず主成分分析を実行し，結果を可視化してみよう。ここでも 3 章同様，**FactoMineR** および **factoextra** パッケージを使って解析を試みる。また，可視化のために保存する主成分の数を ncp で指定しておく。この値の初期値は 5 であるため，より高い次元のデータを保存しておくためにはこの値を大きくする必要がある。

```
library(FactoMineR)
library(factoextra)
pca_res <- PCA(working_df[, 4:112],  # データ読み込み
               graph = FALSE,
               ncp = 10) # 結果に保存する主成分の数
```

では主成分分析の結果である pca_res を可視化していこう。

```
fviz_pca_var(pca_res, # 上記で作成・保存した PCA の結果
             axes = c(1, 2), # 表示したい成分の指定
             col.var="contrib", # 寄与率を色で表記
             repel = TRUE,  # ラベルの重なりをなるべく回避
             labelsize = 1  # ラベルのフォントサイズ
             )
```

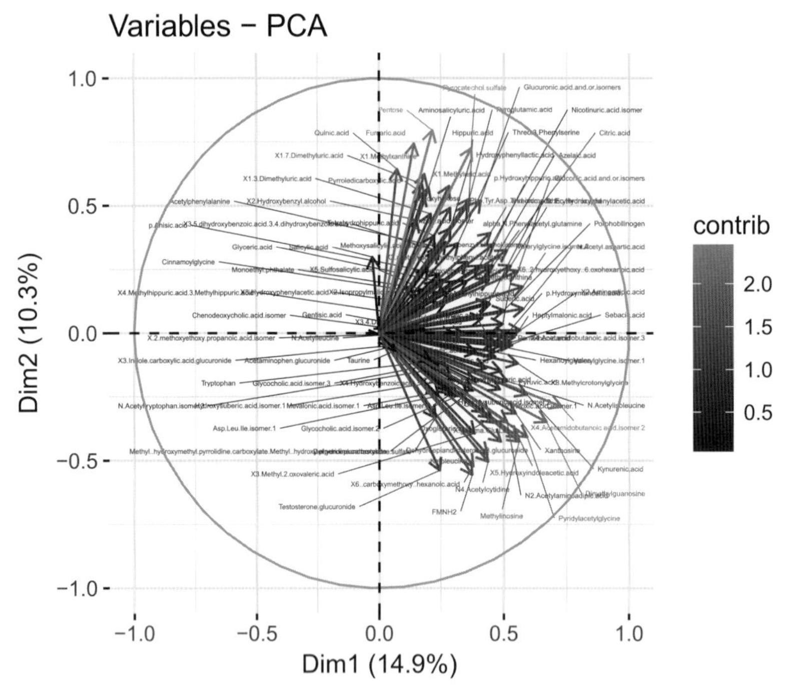

ローディングプロットを確認したところ，ほとんどの因子は第1主成分 (Dim1: 寄与率 14.9 %) に正の方向で寄与していることがわかった。一方，第2主成分 (Dim2: 寄与率 10.3 %) については，正・負それぞれの方向に様々な因子が寄与していることがわかる。

続けて各主成分の寄与率についても見ておこう。

```
1 fviz_screeplot(pca_res, # 上記で作成・保存したPCAの結果
2                addlabels = TRUE, # ラベルを表示するかどうか
3                ylim = c(0, 20))  # 縦軸の下限・上限の指定
```

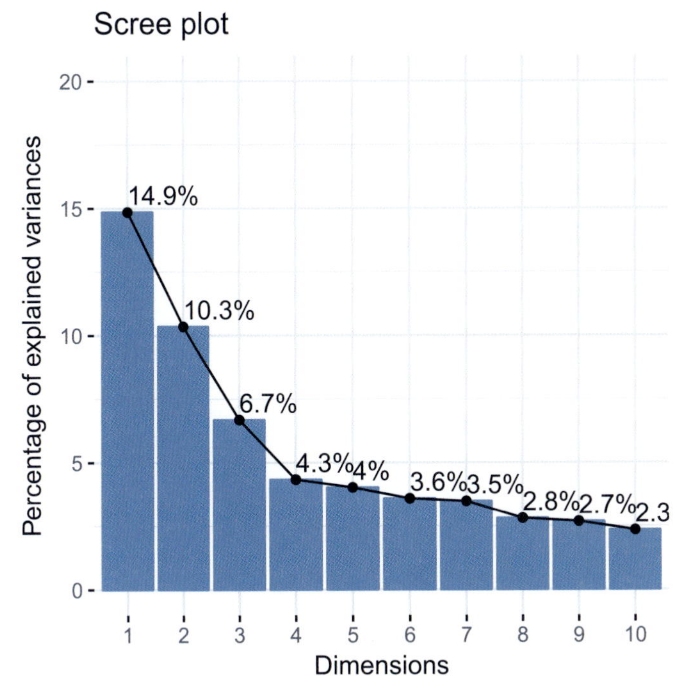

第1主成分の寄与率は約15％，第2主成分の寄与率との合計は25％程度，第5主成分までの合算でも40％程度であることがわかる。

続いて各成分への負荷量を示す。ここでは例として第1主成分に寄与する因子を5つ表示する。

```
fviz_contrib(pca_res, # 上記で作成・保存したPCAの結果
             choice = "var", # 変数を指定
             axes = 1,       # 寄与率を見たい成分の指定
             top = 5)        # 上位いくつめの成分まで表示するか
```

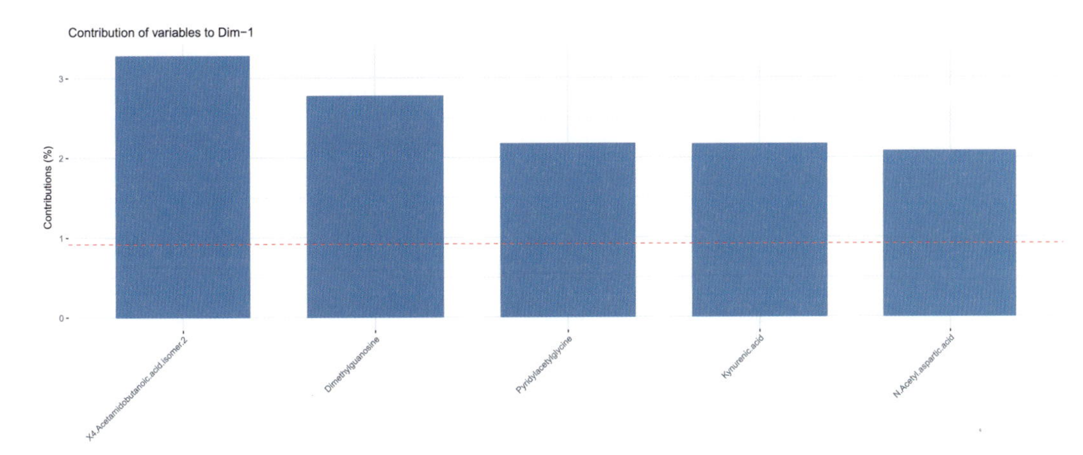

第1主成分への寄与率が最も高い因子は X4.Acetamidobutanoic.acid.isomer.2 であることがこの結果からわかる。また，axes を指定することでその他の主成分についても寄与率の高い因子を確認することができる。

ここで，今回の目的である性差についても可視化しておこう。habillage に

色分けしたいグループを指定することで，群を色分けした可視化が実行できる。

```
fviz_pca_ind(pca_res,
             habillage = working_df$gender, # 色分けしたいグループの指定
             geom="point", # 点のみの表示
             pointsize = 3, # 点の大きさ指定
             repel = TRUE, # ラベル表記の重なりをなるべく避ける
             addEllipses = TRUE, # 円の表示をするかどうか
             ellipse.level = 0.95  # 楕円の領域
             )
```

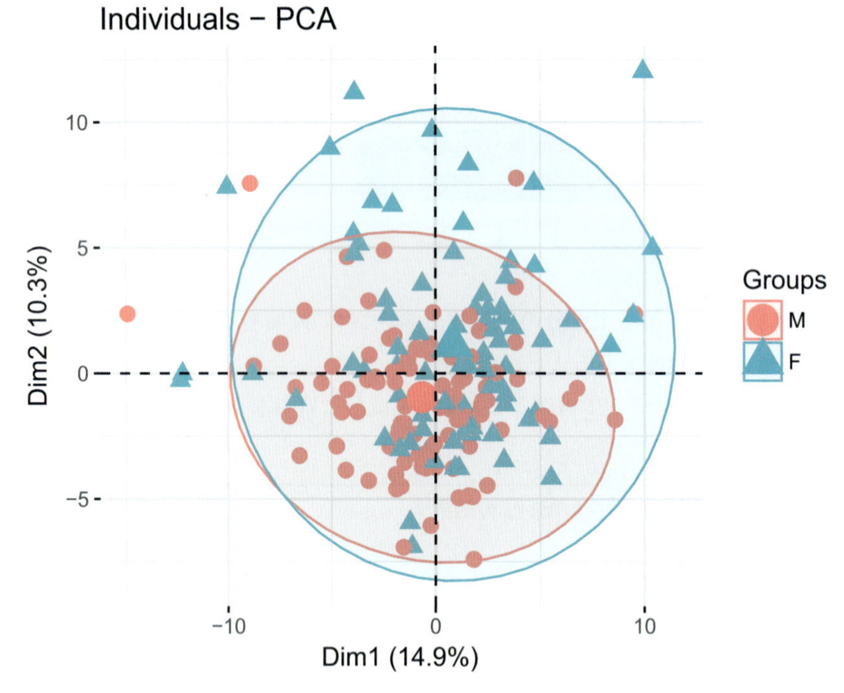

図から楕円がほぼ完全にオーバーラップしており，この2つの主成分では男女2群の判別がうまくいっていないことがうかがえる。このような場合には，次のように axes の値を変更することで，適度に分離された重なりの少ない主成分の組み合わせを探索することもできる。

```
fviz_pca_ind(pca_res,
             axes = c(5, 9), # 表示したい成分の指定
             habillage = working_df$gender, # 色分けしたいグループの指定
             geom="point", # 点のみの表示
             pointsize = 3, # 点の大きさ指定
             repel = TRUE, # ラベル表記の重なりをなるべく避ける
             addEllipses = TRUE # 円の表示をするかどうか
             )
```

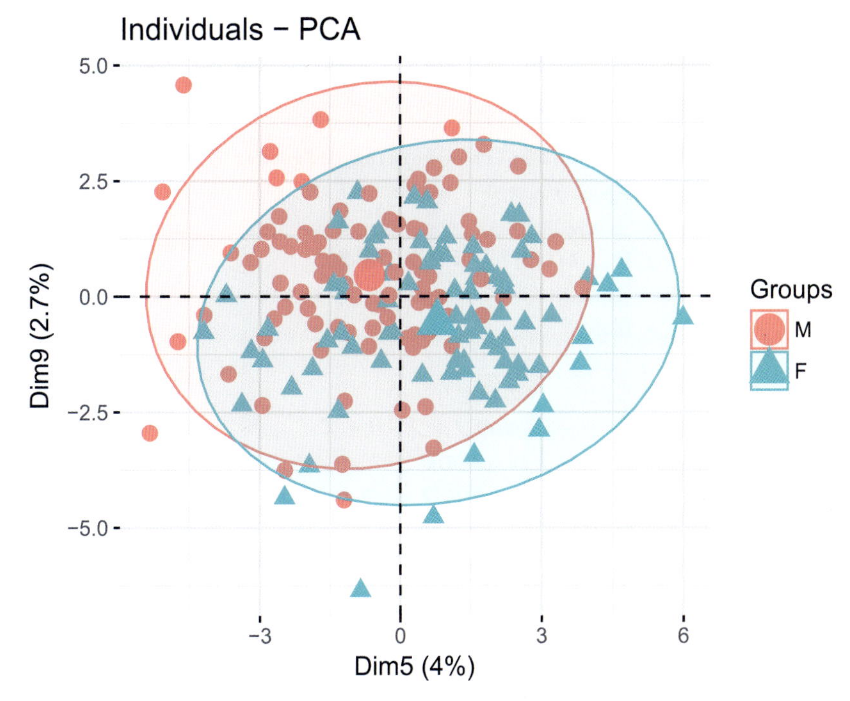

第 5, 第 9 主成分の寄与率はそれぞれ 4 %, 2.7 % と低い値であるが，第 1, 第 2 主成分の組み合わせに比べると，男女の分離が比較的うまくいっている。寄与率は低いものの，高次元のデータではこのような比較的小さな寄与であっても，群の差を検出するためのマーカーを探索できる可能性がある。そのため，第 1, 第 2 主成分の組み合わせのみに絞って解析を進めるのではなく，様々な成分を組み合わせて可視化することで，新たな知見を得ることができるかもしれない。

続いて紹介するのはヒートマップである。ヒートマップとはそれぞれの測定値の行列を色の強弱や色相の違いにより表現した図である。ここでは 4 列目から 112 列目までのメタボロームの項目をヒートマップで表示してみる。ヒートマップ作成のためのパッケージは数多くあるが，本書では `ComplexHeatmap` パッケージの `Heatmap()` を利用する。本パッケージも `ropls` パッケージ同様，Bioconductor に登録されている。このため，以下のようにパッケージをインストールして呼び出すことで利用可能になる。

```
1 source("https://bioconductor.org/biocLite.R")
2 biocLite("ComplexHeatmap")
```

```
1 library(ComplexHeatmap)
```

ではさっそくヒートマップを作成してみよう。今回はヒートマップを作成する前にデータを標準化してから読み込むことにする。これは変数ごとに測定値が大きく異なるため，色の強弱が測定の大きさに依存してしまい，検体ごとの差を可視化することができないからである。また，変数の数が多いため，ラベルが重ならないように，ヒートマップのセルの幅と高さに関わる

names_gp,max_width の値を調整する。names_gp, max_width の値を調整すると，これに応じて文字サイズも変わるので，文字が小さくて読めない場合にもこれらを編集するとよい。また，分割したい引数を split に代入することで，ヒートマップを分割して書くことができる。今回は split = working_df$gender とすることで男女の ID を分割してヒートマップを作成している。

```
claster_working_df <- scale(working_df[, 4:112], # データの標準化
                            center = TRUE,
                            scale = TRUE)

Heatmap(claster_working_df, # 標準化したデータの指定
        row_names_gp = gpar(fontsize = 4), # x 軸のフォントサイズ
        row_names_max_width = unit(7, "cm"),  # x 軸の高さ
        column_names_gp = gpar(fontsize = 6), # y 軸のフォントサイズ
        column_names_max_height = unit(15, "cm"), # y 軸の高さ
        row_title = "ID",                         # y 軸の名前
        column_title = "Metabolome",               # x 軸の名前
        split = working_df$gender # 男女で分割
        )
```

このコードによりヒートマップが描かれた（図 5.2）。実際に出力したヒートマップは 2 色の濃淡でデータを表しており，赤が高い値，青が低い値を示す。似た傾向の変数を似ている順に群としてまとめていく手法である階層クラスタリングも同時に実行してくれるため，検体や代謝物どうしの関係についてもあわせて考察することができる。また，散布図行列では表示しきれないほどの多変量データであっても，ある程度簡潔に関係を表すことができる。このような背景から，ヒートマップは論文などでもしばしば利用される。

また，相関行列を可視化する手法も有効だろう。ここでの目的は男女差を明らかにすることであるが，3 章でも使用した GGally パッケージを使うことで，男女を色分けした散布図行列を書くことができる（図 5.3）。

```
install.packages("GGally")
```

```
library(GGally)
```

```
ggpairs(data = working_df[, 1:8],       # 一部のデータを指定
        mapping = aes(color = gender)) # 性別で色分け
```

測定値の散布図行列を眺めていると，外れ値となっている検体があることがわかる。マーカー探索などの際にこの結果がどのように影響するかはまだわからないが，そのような検体があることを認識しておくことは考察の際に有用かもしれない。

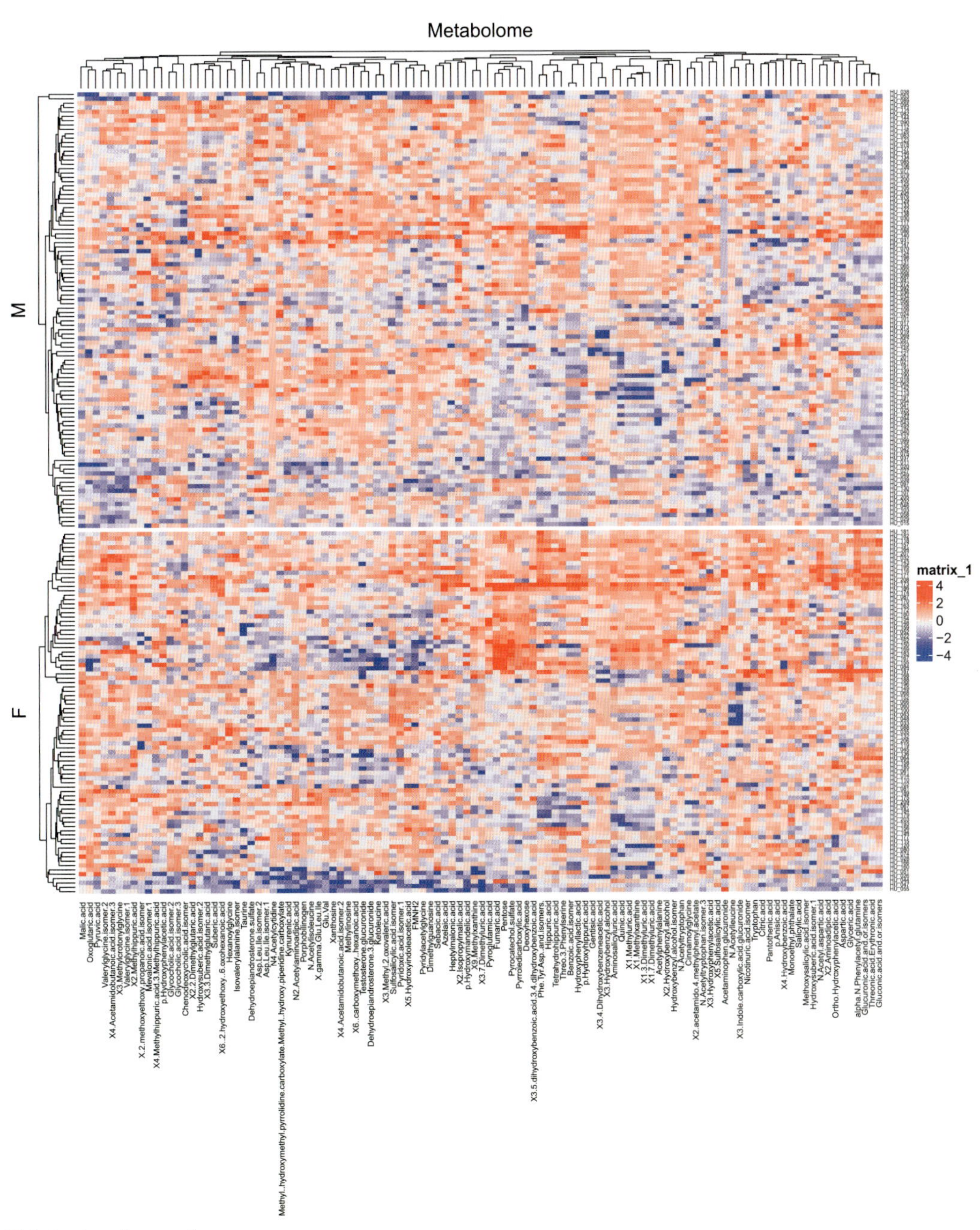

図 5.2　ヒートマップ

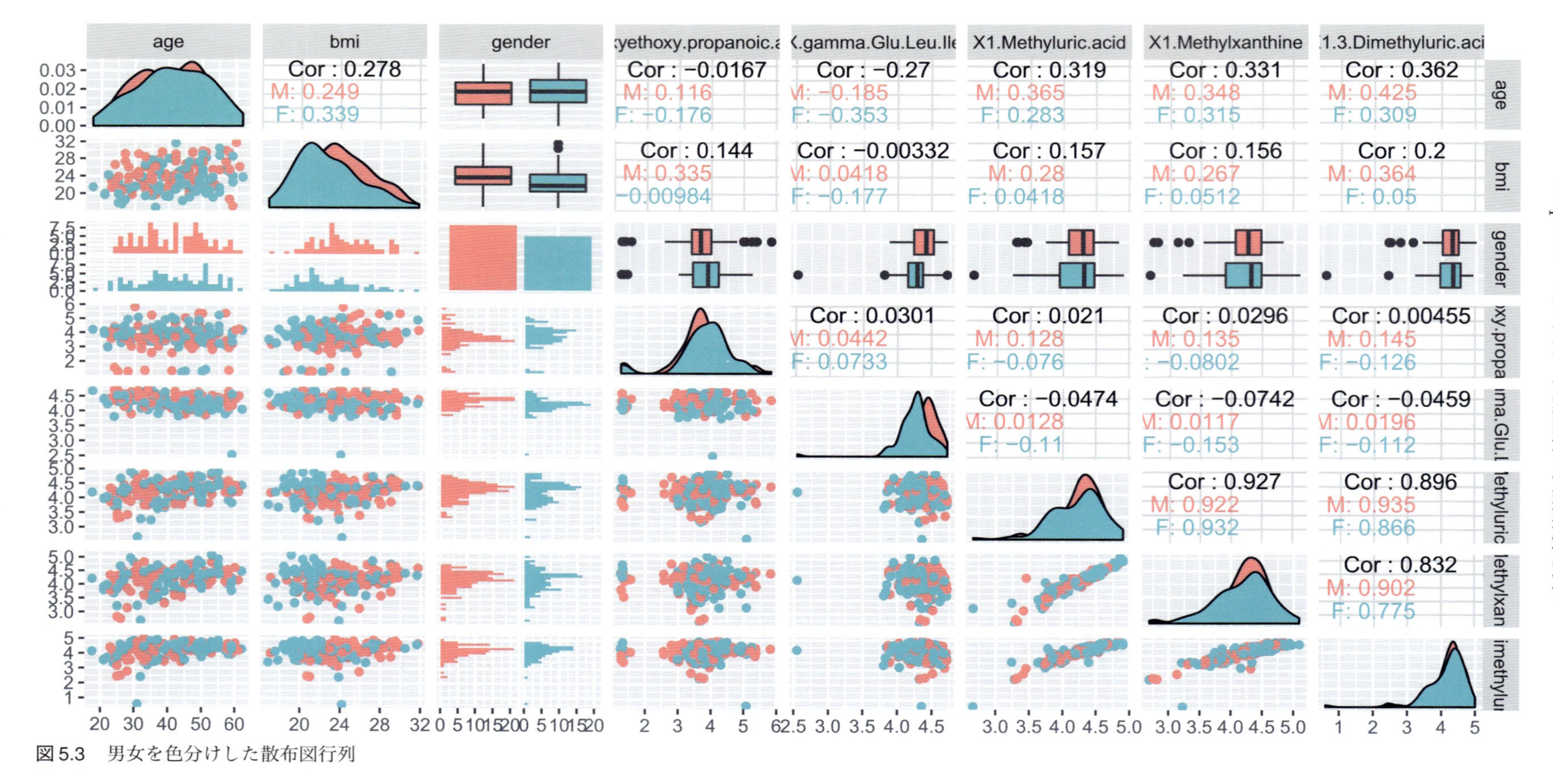

図 5.3 男女を色分けした散布図行列

5.1.3 検定

続いて変数が多い場合の検定について触れる。本テーマのように解析したい変数が多量にある場合には，多重比較の問題がある。例えば，危険率が5％の際に3回検定を繰り返すと，有意差が出る確率が$1-(1-0.05)^3=0.142$となり，5％を超えてしまう。本研究では解析対象にしたい変数が100以上あるため，このような問題はより深刻である。このため，出力されたp値を補正するための手法が必要である。

変数の数が少ない場合はボンフェローニ (Bonferoni) の方法による多重比較がしばしば用いられる。3章と同じく，以下では多くの変数について男女で差があるかをt検定で調べた結果に`p.adjust()`を適用している。ここでは補正の方法としてボンフェローニを指定し，解析対象にした変数の数を`n = ncol(working_df[, 4:112])`と指定する。

```
1  res_t_test <- apply(working_df[, 4:112], 2,
2                      function(x) t.test(x ~ working_df$gender)$p.value)
3
4  bonferoni_res <- p.adjust(res_t_test,
5                            method = "bonferroni", # ボンフェローニ法でp値を補正
6                            n = ncol(working_df[, 4:112])) # 補正に使う変数の数指定
```

以下では`bonferoni_res`に保存された補正の結果を`data.frame()`によりデータフレームへ変形し，最終的に補正後のp値が0.05を下回る変数を抽出して`subset()`で出力している。

```
1  bonferoni_res <- data.frame(bonferoni_res) # 結果を見やすくするためデータフレームに変形
2
3  subset(bonferoni_res, bonferoni_res < 0.05) # p値 < 0.05の因子を抽出
```

```
##                                     bonferoni_res
## X.gamma.Glu.Leu.Ile                  2.638279e-02
## X4.Acetamidobutanoic.acid.isomer.3  2.765393e-03
## Acetylphenylalanine                  3.507368e-05
## alpha.N.Phenylacetyl.glutamine       7.859950e-04
## Citric.acid                          8.959137e-04
## Gluconic.acid.and.or.isomers         2.773650e-03
## Glucuronic.acid.and.or.isomers       1.853832e-02
## Glyceric.acid                        1.353130e-02
## Malic.acid                           2.320714e-08
## N.Acetyl.aspartic.acid               3.561903e-03
## Oxoglutaric.acid                     1.405499e-03
## p.Anisic.acid                        1.106736e-09
## p.Hydroxyhippuric.acid               1.223457e-04
## Pantothenic.acid                     6.139899e-07
```

```
## Testosterone.glucuronide              8.360127e-10
## Valerylglycine.isomer.2               3.258471e-02
```

ボンフェローニの方法は，元の有意水準である0.05を検定の回数で割り，その値を新たな有意水準に変更する方法である。しかしながらこの補正法は検定の回数が多いときには有意水準が厳しすぎ，偽陰性が増してしまう可能性がある。このため，遺伝子・代謝物・タンパク質など，数百～数十万の変数を解析対象にとる研究においては，ある程度の偽陽性を許容して偽陰性を抑える手法であるFalse Discovery Rate (FDR)がしばしば用いられる。FDRを解析に使用する場合には`method`を`bonferroni`から`fdr`に書き換えればよい。

```
1  # 表示を簡略化するため一部のみ解析
2  fdr_res <- p.adjust(res_t_test,
3                      method = "fdr", # false-discovory rate でp値を補正
4                      n = ncol(working_df[, 4:112])) # 補正に使う変数の数指定
5
6  fdr_res <- data.frame(fdr_res) # 結果を見やすくするためデータフレームに変形
7
8  subset(fdr_res, fdr_res < 0.05) # fdr値 < 0.05の因子を抽出
```

紙面の都合上，結果の表記は省略するが，ボンフェローニの多重比較検定では16種の変数が有意と判断されたのに対し，FDRの場合は42種が抽出されている。

今回はt検定を使って解析を行ったが，本手法は相関分析のp値補正にも応用できるため，幅広い解析に適用することができるだろう。

可視化・検定に加え，これまでの章で紹介してきた集計もデータを要約する上で有効である。しかし，多変量のデータを一気に集計することは困難である。このため，可視化・検定により得られた結果や，このあと登場する機械学習アルゴリズムから得られる変数重要度などの結果を使ってデータを絞り込んだあとに集計を行うほうが効率が良いだろう。

5.2 機械学習による判別分析

5.2.1 直交部分最小二乗法－判別分析 (OPLS-DA) による解析

本節では前節のデータについて機械学習による判別分析を実行し，差の効果に関わる変数の抽出を試みる。

```
1  library(ropls)
```

まずは`ropls`パッケージを使い，直交部分最小二乗法－判別分析 (Orthogonal Projections to Latent Structures Discriminant Analysis: OPLS-DA) という手法

を適用してみる。本手法は多変量データで2群の差を検出するのに広く利用されており，教師あり機械学習に分類される。高次元のデータを縮約して表現するという点ではここまでに紹介した主成分分析と共通しているが，主成分分析は教師なし機械学習に分類される方法であり，その点では異なっている。OPLS-DAでは2群のグループの差を大きくすることができる。また，目的変数と独立した成分の変動の影響を除去することで，2群の判別に寄与する因子を，予測精度を保ったまま，解釈しやすい形で出力できる。これらの点でOPLS-DAは優れている。また，この手法は多重共線性のある因子がデータに含まれている際にも有用である。

ではさっそくデータを解析してみよう。まず `opls()` の第1引数に `sacurine` 内の代謝物データである `dataMatrix` を説明変数として，第2引数に `sampleMetadata` 内の性別情報を目的変数として記述する。続いて，OPLS-DAを実行するため，`predI = 1`, `orthoI = NA` を指定する。クロスバリデーションの分割個数は `crossvalI` により設定する。クロスバリデーションとはモデルのパラメータ調整および過剰適合の低減を行うための枠組みである。そこではまずデータをランダムにn個に分割し，n−1個のデータを使ってモデルを学習し，残りの1個を検証データとして使う作業をn回繰り返す。データ標準化の手法は `scaleC` から設定する。`permI` については結果の部分で解説する。コードをまとめると以下のようになる。なお，結果と図表を分けて解説するため，`printL`, `plotL` は `FALSE` としている。

```
# 筆者PCで1分程度
data(sacurine)
set.seed(71)
opls_res <- opls(sacurine$dataMatrix, # データの指定（Matrix形式である必要がある）
                 sacurine$sampleMetadata[, "gender"], # 目的変数を指定
                 predI = 1,   # 使う主成分の数
                 orthoI = NA, # NAでOPLS-DA実行，0にするとPLS-DAになる
                 permI = 500, # permutation回数の指定
                 crossvalI = 7, # クロスバリデーションfold（デフォルト = 7）
                 scaleC = "standard",
                   # 標準化の方法（デフォルト：平均0，分散1にスケーリング）
                 printL = FALSE, # 結果の表示
                 plotL = FALSE)  # 図表の表示
```

では結果を表示してみよう。

```
opls_res
```

```
## OPLS-DA
## 183 samples x 109 variables and 1 response
## standard scaling of predictors and response(s)
##       R2X(cum) R2Y(cum) Q2(cum) RMSEE pre ort  pR2Y   pQ2
## Total    0.275     0.73   0.602 0.262   1   2 0.002 0.002
```

OPLS-DA 解析の結果として上記のような結果が出力された。

R2X はモデルによって説明された説明変数のばらつきの大きさである。R2Y はいわゆるモデルの決定係数を示しており，Q2 はクロスバリデーションによって求められた，未知データに対するモデルの当てはまりの良さを示す指標である。R2Y が良好な結果を示しても，Q2 が良い値を示さない場合には，モデルが過剰適合 (Overfitting) していることが予想される。PCA を利用する主成分回帰に代表される次元圧縮手法は比較的過剰適合に対しては頑健だが，過剰適合が起きている場合には，モデルに含まれる変数から分散が小さい変数や相関が強い一部の変数を取り除くような工夫が必要になるだろう。

pR2Y, pQ2 は，目的変数のみをランダムに並び替え検定 (permutation test) したときに，元の並びよりも結果が良くなることを帰無仮説とした際の検定結果を示している。コード中の permI でこの並び替えの回数を指定している。今回のケースでは帰無仮説が棄却され，並び替えによってより良い結果が出る可能性が低く，過剰適合が抑えられていることがわかる。また，上記コードにおいて permI = 500 を permI = 0 に書き換え，subset = "odd"を追記することでデータを偶数，奇数に分割し，モデルの精度を検証することもできる。

さらに結果を下記コードで可視化してみよう。なお，以下のように typeVc の内容を書き換えることで可視化する内容を選ぶことができる。今回表示している図はデフォルトで表示されるものと内容は同じであるが，説明をしやすくするため順番を並び替えている。

```
1  layout(matrix(1:4, nrow = 2, byrow = TRUE)) # 表示する因子数および行の数
2  for(typeC in c("x-score", "overview", "permutation", "outlier")) # 表示する因子
3
4  plot(opls_res,
5       typeVc = typeC,       # 上記コードで指定した因子の読み込み
6       parDevNewL = FALSE  # 新規ウインドウで開かないように設定
7  )
```

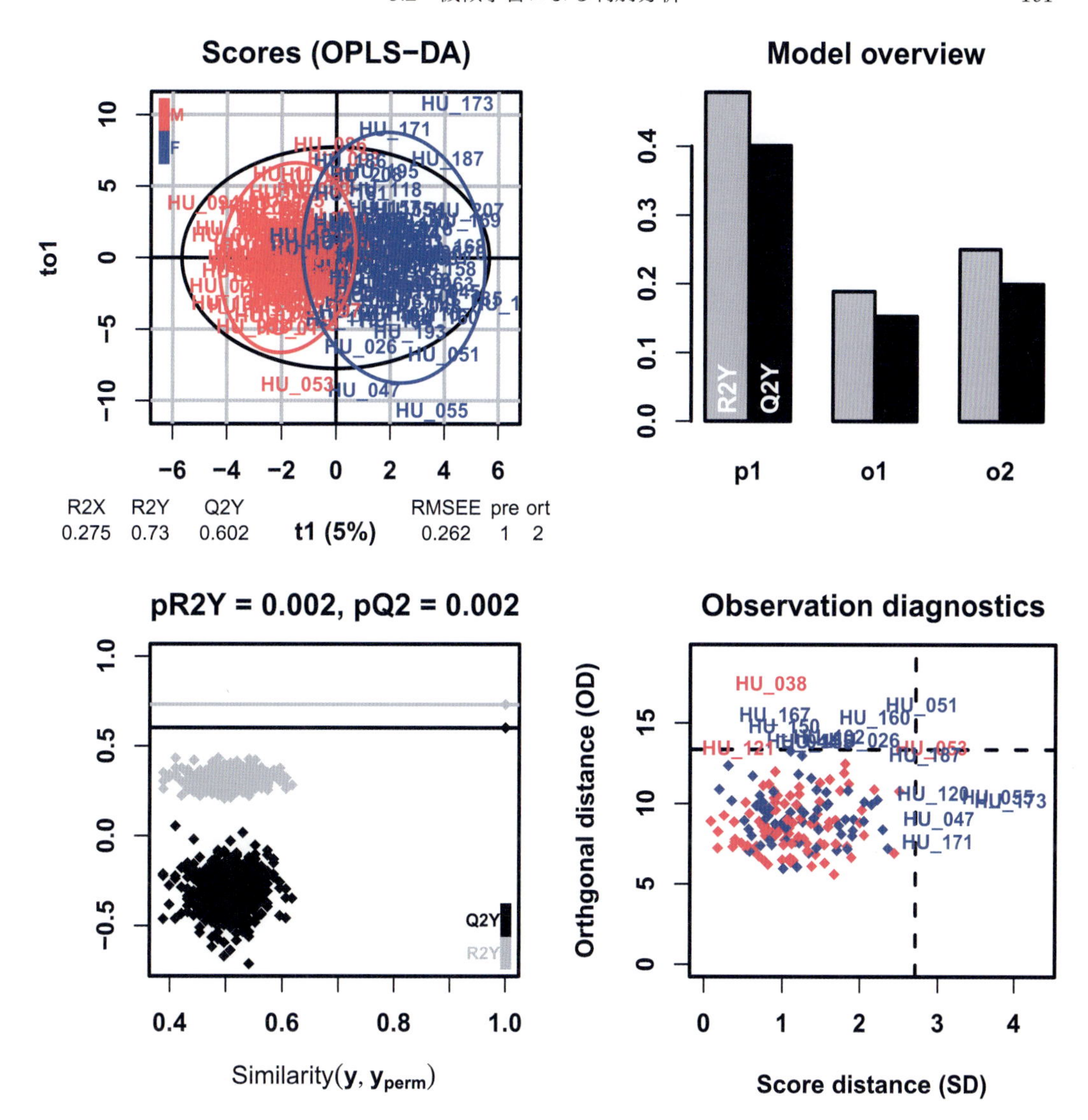

左上の Scores (OPLS-DA) はスコアプロットであり，データを2次元に次元削減した際の分布を示している。オーバーラップはあるものの男女の2群が分離していることが見て取れる。

右上の Model overview はモデルに含まれる主成分の内訳を示しており，p1 が予測に寄与する第1主成分，o1, o2 は目的変数と独立した成分の変動を捉えるための成分である。モデル全体の R2Y, Q2Y は各成分の R2Y, Q2Y を合算した値である。これらの数値は作成したモデル内の modelDF スロットに保存されており，opls_res@modelDF として抽出できる。

左下の図は並び替え検定 (permutation test) の結果を示した図である。図の灰色の線が opls_res モデルの R2Y 値，黒線が Q2Y 値を示しており，灰と黒のドットが permutation を行ったモデルそれぞれ（ここでは permI = 500 で 500 モデル分）の R2Y と Q2Y 値を示している。x 軸は実際の目的変数と並び替えをした目的変数の類似度を示している。解析の結果，permutation モデルの R2Y

と Q2Y 値はいずれも opls_res モデルを大きく下回っており，過剰適合が抑えられていることが図からも確認できる。

右下の Observation diagnostics はデータに含まれる外れ値を診断するための図であり，出力されている検体は外れ値の可能性がある。

続いて，このモデルにおいて 2 群の判別に有効だった因子を抽出する。上記で作った予測モデルである opls_res 内に格納されている変数重要度 vipVn のうち，数値が 1.5 より大きかった因子を subset() で取り出す。なお，変数重要度は getVipVn() でも得ることができる。

```
1 subset(opls_res@vipVn, opls_res@vipVn > 1.5)
```

```
##            2-Methylhippuric acid 4-Acetamidobutanoic acid isomer 3
##                         1.701476                          1.883919
##             Acetylphenylalanine    alpha-N-Phenylacetyl-glutamine
##                         1.988311                          1.965807
##                     Citric acid      Gluconic acid and/or isomers
##                         1.814104                          1.541335
##                      Malic acid            N-Acetyl-aspartic acid
##                         2.479289                          1.700159
##                Oxoglutaric acid                    p-Anisic acid
##                         1.705980                          2.533220
##          p-Hydroxyhippuric acid                  Pantothenic acid
##                         1.668525                          2.165296
##       Testosterone glucuronide            Valerylglycine isomer 2
##                         2.421591                          1.631608
```

この操作によりモデルの説明に寄与している因子を抽出することができた。抽出した因子が正・負どちらの方向に寄与するか知りたい場合には，因子の傾きを求める必要がある。傾きは@coeffcientMN として抽出できるので，傾きの情報と組み合わせた解析を行うこともできるだろう。

VIP の値は変数重要度を測る指標である。OPLS-DA における VIP は Pearson correlation test の p 値と関係があり，VIP $= 1$ の際に p $= 0.05$ となることが知られている。本章の最後では，より厳しい規準として学術論文で広く利用されている VIP > 1.5 を閾値とし，抽出した 14 個の物質について関係を解析する。

5.2.2 caret パッケージによる解析準備

caret パッケージを使用する事例を紹介する。このパッケージの関数を適用するには sacurine データに含まれるいくつかのデータを抽出・結合しておく必要がある。sacurine 内の sampleMetadata には測定対象検体のメタデータ（上記で目的変数とした性別など）が，dataMatrix には測定データがそれぞれ格納されているため，これらを下記コードで working_df という新しいデータフレームに結合しておく。

```
library(ropls)
data(sacurine)
working_df <- data.frame(sacurine$sampleMetadata, sacurine$dataMatrix)
working_df$age <- NULL
working_df$bmi <- NULL
```

また，今回の解析では年齢，BMIをモデルに組み込まないため，NULLを入力して列から削除しておく。

本節では，正則化つき線形回帰分析で広く利用される`glmnet`パッケージ，樹木モデルの1つであるランダムフォレストを高速に実行できるパッケージである`ranger`を利用して判別分析を試みる。これら機械学習アルゴリズムのパラメータチューニングには，広く利用されている`caret`パッケージを利用する。また，モデルの精度を確認するために用いるROCカーブを書くために，`pROC`パッケージをインストールする。CRANに登録されている本パッケージは執筆の時点で作画関数に問題があるため，Githubから開発版を利用しよう。開発版は`devtools`パッケージの`install_github()`を使ってインストールできる。

```
install.packages(c("devtools", "caret", "ranger", "glmnet"), dependencies = TRUE)
devtools::install_github("xrobin/pROC")
```

ここで正則化つき線形回帰分析を使用するのは，2群の判別に不要な変数の重みを減らし，予測に寄与する変数を抽出するためである。また，これにより過剰適合を抑える効果も期待できる。本節で使用する正則化つき線形回帰分析の1手法であるlasso (least absolute shrinkage and selection operator) は不要な変数の重みを0にするという特徴があり，多変量データ解析に威力を発揮する。今回はlassoロジスティック回帰を判別分析に利用する。一方ランダムフォレストは教師あり学習モデルである決定木の応用である。ランダムフォレストは予測モデル構築に使う変数・検体の数を変えた決定木を複数（数百〜数千）作成し，それらのモデルについて予測値の平均を取ることで，精度を高めつつ過剰適合を抑えることを目的とした手法である。ランダムフォレストも近年，遺伝子データなどの検体数よりも説明変数のほうが多いようなデータセットに対しても適用され始めている。このため，本節ではこれら2つのパッケージを`caret`パッケージを通じて利用する。`caret`パッケージを使うことで異なるパッケージの最適化パラメータ調整を一貫した記法で書くことができる。

```
library(caret)
library(ranger)
library(glmnet)
library(pROC)
library(ggplot2)
```

はじめにデータセットをモデルのトレーニング用と精度検証用に分割する。これには，`caret`の`createDataPartition()`が便利である。目的変数を`working_df$gender`と入力したあと，`p`引数に割合を指定して分割できる。今回は7:3に分割するのでp = 0.7とする。list = TRUEにするとデータがリストで返ってくるが，今回はデータフレームとして扱うほうが便利なのでFALSEとする。ここまでをコードとして記述すると以下のようになる。

```
set.seed(71)
trainIndex <- createDataPartition(working_df$gender, # 目的変数の指定
                                  p = 0.7,           # 分割割合
                                  list = FALSE)

train_set <- working_df[trainIndex, ]
test_set  <- working_df[-trainIndex, ]
```

分割の再現性を保つためにset.seed()で乱数を固定しておくことが重要である。ここで作成したtrainIndexをworking_df[trainIndex,],working_df[-trainIndex,]のように記述することで，train_set，test_setにデータを分割することができる。それぞれのデータについて列数を確認すると，概ね7:3の比で元データが分割されていることが分かる。

```
nrow(working_df)
```

```
## [1] 183
```

```
nrow(train_set)
```

```
## [1] 129
```

```
nrow(test_set)
```

```
## [1] 54
```

ではこの分割結果を使って実際に学習を実行してみよう。はじめにcaretパッケージを使った最適化の条件を設定していく。まず再現性を確保するためset.seed()による乱数の固定を行う。続いてクロスバリデーションの条件を設定する。caretでは，クロスバリデーションなどトレーニングセット最適化のパラメータをセットする際にはtrainControl()を使用する。クロスバリデーションの手法は繰り返しクロスバリデーションとし，method = "repeatedcv"と設定した。分割数をnumber = 5として5-foldクロスバリデーションにし，繰り返し回数5回とし，repeats = 5と記述した。また，今回は判別分析において，予測対象が2値のどちらにどのくらいの確率で割り振られるかをclassProbsをTRUEにすることで保存する。これは，2値判別の学習を実行する際に，Receiver Operating Characteristic (ROC) 値に基づく Area Under the Curve (AUC) 値を最適化するためである。AUC値は0〜1の値をとり，0.5の際にモデルの判別性

能が当てずっぽうと同じであり，1に近づくほどモデルの判別性能が高いことを示す指標である。このAUC値を最適化したい場合には，`classProbs`を`TRUE`にセットしておく必要がある。さらに，AUC計算のためには`summaryFunction`を`twoClassSummary`と指定する。実行コードは次の通りである。

```
1 set.seed(71)
2 tr = trainControl(
3   method = "repeatedcv", # 最適化の方法
4   number = 5,   # 5-fold CV
5   repeats = 5, # 繰り返し回数
6   summaryFunction = twoClassSummary, # 2群分類
7   classProbs = TRUE)  # 確率で結果を出力
```

5.2.3 L1正則化付き線形回帰分析(lasso)による解析

本節では正則化付き線形回帰分析の一種であるlassoを使った解析を紹介する。はじめにlassoのパラメータ探索の条件を，`caret`パッケージの`expand.grid()`を使って設定する。

```
1 train_grid_lasso = expand.grid(alpha = 1, lambda = 10 ^ (0:10 * -1))
```

lassoではモデル内のもう1つのパラメータである`alpha`を1で固定し，`lambda`の大きさを調節する。パラメータ`alpha`，`lambda`は過剰適合を避けるための罰則項に対応する。`caret`パッケージにより`lambda`の値を変えたモデルを比較することで，AUC値が最も高くなる`lambda`を探索する。今回の例では`lambda`を1から1/10刻みで10^{-10}まで検討する。罰則項の強さは`lambda`が大きいほど強くなり，`lambda = 0`のときは通常の重回帰分析と結果が一致する。

また，上記モデル式の`alpha`を0で固定し，`lambda`を調節する場合にはridge回帰と呼ばれる手法を実行することができる。lassoはridge回帰に比べ，より多くの変数の傾きを0にすることが知られている。一方ridge回帰は，各変数の傾きの大きさを0にするのではなく傾きの大きさを調整することで目的変数への当てはまりを調節する手法である。これらの手法は説明変数の数や説明に寄与していると考えられる変数の数などにより使い分けるとよいだろう。また，`alpha`，`lambda`を同時に0〜1の間で最適化した場合には，elastic netと呼ばれるridge回帰，lassoの中間的な手法となる。

ではlassoを実行してみよう。実行の際には`train()`を用いる。`train()`を使いこなすには，説明変数，目的変数，使用する解析手法，上記で設定したパラメータ，クロスバリデーションの設定，標準化の有無，最適化する対象などを設定する必要がある。使用可能な`method`については`caret`公式ページ(`http://caret.r-forge.r-project.org/`)に詳細な解説があるため省略する。また，`metric`にはどのような指標を使ってモデルを最適化するかを入力する。判別分析の場合には`ROC`がしばしば利用されるため，ここでは`ROC`を`metric`に

セットする。実行コードは以下の通りである。

```
set.seed(71) # 乱数の固定
lasso_fit_class = train(train_set[, -1],  # 説明変数
                        train_set$gender,      # 目的変数
                        method = "glmnet",      # lassoが含まれるパッケージの指定
                        tuneGrid = train_grid_lasso, # パラメータ探索の設定
                        trControl=tr,               # クロスバリデーションの設定
                        preProc = c("center", "scale"), # 標準化
                        metric = "ROC")                  # 最適化する対象
lasso_fit_class
```

```
## glmnet
##
## 129 samples
## 109 predictors
##   2 classes: 'M', 'F'
##
## Pre-processing: centered (109), scaled (109)
## Resampling: Cross-Validated (5 fold, repeated 5 times)
## Summary of sample sizes: 103, 103, 103, 104, 103, 103, ...
## Resampling results across tuning parameters:
##
##   lambda  ROC        Sens       Spec
##   1e-10   0.9700649  0.9114286  0.9090909
##   1e-09   0.9700649  0.9114286  0.9090909
##   1e-08   0.9700649  0.9114286  0.9090909
##   1e-07   0.9700649  0.9114286  0.9090909
##   1e-06   0.9700649  0.9114286  0.9090909
##   1e-05   0.9700649  0.9114286  0.9090909
##   1e-04   0.9700649  0.9114286  0.9090909
##   1e-03   0.9700649  0.9114286  0.9090909
##   1e-02   0.9753680  0.9200000  0.9057576
##   1e-01   0.9700649  0.9257143  0.8584848
##   1e+00   0.5000000  1.0000000  0.0000000
##
## Tuning parameter 'alpha' was held constant at a value of 1
## ROC was used to select the optimal model using the largest value.
## The final values used for the model were alpha = 1 and lambda = 0.01.
```

ROCを最適化する際，前述の`trainControl()`内で`classProbs = TRUE`としていない場合には，`Class probabilities are needed to score models using the area under the ROC curve. Set classProbs = TRUE in the trainControl() function.`とエラーが表示され学習が始まらないので注意しよう。また，`summaryFunction=twoClassSummary`を入力しなかった場合には`ROC`が計算できず，`accuracy`という別の指標を最適化する計算が実行される。

さて，実行例では`lambda = 0.01`と指定した際の`ROC`が0.975と最大になっ

ている。最適化を追求したいのであれば，このあと lambda = c(0.01, 0.03, 0.05, 0.07) のように，より細かく最適値を探索してもよいが，本章ではここまでとする。また，感度 (Sens)，特異度 (Spec) など，ROC 以外の指標についてもこの際に最適な値が得られていることから，lasso_fit_class モデルを最適なモデルとする。このモデルにおいて示される感度 (Sens) は男性と判定された検体に占める本当に男性だった検体の割合を，特異度 (Spec) は女性と判定された検体に占める本当に女性だった検体の割合を示すものである。一般的には病気と判定された人の中で本当に病気であった人の割合（感度）と，病気でないと判定された中で本当に病気でなかった人の割合（特異度）などにこれらの指標が使われる。これらの指標がどちらも高いモデルは，非常に良いモデルであるといえるだろう。AUC はこの 2 つの指標のバランスから算出される指標であり，判別分析の性能評価に広く用いられている。

トレーニングデータセットにより構築したモデルはテストデータセットに当てはめ，モデルの妥当性について評価する必要がある。まずモデルをテストデータセットである pred_test_lasso に当てはめ，予測値を作成する。その後，pROC パッケージに含まれる roc() を使い，AUC を算出する。予測値は as.numeric を使って数値に変換する。

```
1 pred_test_lasso <- predict(lasso_fit_class, test_set[, -1]) # 予測値の作成
2 rocRes_lasso <- roc(test_set$gender, as.numeric(pred_test_lasso)) # ROC, AUC の算出
3 rocRes_lasso$auc  # AUC の表示
```

```
## Area under the curve: 0.9
```

```
1 rocRes_lasso$sensitivities # 感度の表示
```

```
## [1] 1.0000000 0.8333333 0.0000000
```

```
1 rocRes_lasso$specificities # 特異度の表示
```

```
## [1] 0.0000000 0.9666667 1.0000000
```

この結果，AUC が 0.9，また，感度 (Sens) 0.833，特異度 (Spec) 0.967 と，テストデータセットにおいても判別がうまく行われていることがわかった。

これらの結果から ROC カーブを図示するには以下のようなコードを使うとよいだろう。

```
1 ggroc(rocRes_lasso)
```

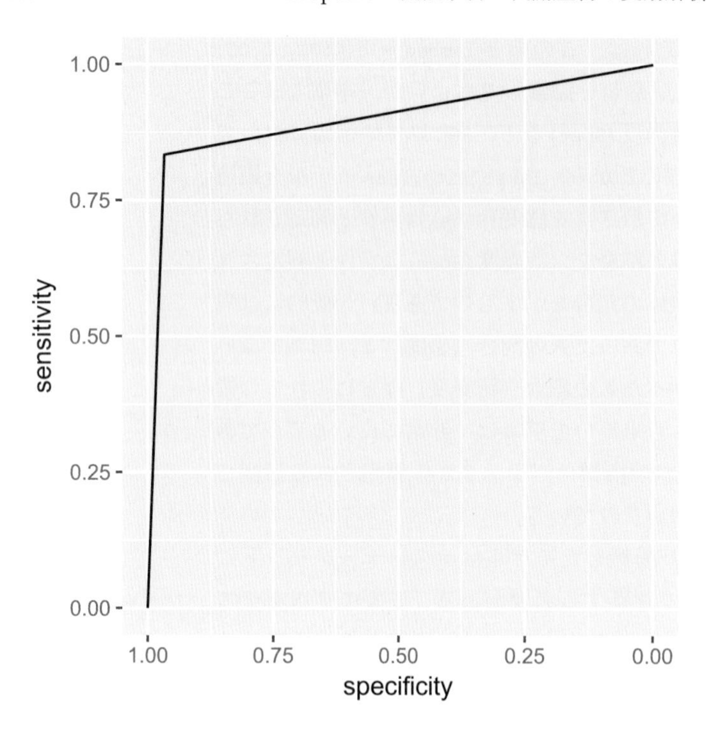

次に変数重要度の抽出について示す。変数重要度の高い因子は2群の判別に寄与していると予想され，マーカー因子の候補となると期待される。このような変数重要度の高い因子をモデルから抽出するには，caret パッケージに含まれる varImp() を使う。以下のように1行のコードで，相対的な変数重要度を示すことができる。

```
varImp(lasso_fit_class)
```

```
## glmnet variable importance
##
##   only 20 most important variables shown (out of 109)
##
##                                  Overall
## Testosterone.glucuronide         100.000
## Pantothenic.acid                  62.313
## p.Anisic.acid                     55.789
## Malic.acid                        52.459
## Glu.Val                           40.622
## N2.Acetylaminoadipic.acid         38.077
## Oxoglutaric.acid                  36.678
## Acetylphenylalanine               35.608
## X2.Isopropylmalic.acid            33.114
## p.Hydroxyhippuric.acid            26.303
## Taurine                           17.192
## Gluconic.acid.and.or.isomers      15.640
## N4.Acetylcytidine                 15.260
## X.gamma.Glu.Leu.Ile               10.141
```

```
## Ortho.Hydroxyphenylacetic.acid           9.714
## Xanthosine                               8.520
## X2.Aminoadipic.acid                      6.394
## X3.Indole.carboxylic.acid.glucuronide    5.324
## X3.Hydroxybenzyl.alcohol                 4.571
## X4.Hydroxybenzoic.acid                   3.938
```

変数重要度を相対値ではなく，絶対値で表示したい場合には scale = FALSE を varImp() 内に加えればよい。lasso は線形回帰分析の拡張であるため，絶対値を使った場合には標準化された傾きの大きさが結果として返される。絶対値で表示された lasso の変数重要度はいわゆる重回帰分析などにおける傾きと同じ扱いができるので，モデルの中身を解釈することが比較的容易である。

```
varImp(lasso_fit_class, scale = FALSE)
```

```
## glmnet variable importance
##
##   only 20 most important variables shown (out of 109)
##
##                                         Overall
## Testosterone.glucuronide                1.87860
## Pantothenic.acid                        1.17060
## p.Anisic.acid                           1.04805
## Malic.acid                              0.98549
## Glu.Val                                 0.76312
## N2.Acetylaminoadipic.acid               0.71531
## Oxoglutaric.acid                        0.68904
## Acetylphenylalanine                     0.66894
## X2.Isopropylmalic.acid                  0.62208
## p.Hydroxyhippuric.acid                  0.49412
## Taurine                                 0.32297
## Gluconic.acid.and.or.isomers            0.29381
## N4.Acetylcytidine                       0.28667
## X.gamma.Glu.Leu.Ile                     0.19050
## Ortho.Hydroxyphenylacetic.acid          0.18248
## Xanthosine                              0.16005
## X2.Aminoadipic.acid                     0.12012
## X3.Indole.carboxylic.acid.glucuronide 0.10002
## X3.Hydroxybenzyl.alcohol                0.08586
## X4.Hydroxybenzoic.acid                  0.07398
```

変数重要度を図示することもできる。top = 30 のように指定することで，変数重要度の高い因子を上から指定した数だけ示すことができる。

```
plot(varImp(lasso_fit_class, scale = FALSE),
     top = 30)
```

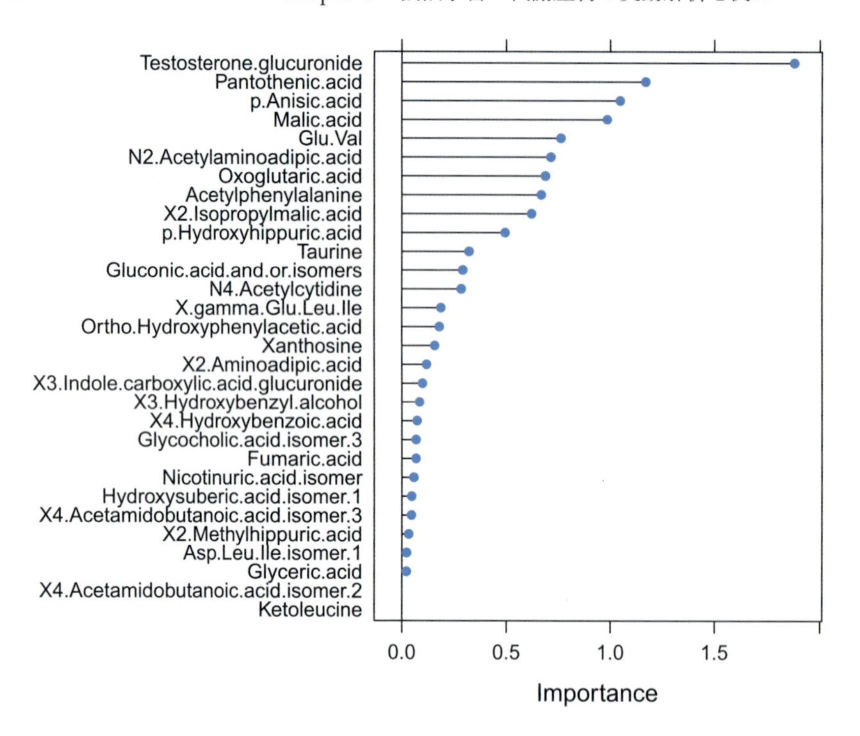

ただし，これらで示される変数重要度の値は絶対値であり，値の正負は表記されない。値の符号が知りたい場合には以下のようにすればlasso回帰におけるそれぞれの変数の傾きを符号付きで抽出することができる。ただし，最適化済みではないモデルを含めて傾きが表示されるため，あくまで正負の確認のために用いるのがよいだろう。紙面の都合上，コードのみを記載する。

```
1 coef(lasso_fit_class$finalModel, lasso_fit_class$bestTune$.lambda)
```

では最後にlasso回帰において，変数の傾きの大きさと罰則項の強さ `lambda` の関係を確認するためのsolution pass図を紹介する。まず作図を先に行うため，solution pass図を簡単に作図できる **`ggfortify`** パッケージを導入しておく。こちらも執筆時点でCRAN版に作画関数の修正が反映されていないため，**`devtools`** パッケージの `install_github()` を使い，開発版をインストールする。実際の作図には **`ggfortify`** パッケージの `autoplot()` を使用し，`caret` で最適化されたモデルである `lasso_fit_class$finalModel` を第1引数に指定し，x軸の表記法を `xvar = "lambda"` とすることで変数の傾きの大きさと罰則項の強さ `lambda` の関係を見て取ることができる。コードは次の通りである。なお，変数の数が多すぎるため，凡例は `theme(legend.position = 'none')` により取り除いている。

```
1 devtools::install_github('sinhrks/ggfortify')
```

```
1 library(ggfortify)
2 autoplot(lasso_fit_class$finalModel, xvar = "lambda") + theme(legend.position = 'none')
```

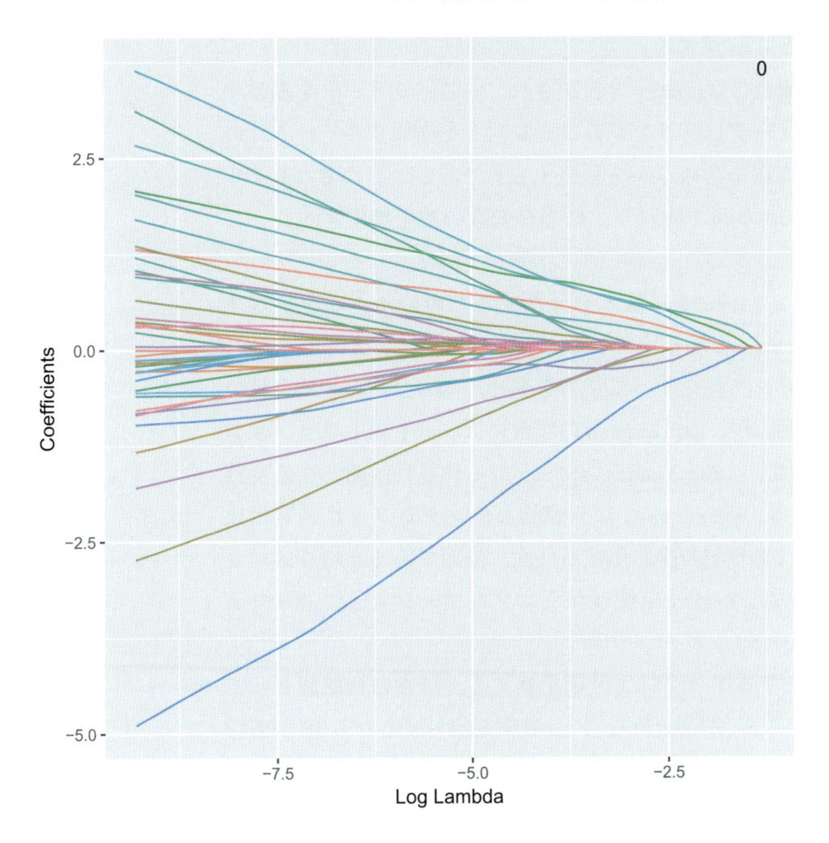

lasso 回帰分析で `lambda = 0` とした場合，その結果は通常の重回帰分析の結果と一致することが知られている。上の図では x 軸の左から右にいくほど `lambda` の値が 0 から 1 に近づいていく。y 軸には各変数の標準化された傾きが示されており，x 軸の `lambda` が 1 に近づくにつれ，それぞれの変数の傾きが中心である 0 に近づいていくことを見て取ることができる。線形回帰分析において標準化された変数の傾きの大きさは説明変数が目的変数をどの程度説明しているかの指標である。変数の傾きが小さくなるということは，説明に関与しない変数の影響を減らすということである。このため，lambda の値を変えることで，予測に寄与する変数の数を調節することができる。

5.2.4 ランダムフォレストによる解析

ここまでは lasso を使った解析について解説した。lasso は `glmnet` パッケージで実行できる正則化付き線形回帰分析であった。続いて樹木モデルの 1 つであるランダムフォレストでの解析について，高速なランダムフォレスト計算パッケージである `ranger` パッケージを使って解説する。ランダムフォレストは観測データをブートストラップすることにより得た複数のサブサンプルセットそれぞれに，ランダムに選ばれた説明変数を使って決定木をつくり，出力された複数の木を組み合わせることで予測を行う手法である。クロスバリデーションまでのコードは lasso とほぼ同じなので，ランダムフォレストのパラメータ探索条件の設定から解説する。

ランダムフォレストの場合には，mtryと表記されているパラメータを調整する必要がある。このパラメータは，ランダムフォレストを構成するそれぞれの決定木の中にいくつまで変数を含めるかを調整する値である。ここではモデルに含める変数の数を1〜10の間で検討し，最適な変数の数を探索することになる。

もう1つのパラメータsplitruleには木を分割するためのルールを指定する。これにはginiかextratreesを指定できる。giniではデータからブートストラップにより得られたサンプルを使って学習を進め，木の分岐の候補を良いものからランダムに複数選ぶが，extratreesの場合にはブートストラップサンプルではなく元データを使い，num.random.splitsでそれぞれ候補となる変数ごとに分割の数を指定する。extratreesは一般的なランダムフォレストに比べ，学習データへの当てはまりが多少悪化する反面，高速であるというメリットがあるが，本章では一般的なginiを使ったランダムフォレストによりモデルを構築する。

min.node.sizeは目的とするタスクにより値を変える。探索の初期値としては判別分析なら1，回帰なら5，生存分析なら3，確率を出力するなら10が適切である。以下にmtryとsplitruleを指定したコード例を示す。

```
1  library("ranger")
2  train_grid_rf = expand.grid(mtry = 1:10, # 変数の数
3                              splitrule = "gini",
4                              min.node.size = 5)
```

ではランダムフォレストを実行してみよう。関数の使い方はlassoのときとほぼ同様だが，train()内でパッケージを指定する部分はmethod = "ranger"に変更している。変数重要度の算出には，Janitzaらが2015年に“Advances in Data Analysis and Classification”で提唱した，変数重要度のp値を算出する手法を用いる。この際，変数重要度算出のためのアルゴリズムはimportance = "impurity_corrected"と設定する必要がある。モデルへの予測性能を最優先する場合には他のimportanceが推奨されるようだが，今回は重要度算出を主要な目的とする。結果が算出されるまでには多少時間がかかる。

```
1  set.seed(71) # 乱数の固定
2  rf_fit_class = train(train_set[, -1],  # 説明変数
3                       train_set$gender,   # 目的変数
4                       method = "ranger",       # 高速なランダムフォレストパッケージの指定
5                       tuneGrid = train_grid_rf,      # パラメータ探索の設定
6                       trControl = tr,                # クロスバリデーションの設定
7                       preProc = c("center", "scale"), # 標準化
8                       metric = "ROC",                     # 最適化する対象
9                       importance = "impurity_corrected") # 変数重要度の計算法
10 rf_fit_class
```

```
## Random Forest
##
## 129 samples
## 109 predictors
##   2 classes: 'M', 'F'
##
## Pre-processing: centered (109), scaled (109)
## Resampling: Cross-Validated (5 fold, repeated 5 times)
## Summary of sample sizes: 103, 103, 103, 104, 103, 103, ...
## Resampling results across tuning parameters:
##
##   mtry  ROC        Sens       Spec
##    1    0.8938528  0.9142857  0.6106061
##    2    0.9356061  0.9085714  0.7127273
##    3    0.9273160  0.9057143  0.7133333
##    4    0.9377381  0.8971429  0.7560606
##    5    0.9346104  0.8857143  0.7593939
##    6    0.9390260  0.8942857  0.7424242
##    7    0.9437662  0.8942857  0.7557576
##    8    0.9463528  0.9000000  0.7869697
##    9    0.9470996  0.9000000  0.7663636
##   10    0.9473810  0.8971429  0.8000000
##
## Tuning parameter 'splitrule' was held constant at a value of gini
##
## Tuning parameter 'min.node.size' was held constant at a value of 5
## ROC was used to select the optimal model using the largest value.
## The final values used for the model were mtry = 10, splitrule = gini
##  and min.node.size = 5.
```

解析結果の見方は先程の lasso と同様であり，`mtry = 10` の際に AUC が最大になっていることがわかる。この際の AUC は 0.947 であり，lasso の結果に比べると若干性能が劣る結果になっている。

では lasso のときと同様に，トレーニングデータセットにより構築したモデルをテストデータセットに当てはめ，モデルの妥当性を評価してみよう。まずモデルをテストデータセットである `rf_fit_class` に当てはめ，予測値を作成する。その後，`pROC` パッケージに含まれる `roc()` を使い，AUC を算出する。変換した予測値は `as.numeric()` で変換しておく。

```
pred_test_rf <- predict(rf_fit_class, test_set[, -1])
rocRes_rf <- roc(test_set$gender, as.numeric(pred_test_rf))
rocRes_rf$auc
```

```
## Area under the curve: 0.7208
```

```
rocRes_rf$sensitivities
```

```
## [1] 1.0000000 0.5416667 0.0000000
```

```
rocRes_rf$specificities
```

```
## [1] 0.0 0.9 1.0
```

テストデータセットである`rf_fit_class`への当てはまりの指標であるAUC値は0.721であり，この点においてもlassoの結果に比べると若干性能が劣る結果になっている。この結果を先程のlassoと比較してROC曲線を描いてみよう。このような場合には，下記のように，これまでに算出した複数のROCカーブをlistで指定することで重ね書きできる。

```
p3 <- ggroc(list(lasso = rocRes_lasso, rf = rocRes_rf),
                  linetype=2)
plot(p3)
```

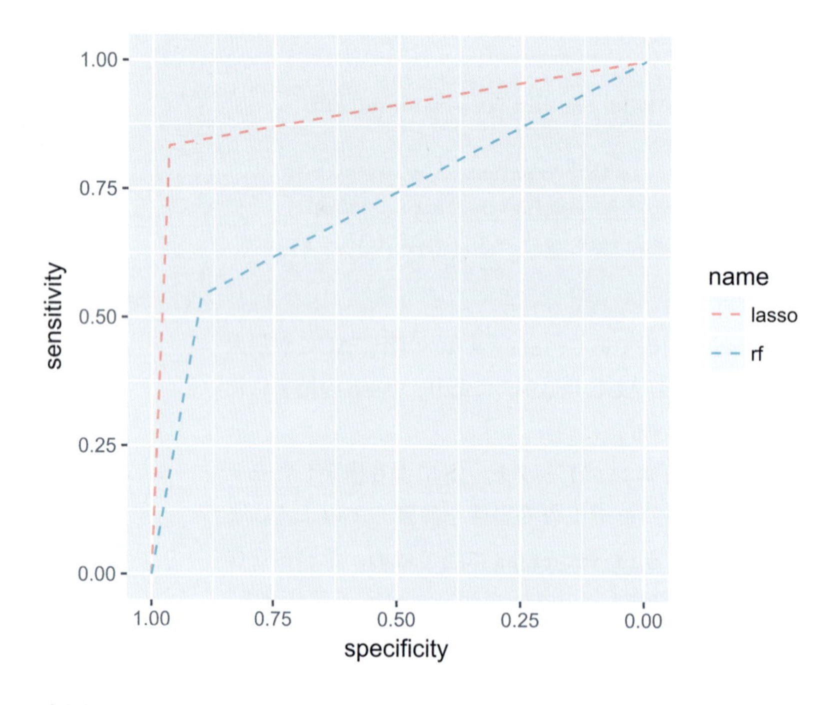

今回はlassoのほうがランダムフォレストに比べて良好な結果が得られており，線の下側面積であるAUCが，lassoでより広くなっていることを視覚的にも確認することができるだろう。

続いて変数重要度について説明する。ランダムフォレストの変数重要度も先程のように`varImp()`を使って示すことが可能である。

```
varImp(rf_fit_class)
```

今回はこれに加え，Janitza らが提案した変数重要度を p 値付きで表記できる手法について紹介する。この手法は ranger パッケージに含まれる importance_pvalues() を利用する。本手法はメッセージでも表示されるが，判別分析でしか有効性を確認されていない。そのため，回帰モデルに適用する場合には次章で示す altman method を使う必要がある。また，Janitza らの手法は高速に計算できる反面，altman method に比べると p 値の精度が低くなる場合がある。このような場合にも altman method を使うとよいだろう。

```
set.seed(71) # 乱数の固定
vipRes <- importance_pvalues(rf_fit_class$finalModel, method = "janitza")
head(vipRes, 10)
```

```
##                                            importance     pvalue
## X.2.methoxyethoxy.propanoic.acid.isomer  0.233840131 0.02272727
## X.gamma.Glu.Leu.Ile                      0.642929563 0.00000000
## X1.Methyluric.acid                       0.042166976 0.22727273
## X1.Methylxanthine                       -0.029716224 0.77272727
## X1.3.Dimethyluric.acid                  -0.008218083 0.61363636
## X1.7.Dimethyluric.acid                   0.240960571 0.02272727
## X2.acetamido.4.methylphenyl.acetate      0.318524681 0.00000000
## X2.Aminoadipic.acid                      0.437476659 0.00000000
## X2.Hydroxybenzyl.alcohol                 0.047645601 0.22727273
## X2.Isopropylmalic.acid                   0.020626166 0.34090909
```

解析の結果，上記の変数がランダムフォレストにおいて重要な変数であることが示唆された。しかし，ランダムフォレストによって選択される変数は，lasso で得られた変数と共通するものこそあれ，必ずしも一致するものではなく，重要度の順位も異なっている。単独のモデルからも必要な知見は得られるかもしれないが，バイオマーカーの探索などにおいては他に工夫が必要になるかもしれない。例えば，いくつかのモデルから共通して抽出される変数は，より重要な変数であるといえるかもしれない。実際に筆者は機械学習の手法を通じて抽出した因子のみを結果として示した際に，査読者から多重検定の結果もあわせて示すようにコメントされたこともある。このため，重要因子の抽出のために複数の手法を覚えておき，別の切り口からの結果を出せるように準備しておくことが望ましいだろう。

5.2.5 勾配ブースティングによる解析

xgboost パッケージを使い，勾配ブースティングによる解析を行う例を挙げる。ブースティングは弱学習器と呼ばれる単独ではあまり精度がよくない分類器の出力を多量に組み合わせて予測を行うものである。これは既存の分類器で間違っていた部分の誤りを修正できるような弱い分類器を新しく追加し，それらを組み合わせることで分類・回帰の精度を高めるアルゴリズムである。勾配ブースティングと呼ばれるのは，ブースティング時のパラメータの最適化に勾配降下法というアルゴリズムが使われているためである。

ではまず，先程と同様に caret パッケージの機能を使ってデータを分割し，解析に使うデータを準備しよう。

```
library(ropls)
data(sacurine)
working_df <- data.frame(sacurine$sampleMetadata, sacurine$dataMatrix)
working_df <- na.omit(working_df)

library(caret)
set.seed(71)
trainIndex <- createDataPartition(working_df$gender, # 目的変数指定
                                  p = 0.7,           # 分割の割合
                                  list = FALSE)

train_set <- working_df[trainIndex,]
test_set  <- working_df[-trainIndex,]
```

続いてパラメータの最適化条件について記述する。ここまで紹介してきた lasso やランダムフォレストは設定するパラメータの数が 1, 2 個程度であり，caret パッケージの機能により比較的容易にパラメータを最適化することができた。しかしながら，xgboost には多数のパラメータが用意されており，それらを個別に最適化すると非常に時間がかかってしまう。このため，ここでは rBayesianOptimization パッケージを使い，ベイズ最適化と呼ばれる手法で複数のパラメータを最適化する。

まず xgboost で解析ができるようにデータの形式を整える。xgboost で 2 値分類を行う場合には目的変数が数値の 0, 1 で示されている必要があるため，caret パッケージの dummyVars() で元データである train_set, test_set 内のカテゴリ変数を 0, 1 のダミー変数 train_dummy, test_dummy に変更する。

```
train_dummy <- dummyVars(~., data=train_set)
test_dummy <- dummyVars(~., data=test_set)
```

以下のように predict() を元データに適用し，それらを data.frame() でまとめて，作成したオブジェクトを保存する。

```
train_set_dummy <- data.frame(predict(train_dummy, train_set))
test_set_dummy <- data.frame(predict(test_dummy, test_set))
```

最後に，説明変数部分を train_x に，目的変数部分を train_y に data.matrix() で保存する。dummyVars() で作成したダミー変数列は，列内の変数の数（ここでは男女で 2 つ）だけ作成されるので，いずれかのみ（ここでは train_set_dummy[, 3]）を目的変数として選択しておく。

```
train_x <- data.matrix(train_set_dummy[, 5:113])
train_y <- data.matrix(train_set_dummy[, 3])

test_x <- data.matrix(test_set_dummy[, 5:113])
test_y <- data.matrix(test_set_dummy[, 3])
```

続いて xgboost を呼び出し，xgb.DMatrix() の第1引数に説明変数 train_x を，第2引数に目的変数 train_y をそれぞれ指定しておく。

```
install.packages("xgboost", dependencies = TRUE)
```

```
library(xgboost)
train <- xgb.DMatrix(train_x, label = train_y)
```

ここからはベイズ最適化のパッケージである rBayesianOptimization の解説である。まずパッケージを読み込んだあと，KFold() の第1引数に目的変数，nfolds にクロスバリデーションの回数をセットする。

```
install.packages("rBayesianOptimization")
```

```
library(rBayesianOptimization)
cv_folds <- KFold(train_y,
                  nfolds = 5,
                  stratified = TRUE,
                  seed = 71)
```

stratified を TRUE にすると，データ分割の際に正例・負例の割合を一定に保ったままデータを分割することができる。また，再現性確保のため seed を指定しておこう。

続いて xgboost のパラメータを最適化していこう。

まず，function() に最適化したいパラメータ (max_depth，min_child_weight，subsample，lambda，alpha) を入力する。これら以外にも最適化できるパラメータはあるが，rBayesianOptimization で最適化しないパラメータについては直接値を指定する。例えば，下記コードでは xgb.cv() 内の params 引数には list で eta = 0.2, colsample_bytree = 0.7 などと値を与えている。最適化したいパラメータがとりうる値の範囲については，ここではなく最適化実行の際に値を渡すことになる。

objective には実行したい分析を，eval_metric にはどの評価指標に対してパラメータを最適化するかを指定する。data には xgb.DMatrix() で作成したデータを，folds には KFold() で指定したクロスバリデーションの設定を入力する。

nround には弱学習器をいくつ作るかを指定する。この値が大きいほどトレーニングセットに対する当てはまりの良さは向上するが，同時に過剰適合の可能性も高くなってしまう。この問題に対し，early_stopping_rounds = X

とする方法がある。このように指定すれば，クロスバリデーション時のバリデーションセットに対する当てはまりが，学習器を増やしても X 回連続して向上しなくなった時点で学習を中断することができる。例えば nround = 1000, early_stopping_rounds = 20 として学習を開始する。このとき，ラウンド 100 から 20 回連続で精度が向上しなければ，ラウンド 100 で学習を中断することで，モデルの過剰適合を抑えることができる。

maximize は評価指標を最大化するか否かを入力する。例えば，指標として "auc" など値が高いほうが望ましいものを指定している場合には TRUE にしておく必要があるが，"rmse"のように誤差を最小にしたい場合には FALSE にしておかないと学習が進まなくなってしまうので注意が必要である。verbose は学習の途中経過を表示するかどうかを 0, 1 で表す。0 が表示しない，1 が表示する，である。ここでは紙面の関係上，表示しない (0) とする。

最後の list() には第 1 引数に xgb.cv() で検討したモデルの評価指標 (今回は "auc") が格納されている cv$evaluation_log$test_auc_mean[cv$best_iteration], 第 2 引数に予測値を指定する。AUC ではなく RMSE など，他の評価指標を使用する場合には，cv$evaluation_log$test_rmse_mean[cv$best_iteration] のように，cv$evaluation_log 以下に格納されている評価基準に差し替えて記述する必要がある。コードは次の通りである。

```
1  xgb_cv_bayesopt <- function(max_depth, min_child_weight, subsample, lambda, alpha) {
2                                                                         # 最適化したいパラメータ
3    cv <- xgb.cv(params = list(booster = "gbtree", # 以下は固定パラメータ
4                               eta = 0.2,
5                               max_depth = max_depth,
6                               min_child_weight = min_child_weight,
7                               subsample = subsample,
8                               lambda = lambda,
9                               alpha = alpha,
10                              colsample_bytree = 0.7,
11                              objective = "binary:logistic",
12                              eval_metric = "auc"),
13                data = train,
14                folds = cv_folds,
15                nround = 1000,
16                early_stopping_rounds = 20,
17                maximize = TRUE,
18                verbose = 0)
19   list(Score = cv$evaluation_log$test_auc_mean[cv$best_iteration],
20        Pred = cv$pred) # 最適化に使う指標
21 }
```

続いて実際に最適化を行う。BayesianOptimization() の第 1 引数には上記で設定したオブジェクト xgb_cv_bayesopt を指定する。bounds には list 型で，function() で指定した最適化したいパラメータのとりうる範囲を c() を使って設定する。ここで数値に L が付いているパラメータは，とりうる値が整数値の

みになる。

init_points はベイズ最適化を行う前にランダムに設定されるパラメータの組み合わせの数である。ベイズ最適化ではランダムに選ばれたパラメータに基づいて目的関数（今回は AUC）を予測するガウス過程モデルを作成する。その後，ガウス過程モデル内で目的関数が大きくなりそうなポイントや，信頼区間が大きいポイントについて逐次的にパラメータを入力することで AUC を求め，値を更新していくことで最適なパラメータの組み合わせを探索する。

初期値のあと何回パラメータを探索するかについては n_iter で設定する。acq には探索のためのアルゴリズムを設定する。"ucb" は探索できていない部分について目的関数値の信頼区間を確認し，その上限が最大になるポイントを次の探索ポイントにするというアルゴリズムである。kappa は "ucb" 最適化のためのパラメータであり，値を大きくするとパラメータの最適化の探索をより追求するようになる。コードは以下の通りである。実行にはある程度時間がかかるので注意が必要である。

```
1  set.seed(71) # 実行に 10〜30 分程度
2  Opt_res <- BayesianOptimization(xgb_cv_bayesopt, # 以下は最適化の探索範囲
3                                  bounds = list(max_depth = c(3L, 7L),
4                                                min_child_weight = c(1L, 10L),
5                                                subsample = c(0.7, 1.0),
6                                                lambda = c(0.5, 1),
7                                                alpha = c(0.0, 0.5)),
8                                  init_points = 20,
9                                  n_iter = 30,
10                                 acq = "ucb",
11                                 kappa = 5,
12                                 verbose = FALSE)
```

```
##
##  Best Parameters Found:
## Round = 29   max_depth = 7.0000  min_child_weight = 2.0000   subsample = 0.7000  lambda =
  0.5000 alpha = 0.5000  Value = 0.9262
```

実行の結果，Round 29 で最適な結果が得られ，その際の AUC は 0.9261904 だった。また，このときの各パラメータが結果として出力されるので，得られた値を使って実際にモデルを作成し，予測を行ってみよう。

ここからは rBayesianOptimization で最適化したパラメータを，再度 xgboost パッケージのパラメータに当てはめて予測モデルを作成する。コードは次の通りで params に rBayesianOptimization で最適化した値を指定する。

```
1  params <- list(
2    "objective"           = "binary:logistic",
3    "eval_metric"         = "auc",
4    "eta"                 = 0.2,
```

```
  "max_depth"          = 7,
  "min_child_weight"   = 2,
  "subsample"          = 0.7,
  "alpha"              = 0.5,
  "lambda"             = 0.5
)
```

続いてクロスバリデーションにより，弱学習器をいくつ作るかについて最適化する。xgb.cv() でクロスバリデーション用のモデルを作成する。early_stopping_rounds により最適化された弱学習器の個数は cv_test$best_iteration に格納されているため，cv_nround というオブジェクトを作って個数を保存する。トレーニングセットにおける AUC の値を確認したい場合は，verbose = TRUE とする。

```
set.seed(71)

cv_nround = 1000
cv_test <- xgb.cv(params = params, data = train, nfold = 5, nrounds = cv_nround,
                  early_stopping_rounds = 20, maximize = TRUE, verbose = FALSE)

cv_nround <- cv_test$best_iteration # クロスバリデーションで最適だった iteration を使う
```

ここで最適化されたパラメータを使い，xgboost で予測モデル model を作成する。さらに，オブジェクト pred にバリデーションセットの予測値を predict() により作成しておく。

```
model <- xgboost(data = train,
                 params = params,
                 nrounds = cv_nround,
                 verbose = FALSE)

pred <- predict(model, test_x)
```

予測により出力されるのは確率なので，AUC 算出のため 0.5 を基準に値を 0, 1 に置き換えておく。

```
for(i in 1:length(pred)){
  if(pred[i]<0.5) {pred[i]="0"}
  else if(pred[i]>0.5) {pred[i]="1"}
}
```

AUC の算出結果はこれまで同様，下記コードにより出力できる。

```
rocRes_xgb <- roc(pred, as.numeric(test_y)) # ROC, AUC の算出
rocRes_xgb$auc  # AUC の表示
```

```
## Area under the curve: 0.8377
```

```
rocRes_xgb$sensitivities # 感度の表示
```

```
## [1] 1.0000000 0.8181818 0.0000000
```

```
rocRes_xgb$specificities # 特異度の表示
```

```
## [1] 0.0000000 0.8571429 1.0000000
```

AUC 値は 0.8377 とランダムフォレストよりは良いが，lasso よりは低い値となった。

下記コードで図示すると，それぞれの ROC カーブを見て取ることができる。

```
p4 <- ggroc(list(lasso = rocRes_lasso, rf = rocRes_rf, xgb = rocRes_xgb),
                 linetype = 2)
plot(p4)
```

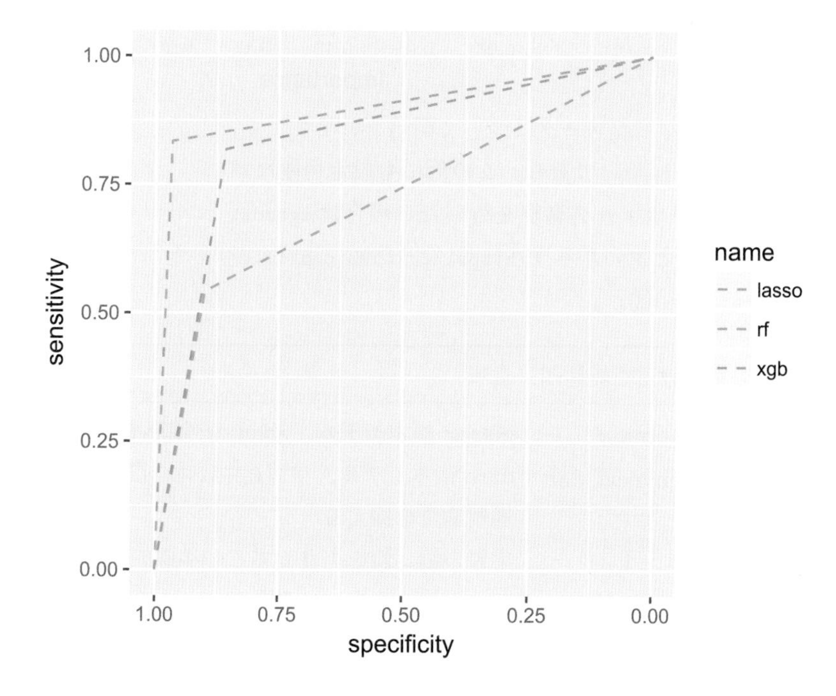

xgboost パッケージにおける変数重要度の算出は以下の通りである。xgb.importance() により重要度を算出し，xgb.ggplot.importance() により図示することができる。xgb.importance() の第 1 引数にはカラム名，第 2 引数にはモデルを指定する。

```
importance <- xgb.importance(colnames(test_x), model = model)
xgb.ggplot.importance(importance)
```

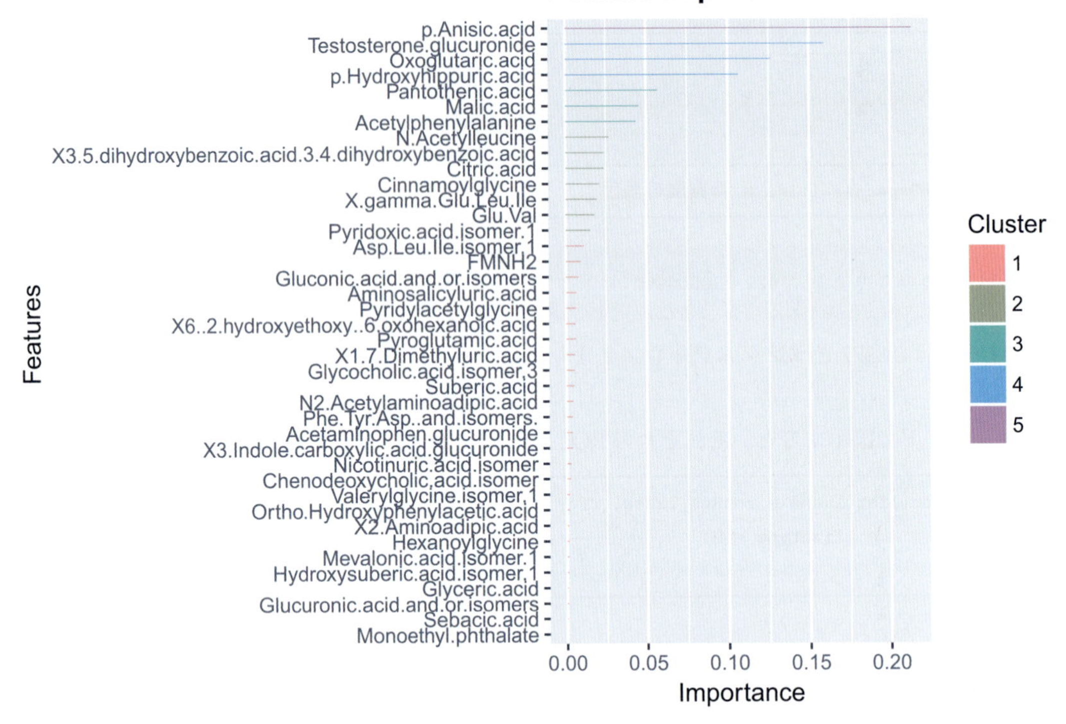

最後に `xgboost` パッケージの主要なパラメータについて概略をのせておく。パラメータ最適化の際の参考になれば幸いである。この他にも設定可能なパラメータがあるので，より詳細なパラメータ調整を行いたい場合は `xgboost` パッケージの公式サイトを参照するとよいだろう (`https://github.com/dmlc/xgboost/blob/master/doc/parameter.md`)。

パラメータ	デフォルト値	設定可能範囲	意味
booster	gbtree	gbtree, gblinear, dart	gbtree: 樹木モデル，gblinear: 線形モデル，dart: 樹木モデル，学習途中に木を間引いて過剰適合を抑える
eta	0.3	0〜1	学習の幅。値を小さくすると学習データの細かい部分への当てはまりが向上するが過剰適合する可能性もある。
gamma	0	0〜∞	決定木の端点である葉をさらに分割するかどうか。値を大きくすると細かい部分への当てはまりが向上。
max_depth	6	0〜∞	木の深さ
min_child_weigh	1	0〜∞	葉の分割に関与。値を大きくすると細かい部分への当てはまりが向上。
max_delta_step	0	0〜∞	正例・負例の数が1 : 1から大きく外れている際に値を1〜10に設定することで予測が向上することがある。

パラメータ	デフォルト値	設定可能範囲	意味
subsample	1	0〜1	測定検体の何割を使ってモデルを作るか。
colsample_bytree	1	0〜1	変数全体の何割を使ってモデルを作るか。
lambda	1		L2 正則化の重み。値を大きくすると細かい部分への当てはまりが向上。
alpha	0		L1 正則化の重み。値を大きくすると細かい部分への当てはまりが向上。

続いてモデルの目的 (objective) についてまとめる。デフォルト値は reg:linear である。

モデルの目的 (objective)	意味
reg:linear	線形回帰
reg:logistic	ロジスティック回帰
binary:logistic	2 値分類のロジスティック回帰，結果は確率で出力
multi:softmax	多値分類

最後に評価指標についてまとめる。モデルの目的や評価指標に関しても詳細は公式サイトをご参照頂きたい。

評価指標 (eval_metric)	意味
rmse	平均平方 2 乗誤差
mae	平均絶対誤差
error	2 値分類において分類を誤った割合
logloss	負の対数尤度
mlogloss	多クラスの対数損失
auc	感度・特異度からなる ROC 曲線の下側面積

5.3 変数重要度が上位の因子による pathway 解析および機能解析の準備

5.3.1 変数重要度が高い因子の抽出

前節では機械学習による判別モデルの最適化について解説した。また，それぞれの判別に重要な因子の抽出を行い，男女で差のある低分子代謝物を抽出することができた。本節ではこの結果を受け，抽出された因子どうしがどのような関係を持っているのか，またそれらが生体内のどのような機能に関わっているのかについて考察するための手法を紹介する。

まず先程解析したOPLS-DAの結果を再度表示しておこう。

```
1  data(sacurine)
2  set.seed(71)
3  opls_res <- opls(sacurine$dataMatrix, # データの指定（Matrix形式である必要がある）
4                   sacurine$sampleMetadata[, "gender"], # 目的変数指定
5                   predI = 1,   # 使う主成分の数
6                   orthoI = NA, # NAでOPLS-DAを実行，0にするとPLS-DAになる
7                   permI = 500, # permutation回数の指定
8                   crossvalI = 7, # クロスバリデーションfold（デフォルト = 7）
9                   scaleC = "standard",
10                    # 標準化の方法（デフォルト：平均0，分散1にスケーリング）
11                  printL = FALSE, # 結果の表示
12                  plotL = FALSE)  # 図表の表示
13 opls_res
```

```
## OPLS-DA
## 183 samples x 109 variables and 1 response
## standard scaling of predictors and response(s)
##       R2X(cum) R2Y(cum) Q2(cum) RMSEE pre ort  pR2Y   pQ2
## Total    0.275     0.73   0.602 0.262   1   2 0.002 0.002
```

続いて，変数重要度が高い因子を上から15個表示しておく。

```
1  tail(sort(opls_res@vipVn), 15)
```

```
##         Acetaminophen glucuronide      Gluconic acid and/or isomers
##                          1.475929                          1.541335
##           Valerylglycine isomer 2            p-Hydroxyhippuric acid
##                          1.631608                          1.668525
##            N-Acetyl-aspartic acid             2-Methylhippuric acid
##                          1.700159                          1.701476
##                  Oxoglutaric acid                       Citric acid
##                          1.705980                          1.814104
## 4-Acetamidobutanoic acid isomer 3    alpha-N-Phenylacetyl-glutamine
##                          1.883919                          1.965807
##               Acetylphenylalanine                   Pantothenic acid
##                          1.988311                          2.165296
##          Testosterone glucuronide                        Malic acid
##                          2.421591                          2.479289
##                    p-Anisic acid
##                          2.533220
```

ここで上記の変数重要度が1.5以上であった14の因子について，さらに解析を進めることとする。

まず VIP > 1.5 の成分を抽出してデータフレームとして格納する。

```
df_VIP <- data.frame(t(sacurine$dataMatrix), opls_res@vipVn) # vipVn の値を元データに結合
df_VIP_1.5 <- as.data.frame(t(subset(df_VIP, opls_res.vipVn > 1.5))) # vipVn > 1.5 のみ抽出
df_VIP_1.5 <- df_VIP_1.5[-184, ] # vipVn の行を削除

str(df_VIP_1.5)
```

```
## 'data.frame':    183 obs. of  14 variables:
##  $ 2-Methylhippuric acid              : num  4.3 3.83 4.2 3.87 4.27 ...
##  $ 4-Acetamidobutanoic acid isomer 3: num  3.96 4.09 4.03 3.88 4.35 ...
##  $ Acetylphenylalanine                : num  4.17 4.52 4.08 3.77 4.19 ...
##  $ alpha-N-Phenylacetyl-glutamine     : num  4.41 4.36 4.1 4.17 4.33 ...
##  $ Citric acid                        : num  4.08 4.42 4.18 4.22 4.29 ...
##  $ Gluconic acid and/or isomers       : num  4.29 4.59 4.1 4.74 4.61 ...
##  $ Malic acid                         : num  3.53 4.07 3.7 3.94 4.23 ...
##  $ N-Acetyl-aspartic acid             : num  4.12 4.43 4.21 4.39 4.25 ...
##  $ Oxoglutaric acid                   : num  3 3.99 3.48 3.95 3.96 ...
##  $ p-Anisic acid                      : num  3.84 4.68 3.46 2.89 3.25 ...
##  $ p-Hydroxyhippuric acid             : num  4.2 4.62 3.84 4.17 4.59 ...
##  $ Pantothenic acid                   : num  4.37 4.48 4.28 4.2 4.37 ...
##  $ Testosterone glucuronide           : num  4.29 3.47 4.33 4.31 4.59 ...
##  $ Valerylglycine isomer 2            : num  3.89 4.18 4.25 4.29 4.14 ...
```

実際に抽出した因子と同じ 14 種の成分が抽出されていることがわかる。この df_VIP_1.5 データに，sacurine$sampleMetadata に格納されている性別の情報を下記コードで結合し，それぞれの性別で層別化した上で因子どうしの関係を解析・可視化していこう。

```
df_VIP_1.5 <- cbind(df_VIP_1.5, sacurine$sampleMetadata[, "gender"])
names(df_VIP_1.5)[15]<- "gender" # 結合時に変わってしまった名前を変更
```

5.3.2 抽出したデータの可視化

まずは散布図行列による可視化を行う。3 章で紹介した GGally パッケージを使うことで，男女で層別した図も次のように簡単に描くことができる（図5.4）。

```
library(GGally)
library(ggplot2)
p <- ggpairs(data = df_VIP_1.5, # データを指定
        mapping = aes(color = gender), # 男女を分けて表示
        upper = list(continuous = wrap(ggally_cor, size = 2))) # 相関の文字サイズ変更
p + theme_grey(base_size = 3) # ラベルの文字サイズ変更
```

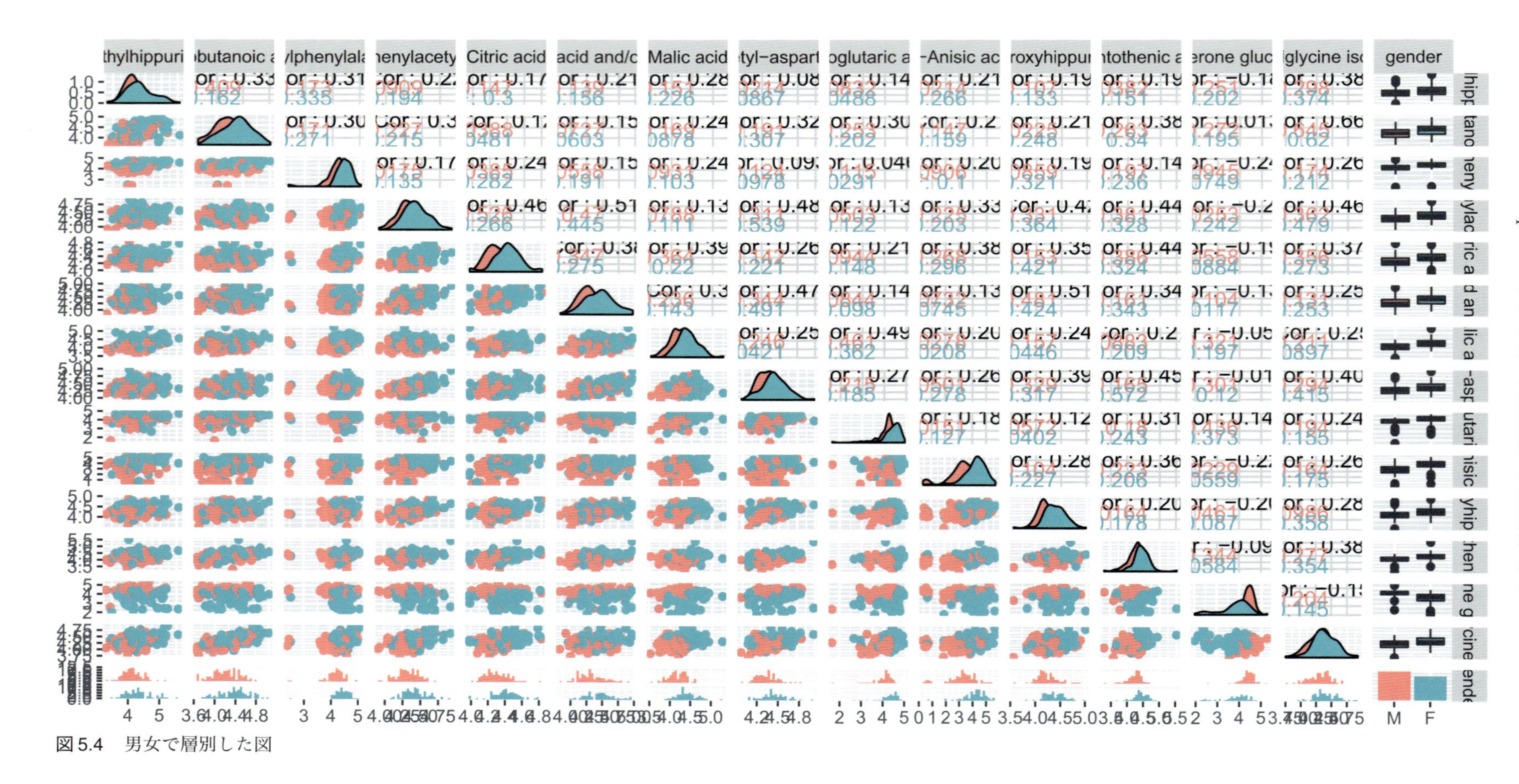

図 5.4　男女で層別した図

散布図でそれぞれの因子の関係を見て取るのも有効であるが，対角線に図示されている分布の形状も有用な情報だろう。このように散布図は探索的な解析を行う際には便利である。しかしながら論文などに掲載するためにそれぞれの関係を示す方法は，これ以外にもいくつかある。

はじめに紹介するのは前節でも示したヒートマップである。論文などではよく見かける図であるため使用を検討される方も多いだろう。この場合は先程の散布図行列以上に各検体ごとの情報が得られる点が優れている。5.1 節ではデータ全体をヒートマップで表示したが，本節では男女を分けた形で表現してみよう（図 5.5）。

```
1  df_VIP_1.5[, 1:14] <- scale(df_VIP_1.5[, 1:14], center = TRUE, scale = TRUE)
2
3  Heat  <- Heatmap(df_VIP_1.5[,1:14], # データの指定
4                   row_names_gp = gpar(fontsize = 6), # x 軸のフォントサイズ
5                   row_names_max_width = unit(15, "cm"), # x 軸の高さ
6                   column_names_gp = gpar(fontsize = 4), # y 軸のフォントサイズ
7                   column_names_max_height = unit(7, "cm"), # y 軸の高さ
8                   split = df_VIP_1.5$gender # 分割する対象を指定
9                  )
10 Heat
```

また，変数重要度の高かった複数の因子について，男女差を箱ひげ図で可視化するには ggplot2 に gridExtra パッケージを組み合わせると便利である。このパッケージの grid.arrange() を使うことで，以下のように複数の図を 1 つの図にまとめて出力することができる。grid.arrange() の ncol で，引数カラムに配置する図の数をコントロールできる。

```
1  install.packages("gridExtra")
```

```
1  library(gridExtra)
2  # Testosterone.glucuronide
3  p1 <- ggplot(
4    working_df,
5    aes (
6      x = gender,
7      y = Testosterone.glucuronide
8    )
9  )
10 p1 <- p1 + theme_classic() + theme(
11   axis.line.x = element_line(colour = 'black', size=0.5, linetype='solid'),
12   axis.line.y = element_line(colour = 'black', size=0.5, linetype='solid'))
13 p1 <- p1 + geom_boxplot(aes(colour = gender))
14
15 # p.Anisic.acid
16 p2 <- ggplot(
17   working_df,
18   aes (
```

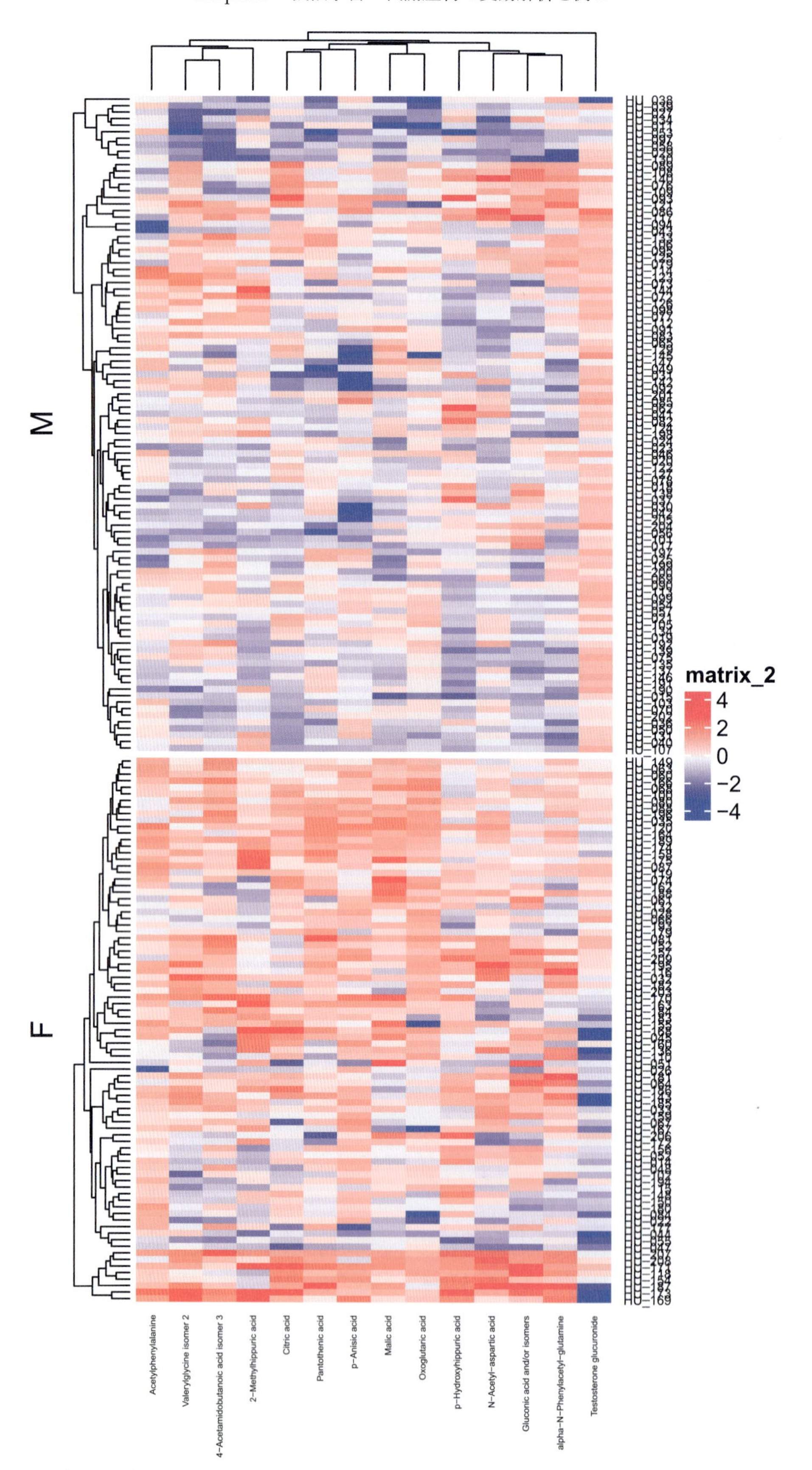
M
F
matrix_2
4
2
0
−2
−4
Acetylphenylalanine
Valerylglycine isomer 2
4−Acetamidobutanoic acid isomer 3
2−Methylhippuric acid
Citric acid
Pantothenic acid
p−Anisic acid
Malic acid
Oxoglutaric acid
p−Hydroxyhippuric acid
N−Acetyl−aspartic acid
Gluconic acid and/or isomers
alpha−N−Phenylacetyl−glutamine
Testosterone glucuronide

図5.5　ヒートマップ

```
19      x = gender,
20      y = p.Anisic.acid
21    )
22  )
23  p2 <- p2 + theme_classic()+ theme(
24    axis.line.x = element_line(colour = 'black', size=0.5, linetype='solid'),
25    axis.line.y = element_line(colour = 'black', size=0.5, linetype='solid'))
26  p2 <- p2 + geom_boxplot(aes(colour = gender))
27
28  grid.arrange(p1, p2, ncol = 2)
```

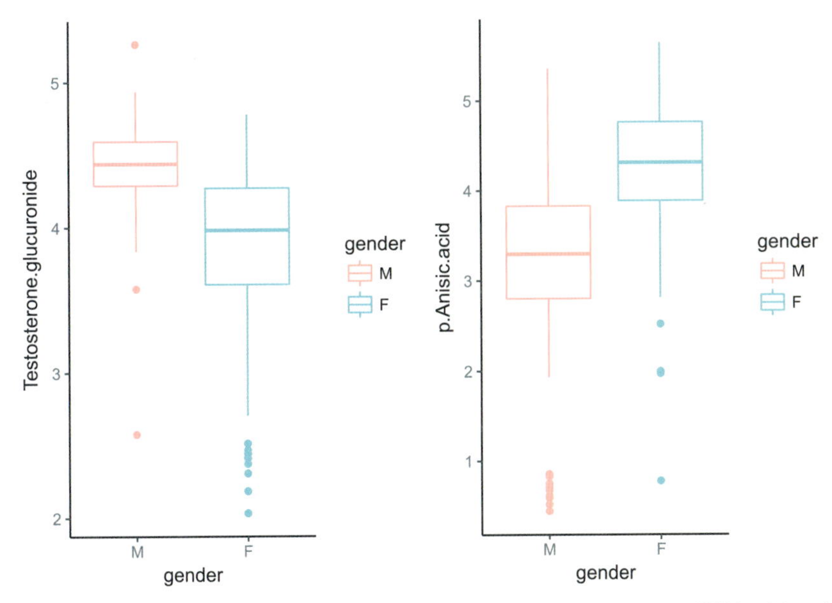

ここまでで示した可視化手法により，ある程度，変数どうしの関係を見て取れるようになったと思う。しかし，代謝物どうしの関係をより明確に示すためには，お互いの関係をひと目で確認できるほうが望ましい。そのためには，しばしばネットワーク関係を可視化するためのパッケージが使用される。

ネットワークとはデータを構成する要素がお互いに何らかの関係で結びついた網の目のような構造のことを指し，構成要素が点，関係が線で示される。本節では **qgraph** パッケージを使い，ここまでの解析で重要度が高いとされた 14 代謝物のネットワークを記述する。**qgraph** パッケージではまず各代謝物濃度から相関行列を作成し，それをパッケージの関数に当てはめることで図を出力する。まず下記コードで 14 種の代謝物濃度の相関行列を男女別に作っておく。相関行列を作成する `cor_auto()` は，Pearson correlations の結果を返す仕様になっている。

```
1  install.packages("qgraph")
```

```
1  library(qgraph)
2  df_M <- subset(df_VIP_1.5, gender == "M")
```

```
3 df_F <- subset(df_VIP_1.5, gender == "F")
4 cor_df_M <- cor_auto(df_M[1:14]) # 相関行列の作成（男性）
5 cor_df_F <- cor_auto(df_F[1:14]) # 相関行列の作成（女性）
```

それぞれの相関行列 cor_df_M, cor_df_F ができたら，それらを並べて表示するために averageLayout() でまとめておき，qgraph() によりそれぞれの相関行列からネットワーク図を作成する。

```
1 L <- averageLayout(cor_df_M, cor_df_F) # 2つのグラフを並べて書く
2
3 set.seed(71)
4 qgraph(cor_df_M, layout = L, title = "Correlation network Male",
5        maximum = 1, minimum = 0)
```

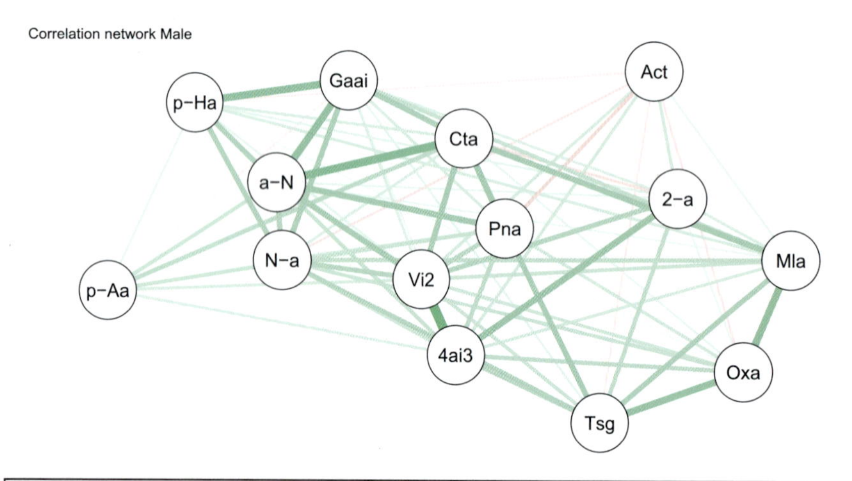


```
1 qgraph(cor_df_F, layout = L, title = "Correlation network Female",
2        maximum = 1, minimum = 0)
```

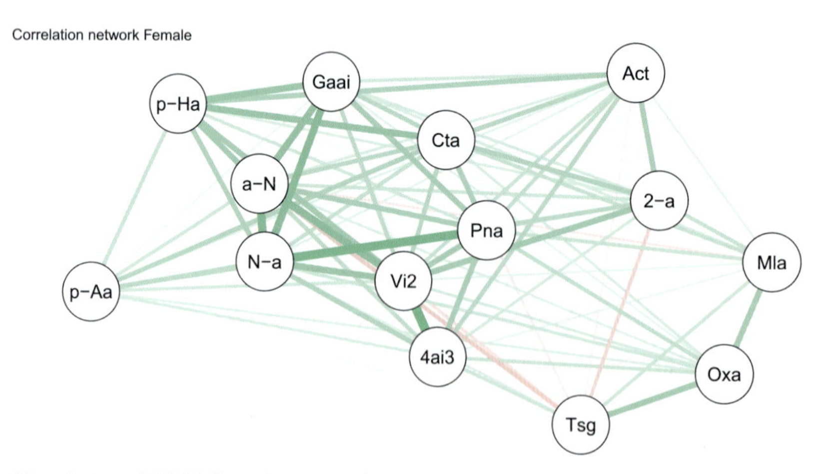

線の太さは相関係数の大きさを表している。また，R で実行した場合，デフォルトでは緑色が正の，赤色が負の相関関係を表す。

また，上記は多重検定による補正を行っていない相関行列であるが，多重

検定による補正を行うための `FDRnetwork()` なども用意されている。ここでは FDR のカットオフ値を 0.2 (`cutoff = 0.2`) として作図している。デフォルトの `method` は `lfdr` であるが，ネットワークが非常に疎になってしまうため，ここでは `method = "qval"` として FDR による補正を行っている。

```
cor_df_M_FDR <- FDRnetwork(cor_df_M, cutoff = 0.2, method = "qval")
  # FDR による多重検定の補正（男性）
```

```
## Warning in fdrtool(vec, "correlation", plot = FALSE, verbose = FALSE,
## cutoff.method = "locfdr"): There may be too few input test statistics for
## reliable FDR calculations!
```

```
cor_df_F_FDR <- FDRnetwork(cor_df_F, cutoff = 0.2, method = "qval")
  # FDR による多重検定の補正（女性）
```

```
## Warning in fdrtool(vec, "correlation", plot = FALSE, verbose = FALSE,
## cutoff.method = "locfdr"): There may be too few input test statistics for
## reliable FDR calculations!
```

```
L <- averageLayout(cor_df_M_FDR, cor_df_F_FDR) # 2 つのグラフを並べて書く

layout(t(1:2)) # 2 つのグラフを横に並べて書く

set.seed(71)
qgraph(cor_df_M_FDR, layout = L, title = "FDR correlation network Male",
       maximum = 1, minimum = 0)
qgraph(cor_df_F_FDR, layout = L, title = "FDR correlation network Female",
       maximum = 1, minimum = 0)
```

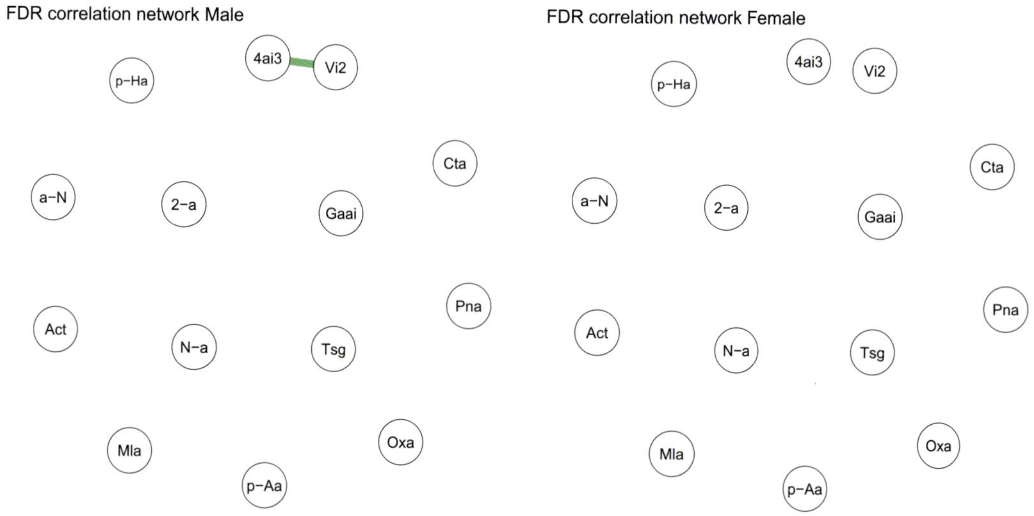

FDRnetwork() による補正の結果，cor_df_M, cor_df_F に比べ，cor_df_M_FDR, cor_df_F_FDR のネットワークが疎になることがわかる。実際に解釈を行う際にはこちらの結果を用いることのほうが多い。パッケージを活用することで，それぞれの代謝物どうしの関係についても解析を進めることができる。

最後に pathway enrichment analysis について触れたい。この手法は変動したマーカー群が，それらが含まれるパスウェイ群のセットにどの程度含まれているかを探索するための手法である。

マーカーとパスウェイを結びつけるための ID の 1 つである HMDB ID (Human metaolome database ID) は sacurine データの variableMetadata 内に格納されている。下記コードで，はじめに計算した VIP 値と ID を結合し，df_En という名前で保存しておこう。

```
1 df_En <- data.frame(sacurine$variableMetadata$hmdb, opls_res@vipVn)
2 head(df_En)
```

```
##                                          sacurine.variableMetadata.hmdb
## (2-methoxyethoxy)propanoic acid isomer
## (gamma)Glu-Leu/Ile
## 1-Methyluric acid                                             HMDB03099
## 1-Methylxanthine                                              HMDB10738
## 1,3-Dimethyluric acid                                         HMDB01857
## 1,7-Dimethyluric acid                                         HMDB11103
##                                         opls_res.vipVn
## (2-methoxyethoxy)propanoic acid isomer      0.64417640
## (gamma)Glu-Leu/Ile                          1.22601817
## 1-Methyluric acid                           0.59418705
## 1-Methylxanthine                            0.46867618
## 1,3-Dimethyluric acid                       0.63412968
## 1,7-Dimethyluric acid                       0.03292406
```

結合したデータを次のように記述することで，HMDB ID とセットで変数重要度の高い変数を抽出することができる。

```
1 subset(df_En, df_En$opls_res.vipVn > 1.5)
```

```
##                                     sacurine.variableMetadata.hmdb
## 2-Methylhippuric acid                                    HMDB11723
## 4-Acetamidobutanoic acid isomer 3
## Acetylphenylalanine                                      HMDB00512
## alpha-N-Phenylacetyl-glutamine                           HMDB06344
## Citric acid                                              HMDB00094
## Gluconic acid and/or isomers
## Malic acid                                               HMDB00156
## N-Acetyl-aspartic acid                                   HMDB00812
## Oxoglutaric acid                                         HMDB00208
```

```
## p-Anisic acid                                           HMDB01101
## p-Hydroxyhippuric acid                                  HMDB13678
## Pantothenic acid                                        HMDB00210
## Testosterone glucuronide                                HMDB03193
## Valerylglycine isomer 2
##                                      opls_res.vipVn
## 2-Methylhippuric acid                      1.701476
## 4-Acetamidobutanoic acid isomer 3          1.883919
## Acetylphenylalanine                        1.988311
## alpha-N-Phenylacetyl-glutamine             1.965807
## Citric acid                                1.814104
## Gluconic acid and/or isomers               1.541335
## Malic acid                                 2.479289
## N-Acetyl-aspartic acid                     1.700159
## Oxoglutaric acid                           1.705980
## p-Anisic acid                              2.533220
## p-Hydroxyhippuric acid                     1.668525
## Pantothenic acid                           2.165296
## Testosterone glucuronide                   2.421591
## Valerylglycine isomer 2                    1.631608
```

これにより抽出されたIDを各種データベースで検索することができ，それぞれのマーカーが生体内でどのような機能を持っているのか調べられる。また，MBROLE 2.0 (`http://csbg.cnb.csic.es/mbrole2/index.php`) などのサイトを利用することで，pathway enrichment analysis などの解析を行い，変動したマーカーの変動が生体内のどのパスウェイに関わっているのかを調べることができる。

本章で解析対象としたデータはHMDB IDに紐づけられていたが，その他にもKEGG (Kyoto Encyclopedia of Genes and Genomes) IDなど，さまざまなIDを用いた解析が可能なデータベースが存在する。KEGGは名の通り，遺伝子やゲノムが中心のデータベースであるため，よりデータベースが充実しているほか，KEGGを通じて解析が可能なRパッケージも数多く用意されている。本節で用いた解析の手順を応用し，より高度な解析についても挑戦してみてほしい。

5.4 【レポート例 5】

```
1 ---
2 title: chapter 5 report
3
4 bibliography: mybibfile.bib
```

```
5   output:
6     html_document:
7       toc: true
8       number_section: true
9   ---
10
11  ```{r warning=FALSE, message=FALSE, include=FALSE}
12  knitr::opts_chunk$set(warning=FALSE, message=FALSE)
13  ```
14
15  # はじめに
16  本研究の目的は高速液体クロマトグラフー高分解能質量分析計により得られた低分子代謝物（メタボロ
17  ーム）の組成を機械学習により判別し，男女の違いに関わるマーカーを抽出することである。
18
19  ```{r, include=FALSE}
20  library(ropls); library(ComplexHeatmap); library(dplyr);
21  library(qgraph); library(sessioninfo)
22  ```
23
24  ```{r, include=FALSE}
25  data(sacurine)
26  working_df <- data.frame(sacurine$sampleMetadata, sacurine$dataMatrix)
27  working_df <- na.omit(working_df)
28  ```
29
30  # 方法
31  本研究では`ropls`パッケージに格納されている尿中メタボロームのデータを利用する
32  (@thevenot2015analysis)。解析には`ComplexHeatmap`パッケージを用いたクラスタ解析
33  (@gu2016complex) および，`ropls`パッケージを用いた直交部分最小二乗法判別分析 (Orthogonal
34  Projections to Latent Structures Discriminant Analysis: OPLS-DA) を用いた (@bylesjo2006opls)。
35  対象とした検体数は 183 人であり，109 個のメタボロームの解析を試みた。Cross-validation の設定は
36  `ropls`パッケージの初期設定である 7-fold とした。Permutation test における並び替え回数は 500 回
37  とした。OPLS-DA およびクラスタリングの際にはすべての変数を平均 0，分散 1 となるようにスケーリン
38  グした。これらの処理により抽出されたメタボロームについて，男女別に`qgraph`パッケージを用いた
39  ネットワーク解析を試みた (@qgraph2012)。ネットワーク関係の解析には Pearson の相関係数を使用し，
40  False discovery rate > 0.2 を閾値として解析を試みた (@benjamini1995controlling)。
41
42  # データの可視化
43  ```{r, fig.height=12, fig.width=10}
44  claster_working_df <- scale(working_df[, 4:112], # データの標準化
45                              center = TRUE,
46                              scale = TRUE)
47
48  Heatmap(claster_working_df, # 標準化したデータの指定
49          row_names_gp = gpar(fontsize = 4), # x 軸のフォントサイズ
50          row_names_max_width = unit(7, "cm"),   # x 軸の高さ
51          column_names_gp = gpar(fontsize = 6), # y 軸のフォントサイズ
52          column_names_max_height = unit(15, "cm"), # y 軸の高さ
53          row_title = "ID",                         # y 軸の名前
```

````
54          column_title = "Metabolome",              # x 軸の名前
55          split = working_df$gender                 # 男女の分割
56          )
57  ```
58
59  類似の傾向をもつメタボロームがクラスタリングされている。一方，男女の明確なパターンの違いを明
60  らかにすることはできなかった。
61
62  # OPLS-DA
63  続いて OPLS-DA による解析を試みた。
64  ```{r, include=FALSE}
65  set.seed(71)
66  opls_res <- opls(sacurine$dataMatrix, # データの指定（Matrix 形式である必要がある）
67                   sacurine$sampleMetadata[, "gender"], # 目的変数の指定
68                   predI = 1,   # 使う主成分の数
69                   orthoI = NA, # NA で OPLS-DA 実行，0 にすると PLS-DA になる
70                   permI = 500, # permutation 回数の指定
71                   crossvalI = 7, # クロスバリデーション fold（デフォルト = 7）
72                   scaleC = "standard",
73                     # 標準化の方法（デフォルト：平均 0，分散 1 にスケーリング）
74                   printL = FALSE, # 結果の表示
75                   plotL = FALSE)  # 図表の表示
76  ```
77
78  ```{r}
79  opls_res
80  ```
81
82  ```{r, echo=FALSE, fig.height=6, fig.width=6}
83  layout(matrix(1:4, nrow = 2, byrow = TRUE)) # 表示する因子数および行の数
84  for(typeC in c("x-score", "overview", "permutation", "outlier")) # 表示する因子
85
86  plot(opls_res,
87       typeVc = typeC,      # 上記コードで指定した因子の読み込み
88       parDevNewL = FALSE  # 新規ウィンドウで開かないように設定
89  )
90  ```
91
92  解析の結果，男女の 2 群が良好に判別されていることが図示されている。詳細を見ると，R2X = 0.275,
93  R2Y = 0.73，Q2 = 0.602 であり，良好な予測性能を得た。また，Permutation テストにより算出された
94  R2Y，Q2 の p 値はそれぞれ 0.002，0.002 であり，過剰適合が抑えられていることが示唆された。また，
95  スコアプロット，Observation diagnonstics の図から，95% 信頼区間から外れた検体が存在することが
96  示唆された。
97
98  # 変数重要度
99  続いて，モデル内で変数重要度（VIP）が 1.5 以上であった因子を抽出する。
100
101 ```{r}
102 subset(opls_res@vipVn, opls_res@vipVn > 1.5, opls_res@vipVn)
````

```
103 ```
104
105 VIP1.5以上の因子について検討したところ，上記14種のメタボロームが抽出された。
106
107 # 変数間のネットワークの可視化
108 最後にVIPが高い14種のメタボロームについて，男女別にネットワーク関係を解析した。
109
110 ```{r, include=FALSE}
111 df_VIP <- data.frame(t(sacurine$dataMatrix), opls_res@vipVn) # vipVnの値を元データに結合
112 df_VIP_1.5 <- as.data.frame(t(subset(df_VIP, opls_res.vipVn > 1.5))) # vipVn > 1.5のみ抽出
113 df_VIP_1.5 <- df_VIP_1.5[-184, ] # vipVnの行を削除
114 df_VIP_1.5 <- cbind(df_VIP_1.5, sacurine$sampleMetadata[, "gender"])
115 names(df_VIP_1.5)[15]<- "gender" # 結合時に変わってしまった名前を変更
116 ```
117
118 ```{r, include=FALSE}
119 df_M <- subset(df_VIP_1.5, gender == "M")
120 df_F <- subset(df_VIP_1.5, gender == "F")
121 cor_df_M <- cor_auto(df_M[1:14]) # 相関行列の作成（男性）
122 cor_df_F <- cor_auto(df_F[1:14]) # 相関行列の作成（女性）
123 ```
124
125 ```{r, echo=FALSE, fig.height=5, fig.width=10}
126 cor_df_M_FDR <- FDRnetwork(cor_df_M, cutoff = 0.2, method = "qval")
127   # FDRによる多重検定の補正（男性）
128 cor_df_F_FDR <- FDRnetwork(cor_df_F, cutoff = 0.2, method = "qval")
129   # FDRによる多重検定の補正（女性）
130
131 L <- averageLayout(cor_df_M_FDR, cor_df_F_FDR) # 2つのグラフを並べて書く
132
133 layout(t(1:2)) # 2つのグラフを横に並べて書く
134
135 set.seed(71)
136 qgraph(cor_df_M_FDR, layout = L, title = "FDR correlation network Male",
137        maximum = 1, minimum = 0)
138 qgraph(cor_df_F_FDR, layout = L, title = "FDR correlation network Female",
139        maximum = 1, minimum = 0)
140 ```
141
142 可視化の結果，FDRでの補正後も男性では一部の成分どうしのネットワーク関係が認められたが，女性で
143 はネットワーク関係は認められなかった。この結果より，VIPの高いメタボローム同士のネットワーク関
144 係については男女差が存在する可能性が示唆された。しかし，ほとんどの成分間でネットワーク関係が
145 認められなかったことから，メタボローム間の関係については慎重に解釈する必要がある。
146
147 # 実行環境
148 ```{r, message=FALSE}
149 session_info()
150 ```
```

```
151 | #   References {#references .unnumbered}
```

ここではOPLS-DAを用いた場合のレポート例を示したが，その他機械学習の手法を用いてReceiver Operating Characteristic曲線（ROC曲線）を比較した例をGitHubに示すので，そちらについてもご参照頂けると幸いである。

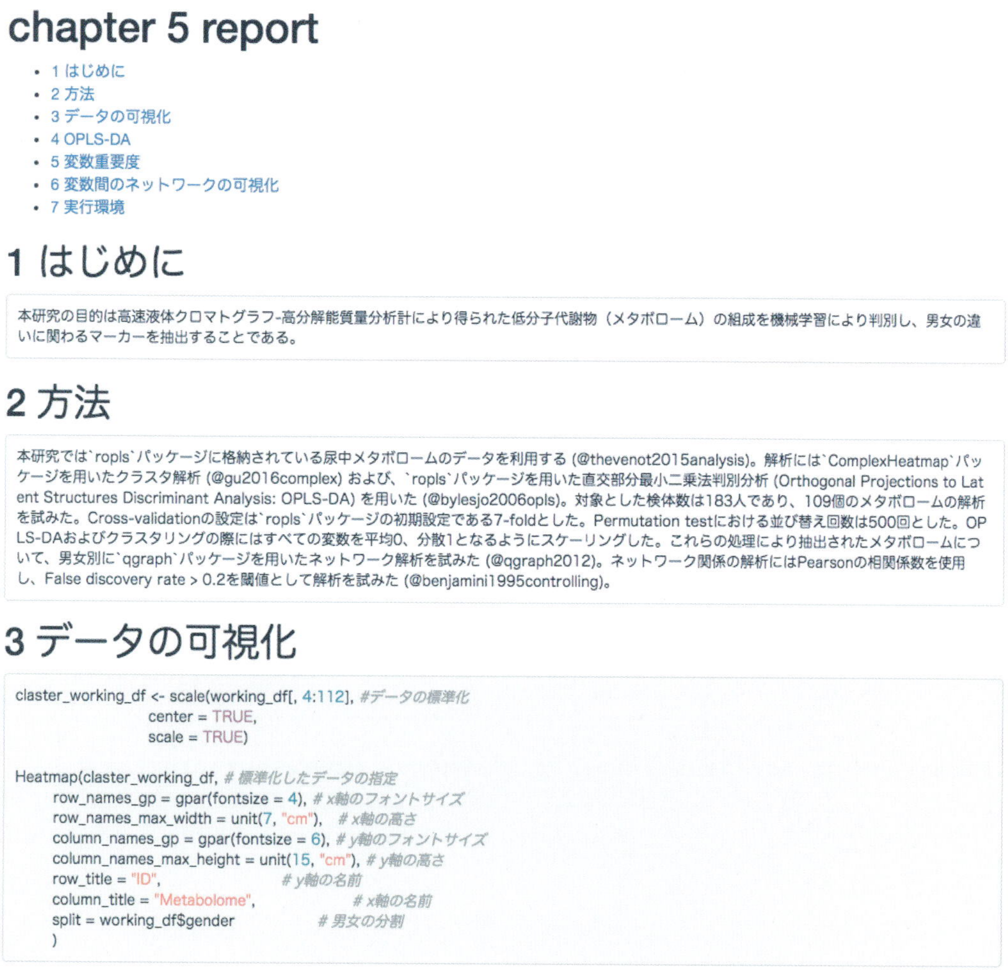

chapter 5 report

1 はじめに

本研究の目的は高速液体クロマトグラフ-高分解能質量分析計により得られた低分子代謝物（メタボローム）の組成を機械学習により判別し、男女の違いに関わるマーカーを抽出することである。

2 方法

本研究では`ropls`パッケージに格納されている尿中メタボロームのデータを利用する (@thevenot2015analysis)。解析には`ComplexHeatmap`パッケージを用いたクラスタ解析 (@gu2016complex) および、`ropls`パッケージを用いた直交部分最小二乗法判別分析 (Orthogonal Projections to Latent Structures Discriminant Analysis: OPLS-DA) を用いた (@bylesjo2006opls)。対象とした検体数は183人であり、109個のメタボロームの解析を試みた。Cross-validationの設定は`ropls`パッケージの初期設定である7-foldとした。Permutation testにおける並び替え回数は500回とした。OPLS-DAおよびクラスタリングの際にはすべての変数を平均0、分散1となるようにスケーリングした。これらの処理により抽出されたメタボロームについて、男女別に`qgraph`パッケージを用いたネットワーク解析を試みた (@qgraph2012)。ネットワーク関係の解析にはPearsonの相関係数を使用し、False discovery rate > 0.2を閾値として解析を試みた (@benjamini1995controlling)。

3 データの可視化

```
claster_working_df <- scale(working_df[, 4:112], #データの標準化
                     center = TRUE,
                     scale = TRUE)

Heatmap(claster_working_df, # 標準化したデータの指定
    row_names_gp = gpar(fontsize = 4), # x軸のフォントサイズ
    row_names_max_width = unit(7, "cm"),   # x軸の高さ
    column_names_gp = gpar(fontsize = 6), # y軸のフォントサイズ
    column_names_max_height = unit(15, "cm"), # y軸の高さ
    row_title = "ID",              # y軸の名前
    column_title = "Metabolome",            # x軸の名前
    split = working_df$gender            # 男女の分割
    )
```

図5.6　レポート例5 (1)

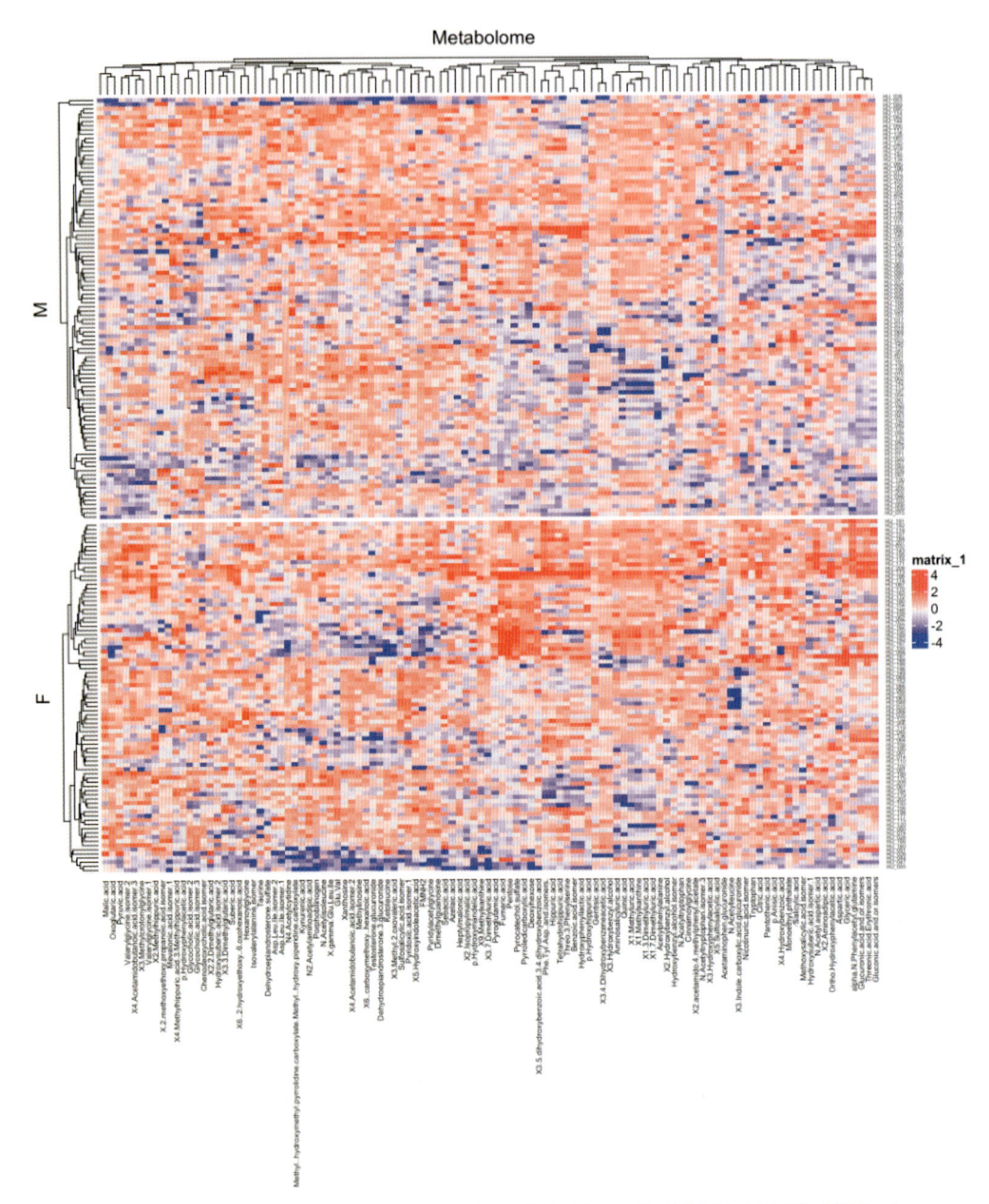
Metabolome
M
F
matrix_1
4
2
0
-2
-4
類似の傾向をもつメタボロームがクラスタリングされている。一方、男女の明確なパターンの違いを明らかにすることはできなかった。

図 5.7　レポート例 5 (2)

4 OPLS-DA

続いてOPLS-DAによる解析を試みた。

```
layout(matrix(1:4, nrow = 2, byrow = TRUE)) # 表示する因子数および行の数
for(typeC in c("x-score", "overview", "permutation", "outlier")) # 表示する因子

plot(opls_res,
    typeVc = typeC,     # 上記コードで指定した因子の読み込み
    parDevNewL = FALSE  # 新規ウインドウで開かないように設定
)
```

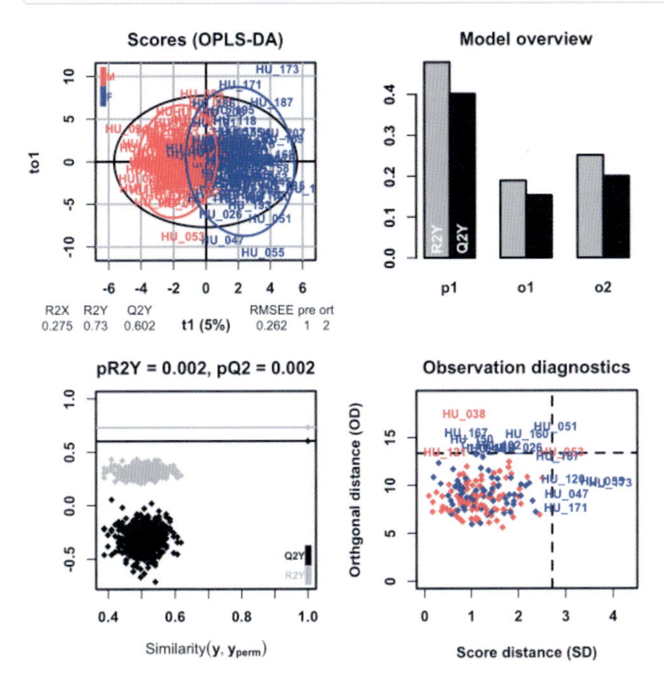

解析の結果、男女の2群が良好に判別されていることが図示されている。詳細を見ると、R2X = 0.275、R2Y = 0.73、Q2 = 0.602であり、良好な予測性能を得た。また、Permutationテストにより算出されたR2Y、Q2のp値はそれぞれ0.002、0.002であり、過剰適合が抑えられていることが示唆された。また、スコアプロット、Observation diagnonsticsの図から、95%信頼区間から外れた検体が存在することが示唆された。

図 5.8 レポート例 5 (3)

5 変数重要度

続いて、モデル内で変数重要度 (VIP) が1.5以上であった因子を抽出する。

```
subset(opls_res@vipVn, opls_res@vipVn > 1.5, opls_res@vipVn)
```

```
##          2-Methylhippuric acid 4-Acetamidobutanoic acid isomer 3
##                       1.701476                          1.883919
##            Acetylphenylalanine    alpha-N-Phenylacetyl-glutamine
##                       1.988311                          1.965807
##                    Citric acid      Gluconic acid and/or isomers
##                       1.814104                          1.541335
##                     Malic acid              N-Acetyl-aspartic acid
##                       2.479289                          1.700159
##                Oxoglutaric acid                     p-Anisic acid
##                       1.705980                          2.533220
##          p-Hydroxyhippuric acid                  Pantothenic acid
##                       1.668525                          2.165296
##       Testosterone glucuronide           Valerylglycine isomer 2
##                       2.421591                          1.631608
```

VIP1.5以上の因子について検討したところ、上記14種のメタボロームが抽出された。

6 変数間のネットワークの可視化

最後にVIPが高い14種のメタボロームについて、男女別にネットワーク関係を解析した。

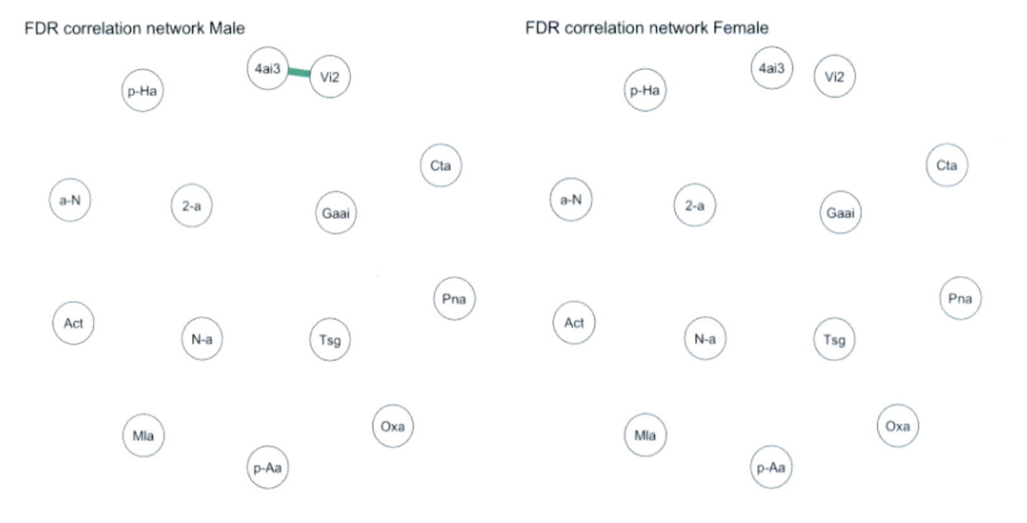

可視化の結果、FDRでの補正後も男性では一部の成分どうしのネットワーク関係が認められたが、女性ではネットワーク関係は認められなかった。この結果より、VIPの高いメタボローム同士のネットワーク関係については男女差が存在する可能性が示唆された。しかし、ほとんどの成分間でネットワーク関係が認められなかったことから、メタボローム間の関係については慎重に解釈する必要がある。

図 5.9　レポート例 5 (4)

7 実行環境

```
session_info()
```

```
## — Session info ————————————————————————————————————————
## setting  value
## version  R version 3.5.1 (2018-07-02)
## os       macOS High Sierra 10.13.6
## system   x86_64, darwin15.6,0
## ui       X11
## language (EN)
## collate  ja_JP.UTF-8
## tz       Asia/Tokyo
## date     2018-08-06
##
## — Packages ————————————————————————————————————————————
——
## package        * version  date       source
## abind            1.4-5    2016-07-21 CRAN (R 3.5.0)
## acepack          1.4.1    2016-10-29 CRAN (R 3.5.0)
## arm              1.10-1   2018-04-13 CRAN (R 3.5.0)
## assertthat       0.2.0    2017-04-11 CRAN (R 3.5.0)
## backports        1.1.2    2017-12-13 CRAN (R 3.5.0)
## base64enc        0.1-3    2015-07-28 CRAN (R 3.5.0)
## BDgraph          2.51     2018-06-21 CRAN (R 3.5.0)
## bindr            0.1.1    2018-03-13 CRAN (R 3.5.0)
## bindrcpp         0.2.2    2018-03-29 CRAN (R 3.5.0)
## Biobase          2.40.0   2018-05-01 Bioconductor
## BiocGenerics     0.26.0   2018-05-01 Bioconductor
## boot             1.3-20   2017-08-06 CRAN (R 3.5.1)
## checkmate        1.8.5    2017-10-24 CRAN (R 3.5.0)
## circlize         0.4.4    2018-06-10 CRAN (R 3.5.0)
## clisymbols       1.2.0    2017-05-21 CRAN (R 3.5.0)
## cluster          2.0.7-1  2018-04-13 CRAN (R 3.5.1)
## coda             0.19-1   2016-12-08 CRAN (R 3.5.0)
## colorspace       1.3-2    2016-12-14 CRAN (R 3.5.0)
## ComplexHeatmap * 1.18.1   2018-06-19 Bioconductor (R 3.5.0)
## corpcor          1.6.9    2017-04-01 CRAN (R 3.5.0)
## d3Network        0.5.2.1  2015-01-31 CRAN (R 3.5.0)
## data.table       1.11.4   2018-05-27 CRAN (R 3.5.0)
## digest           0.6.15   2018-01-28 CRAN (R 3.5.0)
## dplyr          * 0.7.6    2018-06-29 CRAN (R 3.5.1)
## ellipse          0.4.1    2018-01-05 CRAN (R 3.5.0)
## evaluate         0.10.1   2017-06-24 CRAN (R 3.5.0)
## fdrtool          1.2.15   2015-07-08 CRAN (R 3.5.0)
## foreign          0.8-70   2017-11-28 CRAN (R 3.5.1)
## Formula          1.2-3    2018-05-03 CRAN (R 3.5.0)
## GetoptLong       0.1.7    2018-06-10 CRAN (R 3.5.0)
## ggm              2.3      2015-01-21 CRAN (R 3.5.0)
## ggplot2          3.0.0    2018-07-03 CRAN (R 3.5.0)
## glasso           1.8      2014-07-22 CRAN (R 3.5.0)
## GlobalOptions    0.1.0    2018-06-09 CRAN (R 3.5.0)
## glue             1.2.0    2017-10-29 CRAN (R 3.5.0)
## gridExtra        2.3      2017-09-09 CRAN (R 3.5.0)
## gtable           0.2.0    2016-02-26 CRAN (R 3.5.0)
## gtools           3.8.1    2018-06-26 CRAN (R 3.5.0)
## Hmisc            4.1-1    2018-01-03 CRAN (R 3.5.0)
## htmlTable        1.12     2018-05-26 CRAN (R 3.5.0)
## htmltools        0.3.6    2017-04-28 CRAN (R 3.5.0)
```

図 5.10　レポート例 5 (5)

```
## htmlwidgets     1.2      2018-04-19 CRAN (R 3.5.0)
## huge            1.2.7    2015-09-16 CRAN (R 3.5.0)
## igraph          1.2.1    2018-03-10 CRAN (R 3.5.0)
## jpeg            0.1-8    2014-01-23 CRAN (R 3.5.0)
## knitr           1.20     2018-02-20 CRAN (R 3.5.0)
## lattice         0.20-35  2017-03-25 CRAN (R 3.5.1)
## latticeExtra    0.6-28   2016-02-09 CRAN (R 3.5.0)
## lavaan          0.6-1    2018-05-22 CRAN (R 3.5.0)
## lazyeval        0.2.1    2017-10-29 CRAN (R 3.5.0)
## lme4            1.1-17   2018-04-03 CRAN (R 3.5.0)
## magrittr        1.5      2014-11-22 CRAN (R 3.5.0)
## MASS            7.3-50   2018-04-30 CRAN (R 3.5.1)
## Matrix          1.2-14   2018-04-13 CRAN (R 3.5.1)
## matrixcalc      1.0-3    2012-09-15 CRAN (R 3.5.0)
## mi              1.0      2015-04-16 CRAN (R 3.5.0)
## minqa           1.2.4    2014-10-09 CRAN (R 3.5.0)
## mnormt          1.5-5    2016-10-15 CRAN (R 3.5.0)
## munsell         0.5.0    2018-06-12 CRAN (R 3.5.0)
## network         1.13.0.1 2018-04-02 CRAN (R 3.5.0)
## nlme            3.1-137  2018-04-07 CRAN (R 3.5.1)
## nloptr          1.0.4    2017-08-22 CRAN (R 3.5.0)
## nnet            7.3-12   2016-02-02 CRAN (R 3.5.1)
## pbapply         1.3-4    2018-01-10 CRAN (R 3.5.0)
## pbivnorm        0.6.0    2015-01-23 CRAN (R 3.5.0)
## pillar          1.2.3    2018-05-25 CRAN (R 3.5.0)
## pkgconfig       2.0.1    2017-03-21 CRAN (R 3.5.0)
## plyr            1.8.4    2016-06-08 CRAN (R 3.5.0)
## png             0.1-7    2013-12-03 cran (@0.1-7)
## psych           1.8.4    2018-05-06 CRAN (R 3.5.0)
## purrr           0.2.5    2018-05-29 CRAN (R 3.5.0)
## qgraph        * 1.5      2018-04-25 CRAN (R 3.5.0)
## R6              2.2.2    2017-06-17 CRAN (R 3.5.0)
## RColorBrewer    1.1-2    2014-12-07 CRAN (R 3.5.0)
## Rcpp            0.12.18  2018-07-23 cran (@0.12.18)
## reshape2        1.4.3    2017-12-11 CRAN (R 3.5.0)
## rjson           0.2.20   2018-06-08 CRAN (R 3.5.0)
## rlang           0.2.1    2018-05-30 CRAN (R 3.5.0)
## rmarkdown       1.10     2018-06-11 CRAN (R 3.5.0)
## ropls         * 1.12.0   2018-05-01 Bioconductor
## rpart           4.1-13   2018-02-23 CRAN (R 3.5.1)
## rprojroot       1.3-2    2018-01-03 CRAN (R 3.5.0)
## rstudioapi      0.7      2017-09-07 CRAN (R 3.5.0)
## scales          0.5.0    2017-08-24 CRAN (R 3.5.0)
## sem             3.1-9    2017-04-24 CRAN (R 3.5.0)
## sessioninfo   * 1.0.0    2017-06-21 CRAN (R 3.5.0)
## shape           1.4.4    2018-02-07 CRAN (R 3.5.0)
## sna             2.4      2016-08-08 CRAN (R 3.5.0)
## statnet.common  4.1.4    2018-06-22 CRAN (R 3.5.0)
## stringi         1.2.3    2018-06-12 CRAN (R 3.5.0)
## stringr         1.3.1    2018-05-10 cran (@1.3.1)
## survival        2.42-3   2018-04-16 CRAN (R 3.5.1)
## tibble          1.4.2    2018-01-22 CRAN (R 3.5.0)
## tidyselect      0.2.4    2018-02-26 CRAN (R 3.5.0)
## whisker         0.3-2    2013-04-28 CRAN (R 3.5.0)
## withr           2.1.2    2018-03-15 CRAN (R 3.5.0)
## yaml            2.1.19   2018-05-01 cran (@2.1.19)
```

図5.11　レポート例5 (6)

5.5 本章のまとめと参考文献

本章では生体内の低分子化合物の組成が男女で異なると仮定し，機械学習を使って判別モデルを組み立て，2群の判別に寄与する因子の探索を試みた。また，それによって得られた変数重要度が高い因子どうしのネットワーク図を作成した。機械学習にはここで紹介したもの以外にもさまざまな手法があるだけでなく，各手法の最適化法についても多くのものが提案されている。また，本書ではそれぞれの手法のアルゴリズムについては詳しく紹介していない。これらについて興味がある読者には，下記資料が参考になるだろう。

1. An introduction to statistical learning with Applications in R: Gareth James, Daniela Witten, Trevor Hastie, Robert Tibshirani; Springer
2. Statistical Learning (`https://lagunita.stanford.edu/courses/HumanitiesSciences/StatLearning/Winter2016/about`): 文献1の著者らによるStanford onlineの講義コース
3. The caret Package (`http://topepo.github.io/caret/index.html`): Max Kuhn, KuhnによるCaretの公式サイト
4. Building Predictive Models in R Using the caret Package: Max Kuhn, Journal of Statistical Software, 28, 5, 1-26 (2008): caretについての論文
5. Regularization Paths for Generalized Linear Models via Coordinate Descent: Jerome H. Friedman, Trevor Hastie, Rob Tibshirani, Journal of Statistical Software, 33, 1, 1-22 (2010): glmnetについての論文
6. XGBoost (`https://github.com/dmlc/xgboost`): XGBoostの公式サイト
7. XGBoost: A scalable tree boosting system: Chen Tianqi, Carlos Guestrin, In Proceedings of the 22nd acm sigkdd international conference on knowledge discovery and data mining, 785-794 (2016): XGBoostについての論文
8. ranger: A Fast Implementation of Random Forests for High Dimensional Data in C++ and R: Marvin N. Wright, Andreas Ziegler, Journal of Statistical Software, 77, 1, 1-17 (2017): rangerについての論文
9. A computationally fast variable importance test for random forests for high-dimensional data: Silke Janitza, Ender Celik, Anne-Laure Boulesteix, Advances in Data Analysis and Classification (2016): rangerの判別分析で使われている変数重要度の計算
10. Permutation importance: a corrected feature importance measure: André Altmann, Laura Toloşi, Oliver Sander, Thomas Lengauer, Bioinformatics, 26, 10, 1340-1347 (2010): rangerの回帰分析で使われている変数重要度の計算

11. Useful R 2　データ分析プロセス：福島 真太朗；共立出版
12. データサイエンティストのための最新知識と実践　R ではじめよう！［モダン］なデータ分析：瓜生 真也，工藤 和奏，高柳 慎一，牧山 幸史，松村 杏子，松村 優哉，簑田 高志，本橋 智光；マイナビ出版
13. R で学ぶデータサイエンス 8　ネットワーク分析 第 2 版：鈴木 努；共立出版

Chapter 6 実践 レポート作成—化学物質の分子記述子と物性の関係解析を例に

本章ではここまでの章で学んだ内容を応用する。化学物質の構造についての情報が格納されたデータを使って融点を予測する研究を例に挙げ，RMarkdownでレポートを作成してみる。なお，本章で使用するRパッケージはすでに導入済みであるとする。

6.1 ファイル作成・YAML 記述

まずファイルの新規作成からR Markdownを指定する。

次の画面で左の柱のDocumentを選択していること，Default Output FormatがHTMLであることを確認し，タイトル，著者名を任意に指定したあとにOKで画面から抜ける。

OKで抜けるとRMarkdownファイルが出力されるが，ここでは図6.1左のような比較的シンプルなYAMLに書き換えておく。5章までに例示したレポートファイルと同様に，タイトル，引用文献を格納した.bibファイル，出力形式（htmlを指定），そのオプション（目次を作成，セクション番号を振る）のみを指定する。著者情報などが必要であれば図6.1右に示したElsevier Journal Article TemplateのYAMLなどを参考にして書き足すとよいだろう。

6.2 本文の記述とデータの読み込み

ここまでが前準備であり，ここから本文を作成していくことになる。本文を記述していく前に，RMarkdown全体の設定として，それぞれのチャンクの出力を設定しておく。下記のコードを実行することで，チャンクを実行しても，warningおよびmessageが出力されない設定となる。

```
---
title: chapter 6 report

bibliography: mybibfile.bib
output:
  html_document:
    toc: true
    number_section: true
---
```

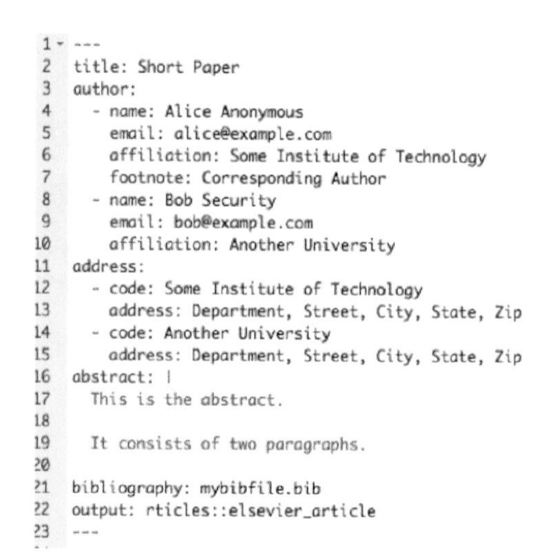

図 6.1　YAML ファイル例示

```
```{r setup, warning=FALSE, message=FALSE, include=FALSE}
knitr::opts_chunk$set(warning=FALSE, message=FALSE)
```
```

続いて背景を記述しておこう。

```
# はじめに
化学物質の構造情報から物性・毒性・薬効などを予測する定量的構造物性相関（QSPR: Quantitative
Structure-Property Relationship）や定量的構造活性相関（QSAR: Quantitative Structure-Activity
Relationship）は物性解析・薬効解析などの分野で広く用いられる手法の 1 つである。本研究では化学
物質の構造についての分子記述子の数値から機械学習を使って融点を予測することを目的とした QSPR の
実行例を挙げる。
```

続いて，使用するパッケージを呼び出し，データを読み込み，トレーニングセットとバリデーション用のテストセットに分割する。これらの作業は重要ではあるが，学術論文や大学のレポートに使用する上では不要なので include=FALSE とし，出力される HTML ファイルには記述されないようにしておく。一方，作業報告のように，使用したパッケージの情報やデータ処理を含めて表示したい場合には include=TRUE とすればよい。

```
```{r, include=FALSE}
# パッケージの呼び出し
library(QSARdata); library(FactoMineR); library(factoextra)
library(caret); library(glmnet); library(xgboost);
library(rBayesianOptimization); library(sessioninfo)
```

```{r, include=FALSE}
# データの読み込み・確認
data(MeltingPoint)
str(MP_Descriptors[, 1:10])
```
```

```
13
14 ```{r, include=FALSE}
15 # データ結合
16 temp_df <- data.frame(MP_Outcome, MP_Data, MP_Descriptors)
17
18 # トレーニング・テスト分割
19 working_df <- subset(temp_df, MP_Data == "Train")
20 eval_df <- subset(temp_df, MP_Data == "Test")
21
22 # 不要なデータ削除
23 working_df$MP_Data <- NULL
24 eval_df$MP_Data <- NULL
25 ```
```

データ読み込みのあと，解析方法について記述しておく。パッケージやデータについては（@karthikeyan2005general）のように引用文献をつけておく。この引用文献は RMarkdown ファイルを作成した際に自動生成される，mybibfile.bib ファイルに文献情報を前もって入力しておく（図 6.2）。また，サンプル数については r nrow(MP_Descriptors) インラインコードを使うとよいだろう。こうすれば，タイポなどにより表示される数がずれることはない。

```
1  # 方法
2  本研究では`QSARdata`パッケージに格納されている化合物の分子記述子および融点のデータを利用する
3  (@karthikeyan2005general)。解析として，まず`FactoMineR`パッケージを用いた主成分分析による可視
4  化を行った (@karthikeyan2005general)。続いて`glmnet`，`caret`パッケージを通じた lasso 回帰分析
5  および，`xgboost`パッケージを用いた勾配ブースティングにより融点の予測を試みた (@caret2017,
6  @tibshirani1996regression, @glmnet2010, @chen2016xgboost) 。本研究で対象とした化合物数は 4401
7  種であり，そのうちトレーニングセットには 4126 種，バリデーションデータには 275 種の化合物を指定
8  した。評価指標は RMSE とし，トレーニングセットについて 5-fold クロスバリデーションによりモデルを
9  構築した。ハイパーパラメータは，lasso については`caret`パッケージを用いた探索により，勾配ブー
10 スティングについては`rBayesianOptimization`パッケージを用いたベイズ最適化により最適化を試みた
11 (@bopt160914)。
```

6.2.1 データの可視化

では読み込んだデータを主成分分析を使って可視化する項目について記述する。ここでは第 1, 8 主成分のローディングプロットおよび，各主成分における寄与率の高い因子について可視化している。また，結果についてはコードの合間に記述しているが，チャンクオプションを include=FALSE，あるいは echo=FALSE に指定しているため，実行されたコードは生成された RMarkdown ファイルには記述されず，図と結果の説明文章のみが出力される。また，下記コードでは fig.height=4, fig.width=5 や fig.height=6, fig.width=8 のように記述することで出力される図の大きさをコントロールしている。

```
@Article{FactoMineR2008,
  title = "{FactoMineR}: A Package for Multivariate Analysis",
  author = "S\'ebastien L\^e and Julie Josse and Fran\c{c}ois Husson",
  journal = "Journal of Statistical Software",
  year = "2008",
  volume = "25",
  number = "1",
  pages = "1--18",
  doi = "10.18637/jss.v025.i01",
}

@Manual{caret2017,
  title = "caret: Classification and Regression Training",
  author = "Max Kuhn. Contributions from Jed Wing and Steve Weston and Andre Williams and Chris
Keefer and Allan Engelhardt and Tony Cooper and Zachary Mayer and Brenton Kenkel and the R Core
Team and Michael Benesty and Reynald Lescarbeau and Andrew Ziem and Luca Scrucca and Yuan
Tang and Can Candan and Tyler Hunt.",
  year = "2017",
  note = "R package version 6.0-78",
  url = "https://CRAN.R-project.org/package=caret",
}

@article{tibshirani1996regression,
 title="Regression shrinkage and selection via the lasso",
 author="Tibshirani, Robert",
 journal="Journal of the Royal Statistical Society. Series B (Methodological)",
 pages="267--288",
 year="1996",
 publisher="JSTOR"
}

@Article{glmnet2010,
  title = "Regularization Paths for Generalized Linear Models via
    Coordinate Descent",
  author = "Jerome Friedman and Trevor Hastie and Robert Tibshirani",
  journal = "Journal of Statistical Software",
  year = "2010",
  volume = "33",
  number = "1",
  pages = "1--22",
  url = "http://www.jstatsoft.org/v33/i01/",
}
```

図6.2 mybibfile.bib ファイル

````
## データの可視化
```{r, include=FALSE}
pca_res <- PCA(working_df, # 主成分分析を行うデータの指定
               graph = FALSE, # 図の表示なし
               ncp = 10)
```

```{r, echo=FALSE, fig.height=4, fig.width=5}
fviz_pca_var(pca_res, # 上記で作成・保存したPCAの結果
             axes = c(1, 8), # 表示したい成分の指定
             col.var="contrib", # 寄与率を色で表記
             repel = TRUE,  # ラベルの重なりをなるべく回避
             labelsize = 3,  # ラベルのフォントサイズ
````
````

```
14               select.var = list(name = "MP_Outcome") # 表示したい因子
15               )
16 ```
17
18 主成分分析のローディングプロットで融点の分散が大きかった 2 つの成分，主成分 1，8 を可視化した。
19 主成分 1 の寄与率は 32.5%，8 の寄与率は 2.4% だった。
20
21 ```{r, echo=FALSE, fig.height=6, fig.width=8}
22 fviz_contrib(pca_res, # 上記で作成・保存した PCA の結果
23               choice = "var", # 変数を指定
24               axes = 1,       # 寄与率を見たい成分の指定
25               top = 15)        # 上位いくつ目の成分まで表示するか
26
27 ```
28
29 ```{r, echo=FALSE, fig.height=6, fig.width=8}
30 fviz_contrib(pca_res, # 上記で作成・保存した PCA の結果
31               choice = "var", # 変数を指定
32               axes = 8,       # 寄与率を見たい成分の指定
33               top = 15)        # 上位いくつ目の成分まで表示するか
34
35 ```
36
37
38 主成分 1，8 で寄与率の高かった因子をそれぞれ 15 種ずつ図示した。この結果，目的変数である融点は
39 主成分 1 では 15 種の中に選ばれなかったが，主成分 8 においては 12 番目に寄与率が高い成分であること
40 が示唆された。
```

6.3 機械学習モデル

ではここからは機械学習モデルを構築していこう。はじめに caret のクロスバリデーションの設定を記述しておく。

```
1 # 機械学習による予測モデル
2 ```{r, include=FALSE}
3 set.seed(71)
4 tr = trainControl(
5   method = "repeatedcv", # 最適化の方法
6   number = 5) # 5-fold CV
7 ```
```

続いて lasso, xgboost のパラメータについて最適化を試みる。これらのパラメータ設定は作業報告書においては非常に重要な項目だが，レポートにおいては最適化されたパラメータと日本語部分のみ出力する。しかし，これらの実行

コードを手元に残しておくことで解析の再現性について担保ができる点は非常に重要である。また，論文執筆の際に生データを公開することに倫理的な問題がないのであれば，データとあわせてこれらの解析レポートを supporting information として論文に投稿すればよい。そうすれば，データ解析について再現性を確保することができるだろう。

```
1  ## lasso パラメータ最適化
2  ```{r, include=FALSE}
3  train_grid_lasso = expand.grid(alpha = 1 , lambda = 10 ^ (0:10 * -1))
4  ```
5
6  ```{r, include=FALSE}
7  set.seed(71) # 乱数の固定
8  lasso_fit_reg = train(working_df[, c(2:203)],  # 説明変数
9                        working_df$MP_Outcome,  # 目的変数
10                       method = "glmnet",      # lasso が含まれるパッケージの指定
11                       tuneGrid = train_grid_lasso, # パラメータ探索の設定
12                       trControl=tr,                # クロスバリデーションの設定
13                       preProc = c("center", "scale"), # 標準化
14                       metric = "RMSE")        # 最適化する対象
15 ```
16
17 ```{r, echo=FALSE}
18 lasso_fit_reg
19 ```
20
21 Lasso のハイパーパラメータ最適化の結果,
22 alpha = `r lasso_fit_reg$bestTune[1]`,
23 lambda = `r lasso_fit_reg$bestTune[2]`の際に RMSE が最小であり，Rsquared と MAE についても同様だ
24 った。このため，これらの値により得られたモデルをバリデーションデータへの当てはめおよび変数重
25 要度の算出に使用した。
26
27 ```{r, include=FALSE}
28 # トレーニングセットに対する予測値
29 pred_train_lasso <- predict(lasso_fit_reg, working_df[, c(2:203)])
30
31 # テストセットに対する予測値
32 pred_test_lasso <- predict(lasso_fit_reg, eval_df[, c(2:203)])
33 ```
34
35 ## Xgboost パラメータの最適化
36 続いて勾配ブースティングのハイパーパラメータについて最適化を試みた。最適化の際，学習率`eta`は
37 0.1，変数全体の何割を使ってモデルを作るかの指標`colsample_bytree`は 0.7 に固定して探索を試みた。
38
39 ```{r, include=FALSE}
40 # トレーニング・バリデーションデータの読み込み
41 train_x <- data.matrix(working_df[, c(2:203)])
42 train_y <- data.matrix(working_df[, 1])
43
```

```
44  test_x <- data.matrix(eval_df[, c(2:203)])
45  test_y <- data.matrix(eval_df[, 1])
46
47  train <- xgb.DMatrix(train_x, label = train_y)
48  ```
49
50  ```{r, include=FALSE}
51  # クロスバリデーションの設定
52  cv_folds <- KFold(train_y,
53                    nfolds = 5,
54                    seed = 71)
55  ```
56
57  ```{r, include=FALSE}
58  # ベイズ最適化の設定
59  xgb_cv_bayesopt <- function(max_depth, min_child_weight, subsample, lambda, alpha) {
60    cv <- xgb.cv(params = list(booster = "gbtree",
61                               eta = 0.1,
62                               max_depth = max_depth,
63                               min_child_weight = min_child_weight,
64                               subsample = subsample,
65                               lambda = lambda,
66                               alpha = alpha,
67                               colsample_bytree = 0.7,
68                               objective = "reg:linear",
69                               eval_metric = "rmse"), # RMSEを設定
70                 data = train,
71                 folds = cv_folds,
72                 nround = 1000,
73                 early_stopping_rounds = 20,
74                 maximize = FALSE, # RMSEなので最小化する
75                 verbose = 0)
76    list(Score = cv$evaluation_log$test_rmse_mean[cv$best_iteration],
77         Pred = cv$pred)
78  }
79  ```
80
81  ```{r, echo=FALSE}
82  # ベイズ最適化の実行・実行に10〜30分程度
83  set.seed(71)
84  Opt_res <- BayesianOptimization(xgb_cv_bayesopt,
85                                  bounds = list(max_depth = c(3L, 7L),
86                                                min_child_weight = c(1L, 10L),
87                                                subsample = c(0.7, 1.0),
88                                                lambda = c(0.5, 1),
89                                                alpha = c(0.0, 0.5)),
90                                  init_points = 20,
91                                  n_iter = 30,
92                                  acq = "ucb",
```

```
93                                 kappa = 5,
94                                 verbose = FALSE)
95  ```
96
97  勾配ブースティングのハイパーパラメータ最適化の結果，上記の組み合わせにおいてトレーニングセッ
98  トを用いた5-foldクロスバリデーションにおける平均RMSE値が最小となったため，この値を用いて再度
99  モデルを構築し，バリデーションデータへの当てはめおよび変数重要度の算出を行った。
100
101 ```{r, include=FALSE}
102 # ベイズ最適化により最適化されたパラメータの設定
103 params <- list(
104   "booster"             = "gbtree",
105   "objective"           = "reg:linear",
106   "eval_metric"         = "rmse",
107   "eta"                 = 0.1,
108   "max_depth"           = 3,
109   "min_child_weight"    = 10,
110   "subsample"           = 0.7193,
111   "colsample_bytree"    = 0.7,
112   "alpha"               = 0.5,
113   "lambda"              = 0.5
114 )
115 ```
116
117 ```{r, include=FALSE}
118 # クロスバリデーションによるearly_stopping_roundsの最適化
119 set.seed(71)
120
121 cv_nround = 1000
122 cv_test <- xgb.cv(params = params, data = train, nfold = 5, nrounds = cv_nround,
123                  early_stopping_rounds = 20, maximize = FALSE, verbose = FALSE)
124
125 cv_nround <- cv_test$best_iteration
126 ```
127
128 ```{r, include=FALSE}
129 # 最適化したパラメータを用いて予測モデル構築・予測値の算出
130 set.seed(71)
131 model <- xgboost(data = train,
132                  params = params,
133                  nrounds = cv_nround,
134                  verbose = FALSE)
135
136 pred_train <- predict(model, train_x)
137 pred_test <- predict(model, test_x)
138 ```
```

6.4　バリデーションセットを用いた精度の検証

検証結果についてはいずれも echo=FALSE として，コードは非表記，図は出力するよう設定している。また，インラインコードを使うことで，説明文章中に RMSE, R-squared の算出結果を表示している。さらに，テーブル内の数値についてもインラインコードを用いている。実際に論文用のテーブルを作成する際には，以下の内容に加え，先行研究で報告されている精度に関する情報などを追記するとよいだろう。

```
1  ## バリデーションセットを用いた精度の検証
2  ではバリデーションセットを使い，lasso モデルと勾配ブースティングモデルの精度を検証していく。ま
3  ず lasso モデルの結果を示す。
4
5
6  ```{r, echo=FALSE, fig.height=4, fig.width=4}
7  plot(pred_test_lasso,       # テストセットの予測値
8       eval_df$MP_Outcome,    # テストセットの実測値
9       pch = 16,              # プロットのマーク
10      col = 6,               # プロットの色
11      xlim = c(0, 400),
12      ylim = c(0, 400),
13      ann = F)               # 軸，タイトルを非表示
14
15 par(new = T)   # 次の入力を重ね書きする
16
17 plot(pred_train_lasso,         # トレーニングセットの予測値
18      working_df$MP_Outcome,    # トレーニングセットの実測値
19      pch = 21,                 # プロットのマーク
20      col = 1,                  # プロットの色
21      xlim = c(0, 400),
22      ylim = c(0, 400))
23 ```
24
25
26 トレーニングセット，テストセットそれぞれの`RMSE`が
27 `r sqrt(mean((pred_train_lasso - working_df$MP_Outcome)^2))`,
28 `r sqrt(mean((pred_test_lasso - eval_df$MP_Outcome)^2))`,
29 `Rsquared`が`r cor(pred_train_lasso, working_df$MP_Outcome)^2`,
30 `r cor(pred_test_lasso, eval_df$MP_Outcome)^2`と算出された。
31
32
33 ```{r, echo=FALSE, fig.height=4, fig.width=4}
34 plot(pred_test,              # テストセットの予測値
35      eval_df$MP_Outcome,     # テストセットの実測値
```

```
36      pch = 16,             # プロットのマーク
37      col = 6,              # プロットの色
38      xlim = c(0, 400),
39      ylim = c(0, 400),
40      ann = F)              # 軸，タイトルを非表示
41
42  par(new = T)   # 次の入力を重ね書きする
43
44  plot(pred_train,               # トレーニングセットの予測値
45      working_df$MP_Outcome,   # トレーニングセットの実測値
46      pch = 21,                # プロットのマーク
47      col = 1,                 # プロットの色
48      xlim = c(0, 400),
49      ylim = c(0, 400))
50  ‘‘‘
51
52  トレーニングセット，テストセットそれぞれの‘RMSE‘が
53  ‘r sqrt(mean((pred_train - working_df$MP_Outcome)^2))‘,
54  ‘r sqrt(mean((pred_test - eval_df$MP_Outcome)^2))‘,
55  ‘Rsquared‘が‘r cor(pred_train, working_df$MP_Outcome)^2‘,
56  ‘r cor(pred_test, eval_df$MP_Outcome)^2 と算出された。
57
58  この結果を下記 Table にまとめる。
59
60  |  Model, dataset    | RMSE     | Rsquared   |
61  |-------------------|---------|-----------|
62  | Lasso Train        | ‘r sqrt(mean((pred_train_lasso - working_df$MP_Outcome)^2))‘  | ‘r
63  cor(pred_train_lasso, working_df$MP_Outcome)^2‘  |
64  | Lasso Valdation    | ‘r sqrt(mean((pred_test_lasso - eval_df$MP_Outcome)^2))‘ | ‘r
65  cor(pred_test_lasso, eval_df$MP_Outcome)^2‘  |
66  | Xgboost Train      | ‘r sqrt(mean((pred_train - working_df$MP_Outcome)^2))‘  | ‘r
67  cor(pred_train, working_df$MP_Outcome)^2‘  |
68  | Xgboost Valdation  | ‘r sqrt(mean((pred_test - eval_df$MP_Outcome)^2))‘  | ‘r
69  cor(pred_test, eval_df$MP_Outcome)^2  |
70
71  これらより，トレーニングセットでは RMSE, R<sup>2</sup>いずれもが，テストセットで RMSE が，勾配
72  ブースティングにおいて良好な結果を示した。
```

6.5 変数重要度

続けて変数重要度の項目について記述する。ここでもこれまで同様，echo=FALSE として図は出力している。また，考察部分については複数の引用文献を挿入している。

```
## 変数重要度
最後に lasso，勾配ブースティングにより得られた変数重要度の違いについて確認する。

```{r, echo=FALSE, fig.height=5, fig.width=4}
plot(varImp(lasso_fit_reg), top = 20)
```

```{r, echo=FALSE, fig.height=5, fig.width=4}
importance <- xgb.importance(colnames(test_x), model = model)
xgb.ggplot.importance(importance, top_n = 20)
```

Lasso では最も重要な因子としてファンデルワールス表面積 (van der Waals surface area: VSA) が抽
出されている。続いて炭素数が選択された。VSA では大きい分子は一般的に分子どうしの結合が強く，融
点が高くなる傾向があるためリーズナブルな結果であった (@slovokhotov2004symmetry)。一方，勾配ブ
ースティングでは TPSA（トポロジカル極性表面積：Topological Polar Surface Area）が重要な因子と
して抽出され，続いて分子中の窒素数が選択された。TPSA は分子表面のうち極性を帯びている部分の表
面積の近似値である。極性のある分子は電気的な結合力をもつため，極性のない分子に比べると融点な
どが高くなる傾向がある。この結果から，この因子が融点に関係するとして抽出されたことはリーズナ
ブルといえるだろう。実際に，同様の傾向がランダムフォレストを用いた融点予測においても報告され
ている (@mcdonagh2015predicting)。
```

6.6 実行環境・引用文献

最後に実行環境と引用文献の出力を行う。この段階で sessioninfo パッケージのロードを忘れているとファイルの出力が失敗して悲しい思いをするので気をつけたい。session_info() は，パッケージや R そのもののバージョン情報をログとして残すことができるため，再現性向上に大きく寄与するパッケージである。レポートを共有せず 1 人で解析を進めていく場合でも，実験ノートとしてこれらの情報を残しておくことにより，容易に解析の見直しを行うことができるだろう。

```
# 実行環境
```{r, include=FALSE}
options(width = 100) # session_info() 出力の幅が広いため調整
```

```{r, message=FALSE}
session_info()
```
References {#references .unnumbered}
```

では以下に実際に上記のレポートを出力させてみよう。GitHub にも HTML

形式で保存しているので，見比べて頂けると幸いである。

chapter 6 report

1 はじめに

化学物質の構造情報から物性・毒性・薬効などを予測する定量的構造物性相関 (QSPR: Quantitative Structure-Property Relationship) や定量的構造活性相関 (QSAR: Quantitative Structure-Activity Relationship) は物性解析・薬効解析などの分野で広く用いられる手法の1つである。本研究では化学物質の構造についての分子記述子の数値から機械学習を使って融点を予測することを目的としたQSPRの実行例を挙げる。

2 方法

本研究では`QSARdata`パッケージに格納されている化合物の分子記述子および融点のデータを利用する (@karthikeyan2005general)。解析として、まず`FactoMineR`パッケージを用いた主成分分析による可視化を行った(@karthikeyan2005general)。続いて`glmnet`、`caret`パッケージを通じたLasso回帰分析および、`xgboost`パッケージを用いた勾配ブースティングにより融点の予測を試みた (@caret2017, @tibshirani1996regression, @glmnet2010, @chen2016xgboost) 。本研究で対象とした化合物数は4401種であり、そのうちトレーニングセットには4126種、バリデーションデータには275種の化合物を指定した。評価指標はRMSEとし、トレーニングセットについて5-foldクロスバリデーションによりモデルを構築した。ハイパーパラメータは、lassoについては`caret`パッケージを用いた探索により、勾配ブースティングについては`rBayesianOptimization`パッケージを用いたベイズ最適化により最適化を試みた (@bopt160914)。

2.1 データの可視化

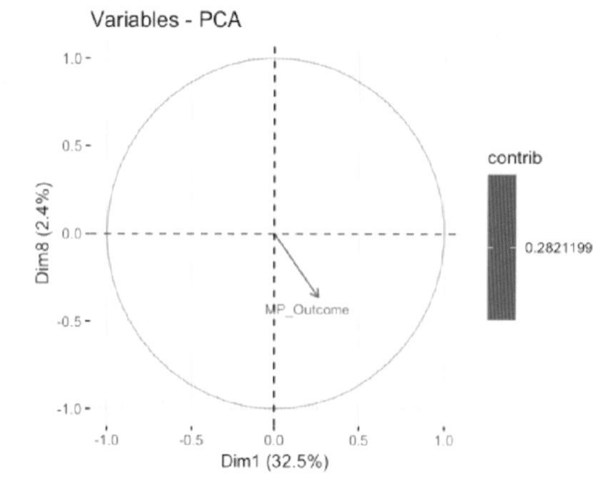

主成分分析のローディングプロットで融点の分散が大きかった2つの成分、主成分1, 8を可視化した。主成分1の寄与率は32.5%、8の寄与率は2.4%だった。

図6.3 レポート (1)

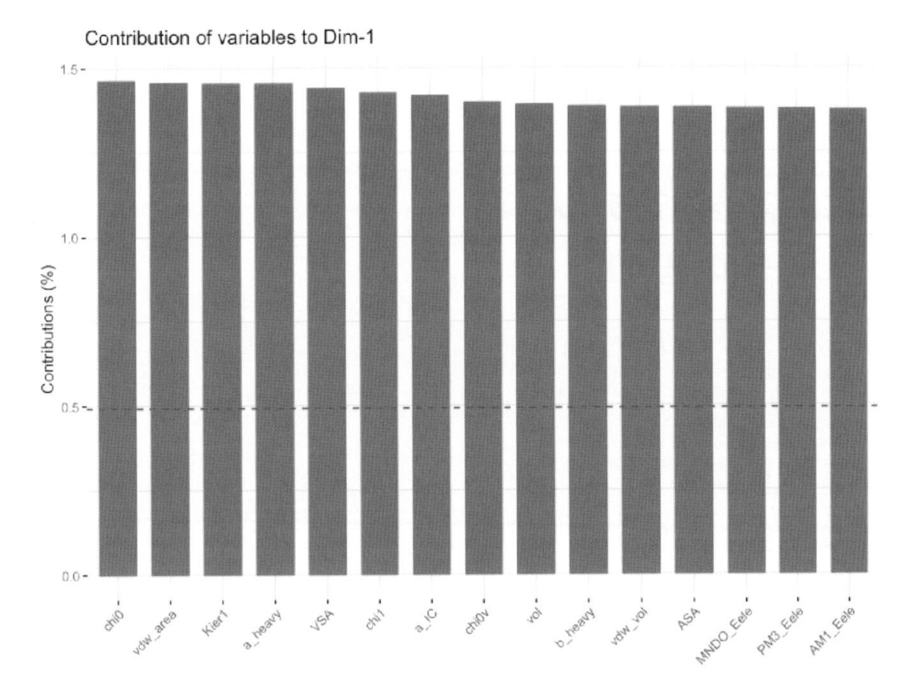

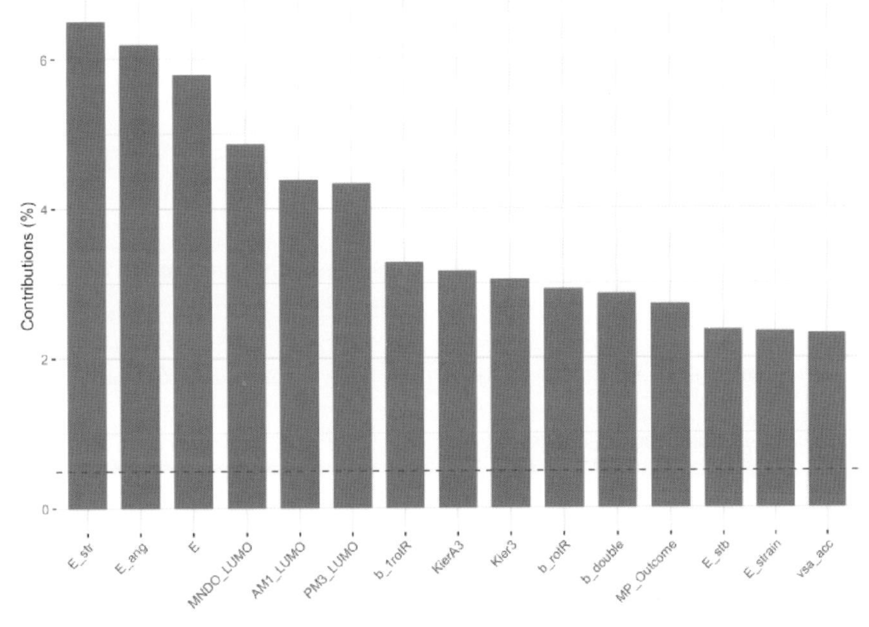

主成分1, 8で寄与率の高かった因子をそれぞれ15種ずつ図示した。この結果、目的変数である融点は主成分1では15種の中に選ばれなかったが、主成分8においては12番目に寄与率が高い成分であることが示唆された。

図 6.4　レポート (2)

3 機械学習による予測モデル

3.1 Lassoパラメータの最適化

```
## glmnet
##
## 4126 samples
##  202 predictor
##
## Pre-processing: centered (202), scaled (202)
## Resampling: Cross-Validated (5 fold, repeated 1 times)
## Summary of sample sizes: 3301, 3300, 3301, 3301, 3301
## Resampling results across tuning parameters:
##
##   lambda  RMSE      Rsquared   MAE
##   1e-10   45.78155  0.5009237  35.41311
##   1e-09   45.78155  0.5009237  35.41311
##   1e-08   45.78155  0.5009237  35.41311
##   1e-07   45.78155  0.5009237  35.41311
##   1e-06   45.78155  0.5009237  35.41311
##   1e-05   45.78155  0.5009237  35.41311
##   1e-04   45.78155  0.5009237  35.41311
##   1e-03   45.78155  0.5009237  35.41311
##   1e-02   45.64969  0.5029279  35.36613
##   1e-01   45.75154  0.4990765  35.60095
##   1e+00   47.32460  0.4668160  37.24203
##
## Tuning parameter 'alpha' was held constant at a value of 1
## RMSE was used to select the optimal model using the smallest value.
## The final values used for the model were alpha = 1 and lambda = 0.01.
```

Lassoのハイパーパラメータ最適化の結果、alpha = 1, lambda = 0.01の際にRMSEが最小であり、RsquaredとMAEについても同様だった。このため、これらの値により得られたモデルをバリデーションデータへの当てはめおよび変数重要度の算出に使用した。

3.2 Xgboostパラメータの最適化

続いて勾配ブースティングのハイパーパラメータについて最適化を試みた。最適化の際、学習率 eta は0.1、変数全体の何割を使ってモデルを作るかの指標 colsample_bytree は0.7に固定して探索を試みた。

```
##
##  Best Parameters Found:
## Round = 40   max_depth = 7.0000  min_child_weight = 1.0000   subsample = 1.0000  lambda = 0.9993 alpha = 0.0000  Value = 43.95
83
```

勾配ブースティングのハイパーパラメータ最適化の結果、上記の組み合わせにおいてトレーニングセットを用いた5-foldクロスバリデーションにおける平均RMSE値が最小となったため、この値を用いて再度モデルを構築し、バリデーションデータへの当てはめおよび変数重要度の算出を行った。

図6.5 レポート (3)

3.3 バリデーションセットを用いた検証

ではバリデーションセットを使い、lassoモデルと勾配ブースティングモデルの精度を検証していく。まずlassoモデルの結果を示す。

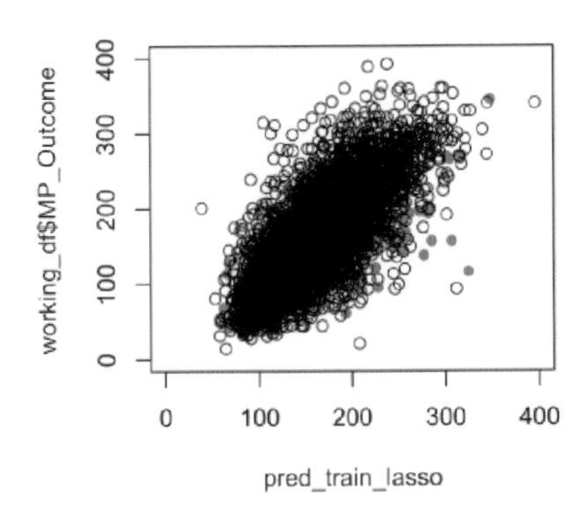

トレーニングセット、テストセットそれぞれの RMSE が43.2947275、55.2666139、 Rsquared が0.5511096、0.364318と算出された。

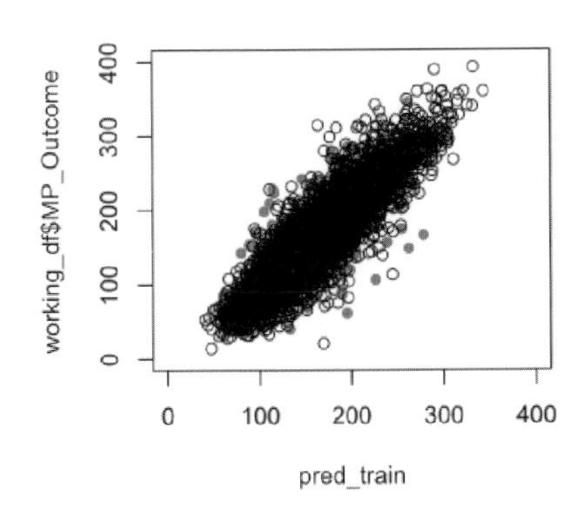

トレーニングセット、テストセットそれぞれの RMSE が29.1681259、46.2630581、 Rsquared が0.8061882、0.3197355と算出された。

この結果を下記Tableにまとめる。

Model, dataset	**RMSE**	**Rsquared**
Lasso Train	43.2947275	0.5511096
Lasso Valdation	55.2666139	0.364318
Xgboost Train	29.1681259	0.8061882
Xgboost Valdation	46.2630581	0.3197355

これらより、トレーニングセットではRMSE、R^2いずれもが、テストセットでRMSEが、勾配ブースティングにおいて良好な結果を示した。

図6.6 レポート (4)

3.4 変数重要度

最後にlasso、勾配ブースティングにより得られた変数重要度の違いについて確認する。

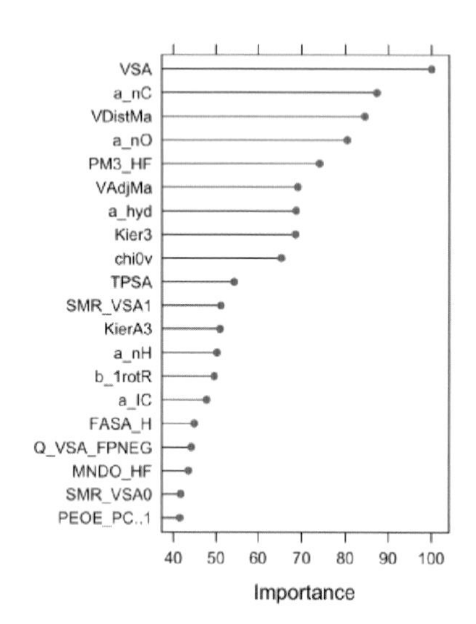

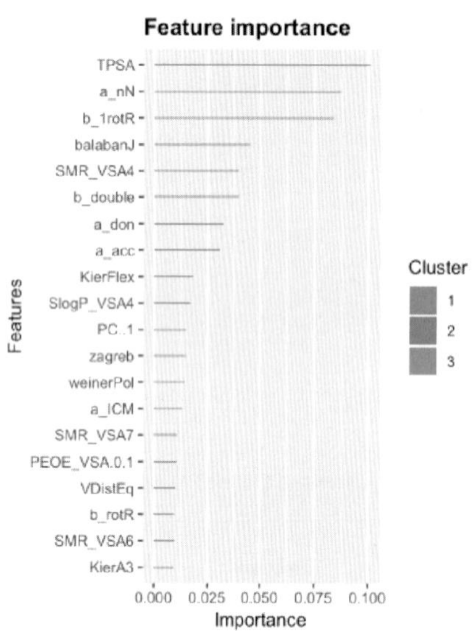

Lassoでは最も重要な因子としてファンデルワールス表面積 (van der Waals surface area: VSA) が抽出されている。続いて炭素数が選択された。VSAでは大きい分子は一般的に分子どうしの結合が強く、融点が高くなる傾向があるためリーズナブルな結果であった (Slovokhotov, Neretin, and Howard (2004))。一方、勾配ブースティングではTPSA（トポロジカル極性表面積：Topological Polar Surface Area）が重要な因子として抽出され、続いて分子中の窒素数が選択された。TPSAは分子表面のうち極性を帯びている部分の表面積の近似値である。極性のある分子は電気的な結合力をもつため、極性のない分子に比べると融点などが高くなる傾向がある。この結果から、この因子が融点に関係するとして抽出されたことはリーズナブルと言えるだろう。実際に、同様の傾向がランダムフォレストを用いた融点予測においても報告されている (McDonagh, Mourik, and Mitchell (2015))。

図6.7 レポート (5)

4 実行環境

```
session_info()
```

```
## - Session info ──────────────────────────────────────────────────
## setting  value
## version  R version 3.5.1 (2018-07-02)
## os       macOS High Sierra 10.13.6
## system   x86_64, darwin15.6.0
## ui       X11
## language (EN)
## collate  ja_JP.UTF-8
## tz       Asia/Tokyo
## date     2018-08-06
##
## - Packages ──────────────────────────────────────────────────────
## package        * version  date       source
## abind            1.4-5    2016-07-21 CRAN (R 3.5.0)
## assertthat       0.2.0    2017-04-11 CRAN (R 3.5.0)
## backports        1.1.2    2017-12-13 CRAN (R 3.5.0)
## bindr            0.1.1    2018-03-13 CRAN (R 3.5.0)
## bindrcpp         0.2.2    2018-03-29 CRAN (R 3.5.0)
## broom            0.4.5    2018-07-03 CRAN (R 3.5.0)
## caret          * 6.0-80   2018-05-26 CRAN (R 3.5.0)
## Ckmeans.1d.dp    4.2.1    2017-07-09 CRAN (R 3.5.0)
## class            7.3-14   2015-08-30 CRAN (R 3.5.1)
## clisymbols       1.2.0    2017-05-21 CRAN (R 3.5.0)
## cluster          2.0.7-1  2018-04-13 CRAN (R 3.5.1)
## codetools        0.2-15   2016-10-05 CRAN (R 3.5.1)
## colorspace       1.3-2    2016-12-14 CRAN (R 3.5.0)
## CVST             0.2-2    2018-05-26 CRAN (R 3.5.0)
## data.table       1.11.4   2018-05-27 CRAN (R 3.5.0)
## ddalpha          1.3.4    2018-06-23 cran (@1.3.4)
## DEoptimR         1.0-8    2016-11-19 CRAN (R 3.5.0)
## digest           0.6.15   2018-01-28 CRAN (R 3.5.0)
## dimRed           0.1.0    2017-05-04 CRAN (R 3.5.0)
## dplyr            0.7.6    2018-06-29 CRAN (R 3.5.1)
## DRR              0.0.3    2018-01-06 CRAN (R 3.5.0)
## evaluate         0.10.1   2017-06-24 CRAN (R 3.5.0)
## factoextra     * 1.0.5    2017-08-22 CRAN (R 3.5.0)
## FactoMineR     * 1.41     2018-05-04 CRAN (R 3.5.0)
## flashClust       1.01-2   2012-08-21 CRAN (R 3.5.0)
## foreach        * 1.4.4    2017-12-12 CRAN (R 3.5.0)
## foreign          0.8-70   2017-11-28 CRAN (R 3.5.1)
## geometry         0.3-6    2015-09-09 CRAN (R 3.5.0)
## ggplot2        * 3.0.0    2018-07-03 CRAN (R 3.5.0)
## ggpubr           0.1.7    2018-06-23 CRAN (R 3.5.0)
## ggrepel          0.8.0    2018-05-09 CRAN (R 3.5.0)
## glmnet         * 2.0-16   2018-04-02 CRAN (R 3.5.0)
## glue             1.2.0    2017-10-29 CRAN (R 3.5.0)
## gower            0.1.2    2017-02-23 CRAN (R 3.5.0)
## GPfit            1.0-0    2015-04-02 CRAN (R 3.5.0)
## gtable           0.2.0    2016-02-26 CRAN (R 3.5.0)
## htmltools        0.3.6    2017-04-28 CRAN (R 3.5.0)
## ipred            0.9-6    2017-03-01 CRAN (R 3.5.0)
## iterators        1.0.9    2017-12-12 CRAN (R 3.5.0)
## kernlab          0.9-26   2018-04-30 CRAN (R 3.5.0)
## knitr            1.20     2018-02-20 CRAN (R 3.5.0)
## labeling         0.3      2014-08-23 CRAN (R 3.5.0)
## lattice        * 0.20-35  2017-03-25 CRAN (R 3.5.1)
## lava             1.6.2    2018-07-02 CRAN (R 3.5.0)
## lazyeval         0.2.1    2017-10-29 CRAN (R 3.5.0)
## leaps            3.0      2017-01-10 CRAN (R 3.5.0)
## lhs              0.16     2018-01-04 CRAN (R 3.5.0)
## lubridate        1.7.4    2018-04-11 CRAN (R 3.5.0)
```

図6.8 レポート (6)

```
## magic                     1.5-8      2018-01-26 CRAN (R 3.5.0)
## magrittr                  1.5        2014-11-22 CRAN (R 3.5.0)
## MASS                      7.3-50     2018-04-30 CRAN (R 3.5.1)
## Matrix                  * 1.2-14     2018-04-13 CRAN (R 3.5.1)
## mnormt                    1.5-5      2016-10-15 CRAN (R 3.5.0)
## ModelMetrics              1.1.0      2016-08-26 CRAN (R 3.5.0)
## munsell                   0.5.0      2018-06-12 CRAN (R 3.5.0)
## nlme                      3.1-137    2018-04-07 CRAN (R 3.5.1)
## nnet                      7.3-12     2016-02-02 CRAN (R 3.5.1)
## pillar                    1.2.3      2018-05-25 CRAN (R 3.5.0)
## pkgconfig                 2.0.1      2017-03-21 CRAN (R 3.5.0)
## pls                       2.6-0      2016-12-18 CRAN (R 3.5.0)
## plyr                      1.8.4      2016-06-08 CRAN (R 3.5.0)
## prodlim                   2018.04.18 2018-04-18 CRAN (R 3.5.0)
## psych                     1.8.4      2018-05-06 CRAN (R 3.5.0)
## purrr                     0.2.5      2018-05-29 CRAN (R 3.5.0)
## QSARdata                * 1.3        2013-07-16 CRAN (R 3.5.0)
## R6                        2.2.2      2017-06-17 CRAN (R 3.5.0)
## rBayesianOptimization   * 1.1.0      2016-09-14 CRAN (R 3.5.0)
## Rcpp                      0.12.18    2018-07-23 cran (@0.12.18)
## RcppRoll                  0.3.0      2018-06-05 CRAN (R 3.5.0)
## recipes                   0.1.3      2018-06-16 CRAN (R 3.5.0)
## reshape2                  1.4.3      2017-12-11 CRAN (R 3.5.0)
## rlang                     0.2.1      2018-05-30 CRAN (R 3.5.0)
## rmarkdown                 1.10       2018-06-11 CRAN (R 3.5.0)
## robustbase                0.93-1     2018-06-23 cran (@0.93-1)
## rpart                     4.1-13     2018-02-23 CRAN (R 3.5.1)
## rprojroot                 1.3-2      2018-01-03 CRAN (R 3.5.0)
## scales                    0.5.0      2017-08-24 CRAN (R 3.5.0)
## scatterplot3d             0.3-41     2018-03-14 CRAN (R 3.5.0)
## sessioninfo             * 1.0.0      2017-06-21 CRAN (R 3.5.0)
## sfsmisc                   1.1-2      2018-03-05 CRAN (R 3.5.0)
## stringi                   1.2.3      2018-06-12 CRAN (R 3.5.0)
## stringr                   1.3.1      2018-05-10 cran (@1.3.1)
## survival                  2.42-3     2018-04-16 CRAN (R 3.5.1)
## tibble                    1.4.2      2018-01-22 CRAN (R 3.5.0)
## tidyr                     0.8.1      2018-05-18 CRAN (R 3.5.0)
## tidyselect                0.2.4      2018-02-26 CRAN (R 3.5.0)
## timeDate                  3043.102   2018-02-21 CRAN (R 3.5.0)
## withr                     2.1.2      2018-03-15 CRAN (R 3.5.0)
## xgboost                 * 0.71.2     2018-06-09 CRAN (R 3.5.0)
## yaml                      2.1.19     2018-05-01 cran (@2.1.19)
```

#References {#references .unnumbered}

McDonagh, JL, Tanja van Mourik, and John BO Mitchell. 2015. "Predicting Melting Points of Organic Molecules: Applications to Aqueous Solubility Prediction Using the General Solubility Equation." *Molecular Informatics* 34 (11-12). Wiley Online Library: 715–24.

Slovokhotov, Yuri L, Ivan S Neretin, and Judith AK Howard. 2004. "Symmetry of van Der Waals Molecular Shape and Melting Points of Organic Compounds." *New Journal of Chemistry* 28 (8). Royal Society of Chemistry: 967–79.

図6.9 レポート (7)

6.7 本章のまとめと参考文献

本章では化学構造と融点の間に関係があると仮定し，機械学習を使って回帰モデルを作成した。さらに，モデル内から融点の予測に関連する因子を抽出し，考察に用いるまでの流れを示した。機械学習にはより発展的な内容としてlasso，ランダムフォレスト，勾配ブースティングそれぞれで得られた結果を組み合わせるスタッキング(stacking)のような手法も存在するが，本書では結果の解釈性を重視したため取り上げていない。また，サポートベクターマシン，ニューラルネットワークなど，ここでは取り上げなかった色々な手法も`caret`を通じて試してみることができるため，いろいろな手法を比較してみるとよいだろう。これらの参考になりそうな資料を以下に示す。

1. An introduction to statistical learning with Applications in R: Gareth James, Daniela Witten, Trevor Hastie, Robert Tibshirani; Springer
2. Statistical Learning (`https://lagunita.stanford.edu/courses/HumanitiesSciences/StatLearning/Winter2016/about`): 上記本著者らによる Stanford online の講義コース
3. The caret Package (`http://topepo.github.io/caret/index.html`): Max Kuhn, caret 公式サイト
4. Building Predictive Models in R Using the caret Package: Max Kuhn, Journal of Statistical Software, 28, 5, 1-26 (2008): caret 論文
5. Regularization Paths for Generalized Linear Models via Coordinate Descent: Jerome H. Friedman, Trevor Hastie, Rob Tibshirani, Journal of Statistical Software, 33, 1, 1-22 (2010): glmnet 論文
6. XGBoost: A scalable tree boosting system: Chen Tianqi, Carlos Guestrin, In Proceedings of the 22nd acm sigkdd international conference on knowledge discovery and data mining, 785-794 (2016): XGBoost 論文
7. ranger: A Fast Implementation of Random Forests for High Dimensional Data in C++ and R: Marvin N. Wright, Andreas Ziegler, Journal of Statistical Software, 77, 1, 1-17 (2017): ranger 論文
8. Permutation importance: a corrected feature importance measure: André Altmann, Laura Toloşi, Oliver Sander, Thomas Lengauer, Bioinformatics, 26, 10, 1340-1347 (2010): ranger 回帰分析における変数重要度計算
9. A Kaggler's Guide to Model Stacking in Practice (`http://blog.kaggle.com/2016/12/27/a-kagglers-guide-to-model-stacking-in-practice/`), No Free Hunch (The Official Blog of Kaggle.com): Stacking 解説
10. ケモインフォマティックス—予測と設計のための化学情報学：J. Gasteiger,

T. Engel 編；船津公人，佐藤寛子，増井秀行訳；丸善

11. Theory: QSAR+ descriptors: http://www.ifm.liu.se/compchem/msi/doc/life/cerius46/qsar/theory_descriptors.html
12. List of molecular descriptors calculated by Dragon: http://www.talete.mi.it/products/dragon_molecular_descriptor_list.pdf

索　引

Memorandum

Memorandum

監修

石田基広（いしだ もとひろ）

1989年　東京都立大学大学院博士後期課程中退
現　在　徳島大学総合科学部 教授
専　攻　テキストマイニング
著　書　『新米探偵データ分析に挑む』（ソフトバンク・クリエイティブ，2015）他

編集

市川太祐（いちかわ だいすけ）

2018年　東京大学大学院医学系研究科医学博士課程修了（社会医学専攻），医師，博士（医学）
現　在　サスメド株式会社
専　攻　臨床情報工学

高橋康介（たかはし こうすけ）

2007年　京都大学大学院情報学研究科博士後期課程 研究指導認定退学．博士（情報学）
現　在　中京大学心理学部 准教授
専　攻　認知心理学・認知神経科学・認知科学
著　書　『ドキュメント・プレゼンテーション生成（シリーズ Useful R 9）』（共立出版，2014）他

高柳慎一（たかやなぎ しんいち）

2006年　北海道大学大学院理学研究科物理学専攻修士課程修了
現　在　LINE 株式会社
　　　　総合研究大学院大学複合科学研究科統計科学専攻博士課程在学中
専　攻　統計科学
著　書　『金融データ解析の基礎（シリーズ Useful R 8）』（共著，共立出版，2014）他

福島真太朗（ふくしま しんたろう）

2006年　東京大学大学院新領域創成科学研究科複雑理工学専攻修士課程修了
現　在　株式会社トヨタ IT 開発センター
　　　　東京大学大学院情報理工学系研究科数理情報学専攻博士課程在学中
専　攻　機械学習・データマイニング・非線形力学系
著　書　『データ分析プロセス（シリーズ Useful R 2）』（共立出版，2015）他

松浦健太郎（まつうら けんたろう）

2005年　東京大学大学院総合文化研究科広域科学専攻修士課程修了
現　在　製薬会社にて臨床試験のデザインに従事
専　攻　統計モデリング，データサイエンス，バイオインフォマティクス，複雑系の物理
著　書　『岩波データサイエンス vol. 1』（共著，岩波書店，2015）他

著者紹介

江口 哲史（えぐち あきふみ）

［略歴］ 2013年　愛媛大学理工学研究科博士後期課程修了
日本学術振興会特別研究員などを経て，現在は千葉大学予防医学センター助教

［専門］ 環境分析化学

Wonderful R 4
自然科学研究のためのR入門
再現可能なレポート執筆実践

An Introduction to R for Preparing Scientific Research Report – Practice of Reproducible Research

2018年10月15日　初版1刷発行

監　修　石田基広
編　集　市川太祐・高橋康介
　　　　高柳慎一・福島真太朗
　　　　松浦健太郎
著　者　江口哲史　© 2018
発行者　南條光章
発行所　**共立出版株式会社**
東京都文京区小日向4-6-19（〒112-0006）
電話　03-3947-2511（代表）
振替口座　00110-2-57035
www.kyoritsu-pub.co.jp

印　刷　啓 文 堂
製　本　協栄製本

一般社団法人
自然科学書協会
会員

検印廃止
NDC 007.6, 816.5, 407
ISBN 978-4-320-11244-5

Printed in Japan